国家重点研发计划项目"重点项目安全综合遥感监测关键技术及应用示范"（2023YFB3906100）
四川省重点研发项目"长江和黄河上游碳汇遥感监测关键技术研究和示范应用"（2023YFS0381）
四川省重点研发项目"基于天空地多源遥感大数据的耕地重金属污染监测和智能防控关键技术及应用"
（2023YFN0022）资助

智慧地球
构建技术

邵振峰　李德仁　吴长枝　庄庆威　张红萍　著

分析智慧地球构建基本原理、时空基准框架与关键技术，

探讨复杂环境泛在感知、多源信息融合认知、面向智能决策的

推演预测及智慧地球感知–认知–决策–行动互馈模式

WUHAN UNIVERSITY PRESS
武汉大学出版社

图书在版编目(CIP)数据

智慧地球构建技术／邵振峰等著．-- 武汉 ：武汉大学出版社,2025.1.
ISBN 978-7-307-24784-0

Ⅰ. TP18

中国国家版本馆 CIP 数据核字第 2024ZW1723 号

责任编辑:王 荣 责任校对:鄢春梅 版式设计:马 佳

出版发行:**武汉大学出版社** （430072 武昌 珞珈山）
（电子邮箱:cbs22@ whu.edu.cn 网址:www.wdp.com.cn）
印刷:武汉中科兴业印务有限公司
开本:787×1092 1/16 印张:15.75 字数:285 千字 插页:2
版次:2025 年 1 月第 1 版 2025 年 1 月第 1 次印刷
ISBN 978-7-307-24784-0 定价:99.00 元

前　言

　　地球所处天体系统是运动的系统，一方面，地球外圈的岩石圈、生物圈、水圈、大气圈等，遵从着宇宙环境运行的物理规律，在空、天、地、海物理空间中永续运动；另一方面，地球内部结构处于持续活动的运行状态之中。地球不具有智慧，人类是地球上唯一具有智慧的高等生命体。智慧地球构建必定在一定程度上需要向具有感知、认知和执行决策判断能力的人类智慧体学习。

　　那么，人类在与环境交互过程中，是如何表现出智慧的呢？人体耳、鼻、眼、口、舌等是感知获取外界信息最直接的器官；人类大脑作为最核心的智慧部件，其具备的常识、知识及意志，是精准认知环境态势、作出适宜的行为决策，并完成口舌输出和手足行动的指引依据。对于地球无机体来说，要实现类似于人类的智慧，就需要攻克如何感知、认知、决策、反馈的难题：①针对地球岩石圈、生物圈、水圈、大气圈复杂场景与环境系统，如何全面且有效地实现全空间、全场景的地球环境有效感知问题；②针对地球环境的海量感知数据，如何融合当下及历史信息，建立起数据融合、信息抽取、关联分析、知识推理的有效认知问题；③针对数字空间描述物理世界存在信息的不确定性与认知有界性，如何形成自洽的分析归纳、推理演算、建模模拟等能力，并可以进一步优选出适宜决策的问题；④针对决策结果影响物理世界的运行效能，如何形成高效的互馈响应效能的问题。

带着这些问题，本书从智慧地球构建技术基础理论体系出发，以智慧地球概述、智慧地球构建基础理论、智慧地球构建典型技术、智慧地球建设应用为线索，重点分析了智慧地球的基本原理、时空基准框架与关键技术，延展探讨了复杂环境泛在感知、基于多源信息的融合认知、面向智能决策的推演预测及智慧地球感知–认知–决策–行动互馈典型技术。

由于作者的学识水平和时间限制，书中难免存在错漏和不足之处，欢迎读者批评指正。

作者

2023 年 6 月

目 录 CONTENTS

第 *1* 章　智慧地球概述　　　　　　　　　　　　　　　　　　／ 001

1.1　智慧地球的概念与内涵　　　　　　　　　　　　／ 001
　1.1.1　智慧地球的概念　　　　　　　　　　　　／ 001
　1.1.2　智慧地球的内涵　　　　　　　　　　　　／ 002
　1.1.3　智慧地球的特征　　　　　　　　　　　　／ 004
1.2　智慧地球如何具有智慧　　　　　　　　　　　　／ 006
　1.2.1　智慧地球建设构想　　　　　　　　　　　／ 006
　1.2.2　智慧地球支撑能力　　　　　　　　　　　／ 009
　1.2.3　智慧地球行业服务　　　　　　　　　　　／ 016
1.3　智慧地球建设面临的挑战　　　　　　　　　　　／ 021
　1.3.1　学科建设与基础理论　　　　　　　　　　／ 021
　1.3.2　科技发展与技术支撑　　　　　　　　　　／ 022
　1.3.3　产业能力与工程体系　　　　　　　　　　／ 024
　1.3.4　法律法规与标准规范　　　　　　　　　　／ 027

第 *2* 章　智慧地球构建基础理论　　　　　　　　　　　　　　／ 028

2.1　智慧地球构建基本原理　　　　　　　　　　　　／ 028
　2.1.1　智慧地球核心支撑技术　　　　　　　　　／ 028
　2.1.2　智慧地球构建的数学支撑　　　　　　　　／ 044
　2.1.3　智慧地球构建内容体系　　　　　　　　　／ 057
2.2　智慧地球构建时空基准框架　　　　　　　　　　／ 059
　2.2.1　全球时空基准　　　　　　　　　　　　　／ 059

2.2.2　北斗时空基准 / 064

2.2.3　时空信息基础框架 / 065

2.2.4　机器人自由坐标系 / 069

2.3　智慧地球构建关键技术 / 070

2.3.1　智慧地球孪生数据底座构建技术 / 070

2.3.2　智慧地球智能服务能力生成平台 / 071

2.3.3　智慧地球泛在感知技术 / 072

2.3.4　智慧地球智能认知技术 / 076

2.3.5　智慧地球推演预测技术 / 077

2.3.6　智慧地球决策互馈技术 / 082

2.3.7　智慧地球共享服务技术 / 084

第3章　智慧地球复杂环境信息泛在感知技术 / 085

3.1　空-天-地-海一体化的地球复杂环境信息探测感知方法 / 085

3.1.1　测绘地理探测感知方法 / 086

3.1.2　气象水文信息探测感知方法 / 092

3.1.3　海洋环境信息探测感知方法 / 095

3.1.4　导航时频信息探测感知方法 / 097

3.1.5　电磁环境探测感知方法 / 101

3.2　基于泛在感知技术的地球环境信息理解技术 / 103

3.2.1　基于传感器监测数据的环境信息理解技术 / 103

3.2.2　基于计算机视觉信息的环境信息理解技术 / 105

3.3　以无人机为例的移动智能体地球环境感知应用 / 108

3.3.1　无人机复杂环境信息感知需求 / 109

3.3.2　无人机协同式复杂环境信息感知与规避应用 / 113

3.3.3　无人机非协同式复杂环境信息感知与规避应用 / 114

第4章　智慧地球复杂环境多源信息融合认知技术 / 115

4.1　地球环境信息智能认知业务流程 / 115

4.2　以多源遥感监测为例的环境信息融合处理方法　　/ 116

4.2.1　多源遥感影像特性　　/ 116

4.2.2　基于传统框架的光学影像融合方法　　/ 122

4.2.3　基于深度学习的光学影像融合方法　　/ 128

4.3　以非合作场景为例的复杂环境态势理解认知技术　　/ 138

4.3.1　基于深度学习的环境态势理解智能认知方法　　/ 138

4.3.2　基于复杂网络理论的地球环境态势认知
构建模式　　/ 139

4.4　以暴雨及其次生灾害监测为例的复杂环境风险
认知应用　　/ 140

4.4.1　复杂环境暴雨监测与风险认知应用　　/ 140

4.4.2　复杂环境暴雨次生灾害监测与风险认知应用　　/ 144

第 5 章　面向智能决策的智慧地球推演预测技术　　/ 148

5.1　辅助决策概述　　/ 148

5.1.1　决策支持系统发展历程　　/ 149

5.1.2　决策支持系统的支撑技术　　/ 151

5.1.3　辅助决策与新技术结合的展望　　/ 152

5.2　基于空间智能计算的智慧地球辅助决策　　/ 156

5.2.1　空间信息智能计算技术概述　　/ 156

5.2.2　空间信息智能计算辅助决策原理　　/ 157

5.2.3　基于空间信息智能计算的辅助决策应用　　/ 159

5.3　基于大数据智能挖掘的智慧地球辅助决策　　/ 161

5.3.1　大数据智能挖掘概述　　/ 161

5.3.2　大数据智能挖掘辅助决策原理　　/ 164

5.3.3　基于大数据的辅助决策应用　　/ 165

5.4　基于平行系统推演预测的智慧地球辅助决策　　/ 165

5.4.1　平行系统概述　　/ 165

5.4.2　平行系统推演预测关键技术　　/ 167

5.4.3　基于平行系统推演预测的辅助决策原理　　/ 171

5.4.4　基于平行系统推演预测的辅助决策应用　　/ 173

第 6 章　智慧地球感知认知决策行动互馈模式　　　　　　　　　/ 175

　　6.1　智慧地球感知认知决策行动互馈场景　　　　　　　　/ 175
　　　　6.1.1　大气圈场景　　　　　　　　　　　　　　　　/ 176
　　　　6.1.2　生物圈场景　　　　　　　　　　　　　　　　/ 181
　　　　6.1.3　水圈场景　　　　　　　　　　　　　　　　　/ 184
　　　　6.1.4　岩石圈场景　　　　　　　　　　　　　　　　/ 187
　　6.2　智慧地球感知认知决策行动互馈模式　　　　　　　　/ 192
　　　　6.2.1　智慧地球空间场　　　　　　　　　　　　　　/ 193
　　　　6.2.2　智慧地球物质场　　　　　　　　　　　　　　/ 193
　　　　6.2.3　智慧地球信息流　　　　　　　　　　　　　　/ 200
　　6.3　智慧地球感知认知决策行动互馈响应案例　　　　　　/ 207
　　　　6.3.1　智慧地球虚拟规划利用　　　　　　　　　　　/ 207
　　　　6.3.2　智慧地球灾害应急响应　　　　　　　　　　　/ 207
　　　　6.3.3　智慧地球军事运用互馈　　　　　　　　　　　/ 209

第 7 章　面向复杂环境信息保障的智慧地球构建案例　　　　　　/ 211

　　7.1　智慧运输投送业务复杂环境信息保障案例　　　　　　/ 211
　　　　7.1.1　智慧运输投送业务　　　　　　　　　　　　　/ 211
　　　　7.1.2　智慧运输投送任务智能规划应用　　　　　　　/ 214
　　7.2　智慧油料供应业务复杂环境信息保障案例　　　　　　/ 220
　　　　7.2.1　智慧油料供应业务　　　　　　　　　　　　　/ 220
　　　　7.2.2　智慧油料供应优化部署应用　　　　　　　　　/ 221

　　参考文献　　　　　　　　　　　　　　　　　　　　　　/ 225

第 1 章　智慧地球概述

　　智慧地球是在数字地球理念的基础上发展起来的人们认识地球及其系统的理念。"智慧地球"，最早在 2008 年由 IBM 前 CEO 彭明盛提出，具有互联互通、智能计算、无处不在等特征。智慧地球汇聚了人类当下认识地球的有限知识构建起的具有持续总结、归纳、推理的"智慧地球数字体"，并将进化形成强大的持续认识地球、理解地球系统的运动规律与特征的能力。

1.1　智慧地球的概念与内涵

　　2008 年 11 月初，在纽约召开的外国关系理事会上，IBM 以题为《智慧地球：下一代领导人议程》的演讲报告，正式提出"智慧地球"的概念。智慧地球是 IBM 作为高科技公司提出的一种商业推广理念。2009 年 1 月，美国奥巴马总统公开肯定了 IBM"智慧地球"思路。2009 年 2 月，在北京召开的 IBM 论坛以"点亮智慧的地球，建设智慧的中国"为主题，引起了社会各方的广泛关注。2009 年 8 月，IBM 发布《智慧地球赢在中国》计划书，正式揭开 IBM 智慧地球中国战略序幕。

1.1.1　智慧地球的概念

　　"地球"是指我们所生活的这颗行星。地球是智慧地球的核心，它代表着一个包含地球各个方面的整体概念。这个概念包括地球物理组成、生态系统、自然资源、文化、历史、人口等各个方面。

　　智慧地球是数字地球与物联网、云计算、大数据和人工智能等高新技术有机融合的产物。智慧地球也称为智能地球，就是把感应器嵌入和装备到电网、铁路、桥梁、隧道、公路、建筑、供水系统、大坝、油气管道等各种物体中,并且被普遍连接,形成所谓"物联网",然后将物联网与现有的互联网整合起来,实现人类社会与物理系统的整合。

智慧地球建立在数字地球框架上,通过物联网将现实世界与数字世界进行有效融合,感知现实世界中人和物的各种状态和变化,由云计算中心进行海量数据的计算与控制,为社会发展和大众生活提供各种智能化的服务。其中,物联网是感知世界和对世界施以控制的基础设施。物联网的出现,使得整个世界能够被智能地感知,更加互联互通,并能够产生更智慧的洞察力。物联网是实现天-空-地一体化的多尺度信息采集智能传感器网络构建的基础环境。物联网具有从不同尺度采集数据并进行通信传输的能力,未来智能传感器网络具有一定的在线处理功能,并将融入全球计算机信息网络,支撑智慧地球按需调配传感网络资源开展信息采集、传输的智能、灵性服务。云计算是智慧地球从海量数据中挖掘信息、提取知识的基础计算环境。云计算环境集智能传感网、智能控制网、智能安全网于一体,真正做到支持识别、定位、跟踪、监控、管理等智能化计算环境,支撑人和物互联环境的互操作,建立起智能、安全的云计算环境。

李德仁院士(2010)指出,智慧地球是基于数字地球、物联网和云计算建立的现实世界与数字世界的融合,以实现对人和物的感知、控制和智能服务。其中,数字地球相关技术涵盖地球空间信息的获取、管理、使用等各方面,数字地球从数据获取、组织到提供服务,主要包括天-空-地一体化的空间信息快速获取技术、海量空间数据调度与管理技术、空间信息可视化技术、空间信息分析与挖掘技术以及网络服务技术。智慧地球时代,需要更加丰富和完善的空间信息采集、处理和服务机制,这就赋予测绘地理信息学新的使命。当前应抓住机遇,不失时机地拓展智慧地球时代测绘地理信息学的新使命,将传统测绘提升至能够实时、智能地采集和处理海量空间数据,提供空间信息和知识服务的智慧测绘新阶段。

1.1.2 智慧地球的内涵

智慧地球是人类对地球进行赋智、赋能的过程,是亘古不变的人类征服自然的朴素愿望。智慧地球是对人类智慧的增强以及延伸,是科技发展推动人类文明进步的典型体现。智慧地球是地球系统科学认识的数字化和信息化发展,形成"智慧地球数字体",进而支撑人们更好地认识地球及地球系统,并以地球为基点,将人类智慧向无限宇宙持续延伸。智慧地球,首先是给地球装上传感器,不仅将地球上的物相连接，同时也把地球上的人联结在一起，即实现万物互联，形成智慧地球泛在感知的时空大数据。

智慧地球的内涵至少包含以下三个层面的内容。

（1）智慧地球研究是地球空间信息技术蓬勃发展的标志。

地球科学是系统研究地球物质的组成、运动、时空演化及其形成机制的科学。地球科学包括地质学、地理学及其他衍生学科。大气圈、水圈、岩石圈、生物圈和日地空间在内的地球系统，其运动过程、变化以及相互作用是地球科学的研究对象。其中，地球空间信息技术涉及遥感、地理信息系统、卫星定位与导航等领域，是科学认识地球系统的重要工具。

地球空间信息产业是对地球信息资源进行生产、开发和提供服务的全部活动，以及涉及这些活动的集合体，与国民经济、社会发展和民生服务紧密相连。随着智能传感器、物联网、大数据、云计算、人工智能等为代表的新一代信息技术蓬勃发展，地球空间信息科学也向着智能化和智慧化方向发展。智慧地球以新一代信息技术为核心技术支撑，智慧地球及其相关产业的发展趋势，成为衡量一个国家经济、社会、军事和科技发展活力的重要标志。

（2）智慧地球建设是地球科学研究深入延拓的必然趋势。

智慧地球是数字化空间持续观测、分析、模拟、推断现实世界的智慧模型体。智慧地球是支撑人们准确地理解、认识、掌控地球及地球系统运行特征、规律及过程的重要载体。智慧地球建设奠定了坚实的信息环境及能力基础。智慧地球建设首先需要具备连接地球上人、物、事件、信息等的数字化环境。

在这样的数字化环境中，物与物、物与人、物与事、人与人、人与事及人-事-物等形成的万物互联模式，一方面可以为本身具有感知能力的人类提供更快、更准、更海量、更多维的信息，增强人类认识环境及应对环境的能力；另一方面，万物互联形成信息构建起的数字化空间，是驱动以智能计算为核心的人工智能体建立起对环境及态势的感知的框架，是支撑人工智能体有序可控地执行指令集、实施无人化自主行动智能决策的前提。

随着地球科学知识的延伸与拓展，智慧地球能够以大数据信息为驱动，通过构建揭示地球系统运动规律的机理模型，或者构建映射地球万物微观与宏观、个体与整体、特殊与普遍、过去与现在、将来等潜在联系的机器学习模型，推动人类更好地理解现实世界，更客观地判定和推测地球万物运行规律。然而，智慧地球建设，是一个将人类知识转化为规则、定理、准则和机制的过程。这一过程中，通过为地球上的自然万物及关键要素赋予感知和控制的能力，对一个在持续运行、复杂混沌的巨系统进行一定程度的驱动、干预和控制,从而实现"驯化"过程。

(3)智慧地球是人类探索未知和征服自然的重要手段。

我们的地球是一个有生命的有机体,不仅有大气、陆地、海洋之间的物理化学过程,生物也会通过对环境产生重大影响而与环境组成一个相互作用的整体。地球作为浩瀚宇宙中的一分子,地球系统与天体系统之间的运动过程,地球系统内部物质与物质之间存在的物理化学过程,地球上微生物、动植物等生命体的活动过程,等等,这些已经被人类感知的现象和规律指导着人们更好地认识地球生态系统。而地球系统呈现出的无序的、混沌的、尚未认知的自然的和非自然的状态和特征,一直是人类探索地球和征服大自然而持续攻克的研究主题。

从地球空间信息科学角度来说,智慧地球构建至少包括现实世界感知、认知及影响人类对于现实决策的反馈模型,在一定程度上可以支撑人类在赖以生存的地球及地球系统中,由最初被动承受自然、主动适应自然,到先知式的改造自然转化。比如,在智慧地球积累并学习出全球各种空间尺度、不同时间粒度的数据基础上,能够通过持续采集、分析、挖掘、推理等,在一定程度上预见即将转化为某种状态下的可能性,进而更好地为政府、企业、行业和公众个体等决策,提供更有益的支持。然而,要实现类似这样对于未知的预判与认知,必定依赖由数据获取、信息提取,再到知识建模的全系列理论、方法与技术的支持。其中,全面感知、时空基准框架则是实现全面互联互通、集成优化的基础性支撑与保障前提。

1.1.3 智慧地球的特征

智慧地球的目标是让世界的运转更加智能化,这涉及个人、企业、组织、政府、自然和社会之间的互动。智慧地球具有透彻的感知、更全面的互联互通及更深入的智能化三个基本特征。

▼ 更透彻的感知。除了传统的传感器、数码相机和 RFID 外,利用感知、测量、捕获和传递信息的设备、系统或流程,可以快速获取到地球要素和相应状态的运行信息,在支撑快速分析的基础上,实现对于特定环境和状况下的长期规划。

- 更全面的互联互通。互联互通是指通过各种形式的高速的和高带宽的通信网络工具，将个人电子设备、组织和政府信息系统中收集和存储的分散的信息及数据连接起来，进行交互和多方共享，从而更好地对环境和业务状况实时监控，支持从全局分析形势并解决问题，使得工作和任务能够通过多方协作完成，从而彻底地改变整个世界的运作方式。

- 更深入的智能化。智能化是指深入地分析收集数据，以获取更加新颖、系统、全面的认知来解决特定问题。这就要求使用先进技术(如数据挖掘和分析工具、科学模型和功能强大的运算系统)来处理复杂的数据分析、汇总和计算，以便整合和分析海量的跨地域、跨行业和跨职能部门的数据和信息，并将特定的知识应用到特定的行业、特定的场景、特定的解决方案之中，进而为更好的决策和行动提供支持。

面向物理世界互联互通的时空大数据底座是支撑智慧地球构建的核心。数字地球与物联网及云计算技术结合起来形成的智慧地球，将具备以下特征：

(1)智慧地球建立在数字地球基础框架之上。数字地球以时空基准框架为核心，可以支撑对于地球上基础信息、专题信息及各类业务信息的存储、管理、索引、分析、展示和应用，是支撑数字地球对于物理环境进行即时感知和实时控制的基础框架。智慧地球需要依托数字地球建立的地理坐标和各种信息(自然、人文、社会等)的内在有机联系和关系，并在此基础上增加传感、控制及分析处理的功能。

(2)智慧地球包含物联网和云计算。在基础框架之上，智慧地球还需要做实时的信息采集、处理分析与控制，物联网和云计算就是用于智慧地球中实时采集、分析处理及控制的关键。物联网和云计算的核心和基础仍然是互联网，是在互联网基础上的延伸和扩展，其用户端延伸和扩展到任何物品与物品之间，相互进行信息交换和通信，弹性地处理和分析。

(3)智慧地球面向应用和服务。智慧地球中的物联网包含传感器和数据网络，与以往的计算机网络相比，它更多的是以传感器及其数据为中心。传感器网络一般是为了实现某种应用而设计的，是一种面向应用的，能够通过无线或有线网络节点，相互协作地实时监测和采集分布区域内的各种环境或对象信息，并将数据交由云计算进行实时分析和处理，从而获得详尽、准确的数据和决策信息，并将其实时推送给需要这些信息的用户。

（4）智慧地球与现实世界环境和系统融为一体。在智慧地球中，各节点内置不同形式的传感器和控制器，用以测量包括温度、湿度、噪声、位置、距离、光强度、压力、土壤成分、移动物体的大小、速度和方向等众多城市中的环境和对象数据，还能通过控制器对节点进行远程控制。随着传感器和控制器种类和数量的不断增加，将与电子世界的纽带直接融入现实城市的基础设施，自动地控制基础设施，自动监控空气质量、交通状况等。

（5）智慧地球能实现自主组网和自维护。智慧地球中的物联网络环境需要具有自组织和自动重新配置的能力。单个节点或者局部节点由于环境改变、环境破坏等原因出现故障时，网络拓扑应该可以根据有效节点的变化而自适应地重组，同时自动提示失效节点的位置和相关信息。因此，智慧地球的网络环境还需要具备动态修复和重组功能。

1.2　智慧地球如何具有智慧

地球是一个不具有自主意识、没有自主"智慧"的无机体。人类是地球上唯一具有智慧的高等生命体，向人类学习，不失为构建智慧地球的一种方法。人类如何具有智慧呢？人体五官的耳、鼻、眼、口、脸，是采集信息的器官；人体大脑对收集的信息进行整理、分析，并形成规则知识；最后，人体通过神经系统给手、足等器官下达具体的控制命令，进而实现对环境或者事件的响应。可以看出，人类智慧可以抽象为对现实世界的泛在感知，慎思地认知、主动地反馈、直接或者间接地影响现实世界，其核心是对于现实世界进行相应数据收集、信息分析处理、决策执行的完整过程。智慧地球的构建，必须向具有感知、认知、决策能力的人类智慧体学习。

1.2.1　智慧地球建设构想

地球是浩瀚宇宙系统的一部分，同时地球本身也是一个复杂运行的巨型能量体，其遵循固有的物理、化学、生物等的运行与规律。地球与地球之上承载的人、事、物等复合系统相互交织、错综影响。一方面，这个系统遵守着自然规律，比如人类已经认识的运动规律、变化规律，还有一些看似随着自然力量随机产生、人类尚未清楚认识的自然规律。另一方面，地球是这颗星球上一切物质、一切生物的承载体。地球上承载的岩石、土地、地层、水体及吸附的空气，也处在持续变化与活动过程中。地球上承载的本身具有生命特征的生态系统、人类社会系统等，由于生命生长及日常的活动，更是形成了一个复杂的生态系统(图 1-1)。

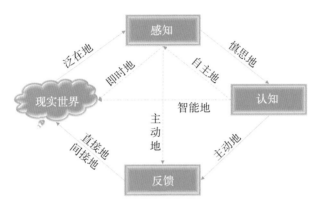

图 1-1　智慧地球感知认知空间对照模型

然而，人们对于地球系统及地球承载的复合系统的特征、规律、趋势等的认识具有差异。按照认识程度由浅到深，人类对于地球及其系统的认识可以分为未识别期的无认识、浅层认识的现象级认识和经验级认识，以及深层次的归纳、总结、推理的原理级或者机理级知识。从这个角度来说，智慧地球建设若要实现类似于人的高级智能，则需要解决以下问题：①针对地球岩石圈、生物圈、水圈、大气圈环境，如何有效地开展信息智能收集、信息获取，进而支撑实现地球系统及其相应环境的有效感知；②如何融合当下及历史信息，通过对地球信息有效抽取、融合、关联、分析等，建立起知识规则提取模式，实现全空间场景信息有效认知的问题；③如何整合地球信息，实现地球信息环境决策，作出有利的环境判断；④如何建立基于信息、知识、判定的有效指令、控制、响应、反馈机制问题。

智慧地球是将对地球及对包括自然、社会和人类活动在内的地球系统的感知、认知规则、机理和知识进行系统理解和认知的数据体。这种信息感知和进一步的推测理解，是通过数字技术和地球科学来实现的，目的是提高人类对地球的认识和管理能力，促进地球的可持续发展和人类福祉。那么，如何评判所建设的智慧地球是智慧的呢？智慧地球建设本身是一项复杂的巨大工程，理解维度和表征特征具有多样性。但是，从呈现能力来讲，智慧地球展现出来的感知、认知及决策互馈能力，是智慧地球对地球系统自身、系统内部、系统与系统之间的特征、系统、规律等认知、预测的能力，是在数字化和自动化基础上持续发展的智能化和智慧化的能力。

　　智慧地球构建的智能数字世界中，万物互联技术获取的智慧地球大数据，能够进一步支撑智慧地球数字运行体更全面地回溯、分析和探究地球本身及地球系统历史发生的、正在发生的、可能会发生的事件或者活动。从获取手段来看，智慧地球感知的大数据，可以是采用遥感、地面测量、自动化采集等多种手段获取的，也可以是以从现实世界不同角度获取数据为基础，进一步对于地球进行全面感知、认知及进一步形成的新的信息、知识等更广义的数据。智慧地球大数据的丰富性、实时性及广泛性，是进一步进行智慧地球建设的数据支撑（图 1-1）。从感知、认知再到决策反馈来说，构建智慧地球需要具备的工程建设和产业化能力，不仅限于需要形成以下几个方面的能力：

　　(1) 智慧地球系统模型：建立完整的地球系统模型，将各种数据进行融合和整合，从而实现对地球系统的全面监测和预测。

　　(2) 遥感对地观测脑：可以快速地获取大量的地球观测数据，并将这些数据进行处理、分析和应用，提供高精度的地图信息和空间数据服务。它的主要功能包括数据获取、数据处理、数据分析和数据应用。其中，数据获取是通过卫星、飞机等遥感技术手段获取地球表面的影像数据；数据处理是对影像数据进行校正、增强和融合等处理；数据分析是对处理后的数据进行分类、监测、变化检测等分析；数据应用是将分析结果应用到具体的领域中，如对军事装备、设施等进行监测和管理，提高军队的综合作战能力。

　　(3) 卫星在轨智能处理：是指将计算能力集成到卫星系统中，使卫星能够在轨道上进行数据处理和分析的技术。通过在卫星上集成智能处理器，可以实现卫星自主感知、自主判断和自主控制，提高卫星的智能化和自主化水平，同时减轻地面控制的负担。在军事领域，卫星在轨智能处理技术可以为军队提供决策支持和情报获取能力。通过卫星遥感数据的实时处理，可以及时掌握战场情况，为军队的指挥决策提供数据支持。同时，卫星在轨智能处理技术还可以提高军事侦察和监视的效率和准确性，增强军队的情报获取能力。

　　(4) 数据挖掘和泛在学习：采集多源数据，建立多模型，自主化地利用数据挖掘和深度学习技术，对大量的地球数据进行分析和处理，从中提取有用的信息和知识，为综合决策提供支持。

　　(5) 空间信息智能技术：利用空间信息技术，实现对地球系统的三维可视化，提高决策的精度和准确性。

　　(6) 云计算和大数据：利用云计算（云边端一体化）和大数据技术，实现对海量地球数据的高效处理和管理，为智慧地球的建设提供基础支撑。

（7）智能算法和模型：应用智能算法和模型，实现对地球系统的智能化监测和预测，提高综合决策的科学性和准确性。

（8）人机融合与决策支持：利用人机交互和决策支持技术，为政策制定者和决策者提供实时的地球信息和智能化的决策支持。

然而，智慧地球是一个宏大的巨系统。对于具体领域或者行为主体来说，其具有的固有领域和立场不同，面向不同领域的智慧地球也会形成不同视角、不同层面、不同主题的感知、认知和决策能力的理解。以军事领域为例，在感知方面，军事具有高对抗性、高隐蔽性、高机动性等特点。军事智慧地球至少需要天-空-地海一体化的感知技术体系，实现通信卫星、导航卫星、遥感卫星、飞机、地面传感网的智能协同观测和高效数据传输。其中，建立空-天-地一体化的对地观测网络，提升对各类军事突发事件的快速响应能力，建立覆盖我国国土及周边国家或地区的天基信息服务系统，是形成军事智慧地球有效感知的重要保障和前提。在认知能力构建方面，以军事智慧地球构建起的覆盖全球范围的通信、导航、遥感一体化的天基信息实时服务系统为核心，形成空、天、地、海万物互联的传感网。通过这种孪生观测环境，实现数据获取、信息提取、知识抽取、活动过程反馈等模型构建，并融入自主决策功能，从而形成对地面状态和军事活动的持续监测。

1.2.2　智慧地球支撑能力

空间信息是支持智慧地球物质系统、社会系统等要素全空间一体化展现的空间框架。从某种程度来说，"数字地球"加上物联网等高新技术就可以实现"智慧的地球"。在空中、地/水面、地/水下全要素动态集成管理、分析模拟、共享应用时空基准框架下，遥感对地观测脑是实现对现实世界中区域、国家、地球宏观尺度，到建筑空间、城市中观尺度，最后再到人-车-物微观尺度物质系统本身及其相互之间关系进行监测感知、分析认知的重要数据来源（图 1-2）。

1.2.2.1　智慧地球感知时空大数据

对于时空大数据的定义，李德仁等（2016）认为时空大数据是大量与时空位置有关，由各种传感器产生，且反映自然与人类活动的数据。王家耀等（2017）认为时空大数据是时空数据和大数据的融合，在统一的时空基准下，存在于时空中与位置直接或间接相关的大数据。从这两种概念可以看出，时空大数据包括传统时空数据和

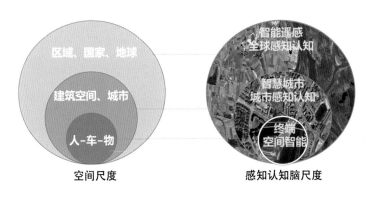

图 1-2　智慧地球构建现实世界的对照模型

在传感器、通信技术发展下产生的新型时空大数据。其中，传统时空大数据包括遥感影像、地理国情普查等对地观测大数据及统计、部门调查等社会经济大数据。在移动互联网、社交媒体、传感器等技术快速发展与普及的背景下，涌现了大量具有时空标记的互联网、社交网、物联网大数据，这些数据具有实时、动态、多元、覆盖全面等特点。大数据主要来源于在线交易、邮件、视频、音频、图片、日志、搜索记录、健康记录、社交网络、科研、传感器、手机等数据源。麦肯锡在 2011 年的一项报告指出大数据未来的 5 大应用主题，分别是健康、政府公共、商业零售、制造业和个人位置。其中，个人位置数据将用于智能路线、紧急事件响应、基于地理位置的广告、城市规划等方面。

传感器、通信、计算机等技术的革新促进了对地观测及相关产业蓬勃发展。国外主要的高分辨率遥感卫星系统，如美国的 Landsat、Terra、AQUA，欧洲的 SPOT、ERS、ENVISA 等卫星系统持续建设。中国也将自主遥感对地观测体系作为重点发展领域，尤其在高分辨率对地观测系统重大专项的支持下，近年来遥感卫星的数量迅速增长。截至 2020 年 12 月，中国已发射对地观测卫星 190 余颗，在轨卫星数量居全球第二。相应地，我国每日获取遥感数据量也呈指数级增长。以"高景一号"卫星为例，日采集范围可达 $9.0 \times 10^5 \ km^2$，"珠海一号"系列卫星的日数据采集量可达近 20TB（Bai，2019）。中国正在快速步入遥感大数据时代。

遥感大数据兼具大数据典型的"4V"特征，同时还呈现出新的"四多"特点（Viktor et al.，2013），如图 1-3 所示。

（1）"多载荷"，可见光、红外、高光谱、微波等传感器类型越发丰富，但不同传感器间成像机理不同、预处理方式不同、数据内容和表现形式差异大。

（2）"多分辨"，卫星数据的空间分辨率与光谱分辨率不断提高，对目标的细节特征展示得更充分，但相应的背景干扰也越发明显。

（3）"多时相"，通过定性或定量方式获取并计算同一区域和地物要素不同时相的变化过程，能够获取该目标对象更丰富的属性信息。

（4）"多要素"，遥感数据覆盖区域范围大、场景杂、类别多，包括植被、道路、水域等多类地物，以及船舶、飞机、车辆等多类目标，各类目标之间的尺寸、纹理、颜色等特征差异大，不同目标之间，甚至同类目标在不同模态数据中的特征也不尽相同。

可以说，"四多"特点为遥感数据应用效益的发挥带来了新的挑战（付琨等，2021）。

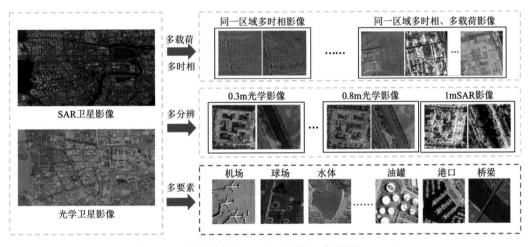

图 1-3　遥感大数据的"四多"新特点（付琨等，2021）

视频大数据并不只是海量的视频数据，需要提取海量的视频内容信息，基于专业的技术工具，挖掘出价值信息，并为用户提供更好的服务。视频大数据能够为用户构建更加智慧的系统，提供更具价值的服务。在智慧城市中，快速增长的视频图像数据、不断涌现的用户需求，预示着对视频大数据的要求越来越强烈，同时，也有越来越多的企业涉足大数据，并有了初步的积累和应用。视频大数据不同于互联网领域的大数据，它对智能分析技术有着更高的要求，智能分析技术是实现视频大数据的基础。此外，大数据处理技术可借鉴互联网领域的成功经验，业务的深度理解及数据分析模型的构建对数据工程师提出了更高的要求，其中数据分析模型是实现大数据应用价值的关键。当然，目前视频大数据还处于起步阶段，还面临诸多问题，包括智能分析技术不够成熟、数据应用不够深入、数据共享不够广泛、标准化建设不够全面等。在未来的发展中，需要不断地解决这些问题并加以完善，包括技术创新、业务创新、体制改善、标准完善。只有更加成熟的视频大数据，才能体现出更多的优势，发挥更大的价值。随着视频大数据的不断发展成熟，它必将给智慧城市的发展和建设带来质的提升(潘新春，2015)。

自全球导航卫星系统进入民用领域以来，美国的 GPS、俄罗斯的 GLONASS、中国的北斗卫星导航系统、欧盟的伽利略系统等已经向用户提供卫星定位服务，但由于存在各种误差，定位精度还无法达到很多行业用户的要求。为了提高定位精度，产生了连续运行参考站系统(Continuously Operating Reference System，CORS)，但由于使用方法的限制，使得高精度定位服务的广泛使用还存在一定门槛。现在用户将卫星定位信息传送到位置云服务中心，位置云服务在 1s 内即可将定位精度解算到亚米级并完成反馈(图 1-4)。

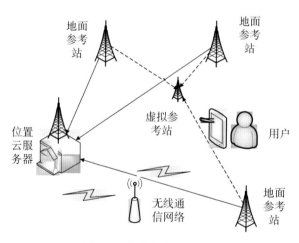

图 1-4 高精度位置云服务

然而，智慧地球的大数据的重要性不在于数据本身，而是在更透彻的感知、更全面的互联和更深入的智能基础上，实现将信息技术产业充分应用到各行各业中的战略价值。可以说，智慧地球是对现有互联网技术、传感器技术、智能信息处理等信息技术的高度集成，是实体基础设施与信息基础设施的有效结合，是信息技术的一种大规模普适应用。在智慧地球中，地球被视为一个动态的系统，包括许多相互关联的部分，这些部分可以被传感器和物联网技术监测和连接起来。通过超级计算机和云计算将物联网整合起来，实现人类社会与物理系统的整合，达到"智慧"状态。比如：①传感器感知：通过安装在地球表面、大气、海洋和空间等不同位

置的传感器，可以对地球上的自然环境、气候变化、自然灾害、生态系统等方面
进行感知，获得如气象、地震、洪涝、火灾、植被覆盖等数据。②卫星遥感感知：
利用卫星上的遥感器，可以对地球表面进行高精度的遥感观测和数据采集，获取
地表形态、地貌地质、土地利用、水文地理、环境污染等方面的数据。③人工巡
查感知：通过人工巡查、调查和监测，可以对一些传感器无法感知的地球现象进
行观测和数据采集，例如人类社会经济活动、文化遗产保护、野生动植物保护等
方面的数据。④大数据挖掘感知：通过对已有的海量数据进行挖掘和分析，可以
对地球的各种现象进行深入的研究和分析，例如人口、经济、交通、能源、环保
等方面的数据。

1.2.2.2 智慧地球认知知识表达

现实世界知识主要表现为语言文字、图像图表、模型模拟、数据和信息等。语
言文字知识主要通过书籍、论文、报告、博客等文字形式来表达和传播，这些文字
材料可以被记录下来并传播给其他人使用。图像和图表知识可以通过图片、表格、
地图等形式来表达和传播，是帮助人们更好地理解复杂的概念和数据的方法。模型
和模拟知识可以通过建立模型和进行模拟来表达和传播，这些模型和模拟可以帮助
我们预测未来的变化和作出更好的决策。数据和信息知识可以通过收集、整理和分
析数据和信息来表达和传播，这些数据和信息可以用来支持决策和行动。这些表达
方式可以互相结合使用，以更好地传达知识和促进合作。海量的、各类型的静态和
动态数据的采集系统已经逐步建立，对海量数据尤其是对空间相关的数据的分析和
挖掘才能发挥数据的巨大作用，为各种管理和服务提供支撑(图 1-5)。

智慧地球代表人类使用现代科技手段对现实世界进行全面监测、管理和保护，
构建一个高度智能化、高度自动化、高度互联互通的地球数字模型，以更科学地支
撑地球系统及人类的可持续发展。智慧地球构建的数字模型是一个可以实现全球范
围内各种空间数据的实时采集、信息处理、知识分析、数据-信息-知识可视化展示，
提供智慧地球的使用者或者地球系统本身更智能地实施意志执行和科学决策的支撑
框架。在这样一个框架下，知识是智慧地球的核心资源之一。因为它是人类获取、
理解和应用各种信息和技术的基础。它可以被用来解决许多环境和社会问题，例如
气候变化、自然灾害、资源短缺、环境污染、健康问题、社会不平等。同时，智慧
地球也需要新的知识和技术来不断推动其发展，以应对不断变化的挑战和需求。在
建设智慧地球的过程中，知识扮演了至关重要的角色，比如：

(1)数据收集和分析：在智慧地球中，大量数据被收集并进行分析，以支持城

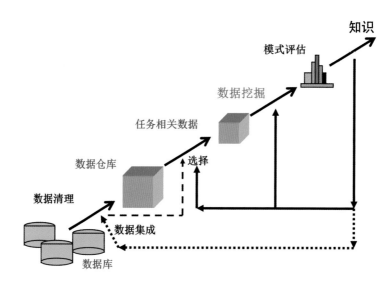

图 1-5 基于数据的知识挖掘代表性过程

市规划、资源管理和环境保护等方面的决策。知识和专业技能可以帮助人们识别和收集数据，同时也可以帮助分析这些数据并提出相应的解决方案。

（2）技术创新和发展：在智慧地球的建设过程中，需要大量的技术支持。知识可以帮助人们发现和开发新技术，提高技术的水平和效率。

（3）智能化系统设计：智慧地球需要设计和开发各种智能化系统，如物联网、人工智能等。知识可以帮助人们设计和开发这些系统，使其能够更好地支持各种智能化决策和操作。

（4）决策支持：智慧地球需要各种决策支持系统，如城市规划、交通管理、能源管理等。知识可以帮助人们制定和实施这些系统，使其能够更好地支持决策。

（5）社会参与：在智慧地球建设的过程中，社会参与非常重要。知识可以帮助人们提高公众参与度，同时也可以提高公众对智慧地球的认知和理解。

智慧地球建设是不断改进和创新现实世界知识表达方式，以适应不断变化的需求和技术。智慧地球的知识可以表现为科学理论、技术方法、数据和信息、经验教训、社会文化习俗等不同形式（图 1-6），这些知识可以来自自然科学、社会科学、工程技术、医学、艺术和人文学科等各个领域。这些知识可以被整合、共享和应用，以支持地球的可持续发展。

随着人工智能技术的发展，人工智能（AI）在语音识别、文字识别、视频识别等方面已经超越了人类，可以说 AI 在感知方面已经逐渐接近人类。人工智能以多模信息及知识解析为基础，在计算性能、训练数据及学习模型和算法持续发展的过程

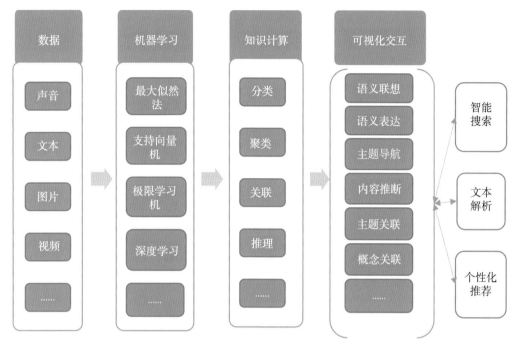

图 1-6　面向现实世界的知识学习模型

中，AI 在视觉分析、语音识别、文本理解方面的能力持续发展。在这个过程中，AI 在智慧地球数字空间中具有的对于现实世界的感知的基本能力，是进一步深入理解现实世界并最终支持对于实际行动和决策进行反馈的前提。其中，知识图谱关联与 AI 提供的实体关联、主题预测、事件理解能力，通过典型的分类、聚类、关联及推理等知识计算模型，形成了对于现实信息的进一步认识。然而，通过结构化语义理解及表达方式，再进一步结合具体的场景与行动目的，可以形成面向现实世界信息的进一步正向的反馈。最终，在智慧地球数字空间中，通过确定性分析结果与不确定性场景进行整合，形成支撑人们对于具体场景的行为影响和结果反馈能力。

1.2.2.3　智慧地球服务应用反馈

随着数字技术和地球科学的发展，地球的表示形式已经发生了很大的变化。除了传统的静态地图之外，数字地球的表示形式已经多种多样，包括以下 4 种：

（1）实景三维地球：通过使用卫星遥感数据和数字高程模型等数据，实现对地球表面的高精度、真实感和交互性的三维展示。Google Earth 和 Bing Maps 等实景三维地球软件已经成为非常流行的应用。

（2）全球卫星图像：通过卫星遥感技术获取地球表面的高分辨率影像，将这些影像融合起来，可以生成一幅全球卫星图像，从而实现对地球表面的快速浏览和全球范围的观察。

（3）数字地球模型：通过采集、处理和分析各种地球信息数据，如地形、气象、水文、生态、经济、社会等，构建出多层次、多领域、多时空尺度的数字地球模型，实现对地球的多角度、全过程、全方位的感知和理解。

（4）虚拟现实地球：通过将数字地球模型和虚拟现实技术相结合，可以实现对地球的沉浸式体验。用户可以通过虚拟现实设备，如头戴式显示器、手柄等，进入一个虚拟的地球环境中，实现对地球的互动探索和体验。这些新的地球表示形式的出现，为我们提供了更加全面、直观和交互性的地球观察方式，有助于人们更好地认识和管理地球。

智慧地球是数字地球的持续发展，提供较数字化表达模型更全面的、多维的、动态的、具有时空变化的信息到知识的生产、提取与表达服务。智慧地球的表达方式有以下 5 种：

（1）三维可视化：使用三维可视化技术可以将地球表面的地理和地形信息以三维模型的形式展示，使人们可以更直观地理解和感知地球的地貌和地理特征。

（2）数据可视化：对于大量的数据信息，可以使用数据可视化的方式将其以表格、图形等方式展示，使人们可以更直观地了解地球各种数据信息的分布和变化。

（3）地图：地图是地球表达的一种传统方式，可以将地球表面的各种地理信息、人文信息以图像形式进行展示，是人们了解地球表面信息的重要途径。

（4）模拟与虚拟现实：通过模拟技术和虚拟现实技术，可以创建一个类似于真实地球的虚拟环境，人们可以在其中进行各种操作和实验，更好地理解和认知地球。

（5）多媒体方式：利用多媒体技术，将图像、视频、声音等多种形式进行集成，以更加丰富的方式呈现地球的信息和特点。

1.2.3　智慧地球行业服务

在市政、电力、能源、医疗、国防等行业领域中，以更透彻的感知、全面互联及智能化服务为特征的智慧城市、智慧交通、智慧医疗、智慧电力、智慧战场等典型应用模式，在面向行业和条块式的智慧化建设进程中，逐渐由示范、探索性建设向在整个行业中铺开，形成了智慧化建设蓬勃发展的态势。然而，行业智慧化建设是智慧地球建设的子集，不同行业智慧化建设的固有基础、智慧化内涵及智慧化程度存在差异。下面从智慧城市、智慧交通、智慧医疗、智慧电力及智慧战场等方面，分析智慧地球面向具体行业的智能化服务能力。

1. 智慧城市

智慧城市深化数据资源融合、开放，依托城市大脑，持续汇聚整合城市各类感知数据、政务数据和社会数据，建立以市、区公共数据平台为汇聚交换平台的数据共享机制，以应用为导向加大数据资源市区、部门间共享力度，全面支撑应用场景建设。智慧城市是在数字城市建立的基础框架上，通过物联网将现实世界和数字世界进行有效融合，自动和实时地感知现实世界中人和物的各种状态和变化，由云计算中心处理其中少量和复杂的计算与控制，为经济发展、城市管理和公众提供各种智能化的服务。当前，智慧城市建设是围绕城市健康成长展开的，是赋予城市对环境的适应能力和城市自身发展的新陈代谢机制（熊璋等，2015）。全面感知体系总体框架主要实现城市运行和生活的各个重要方面的透彻感知、各种感知工具和数据的互联互通、数据分析和决策的深度智能化，由城市感知数据体系、城市感知技术体系和感知应用体系等构成（康子路等，2017；杨靖等，2018），见图 1-7。

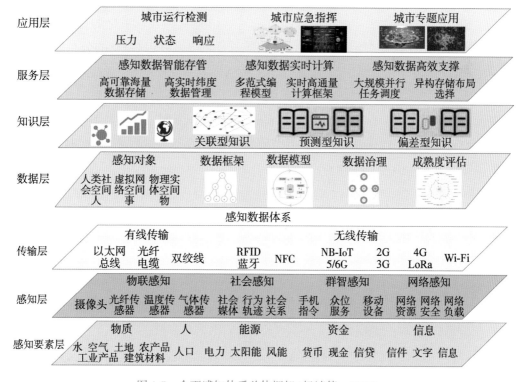

图 1-7　全面感知体系总体框架（杨靖等，2018）

智慧城市是智慧地球的体现形式，借助新一代的物联网、云计算、决策分析优化等信息技术，将人、商业、运输、通信、水和能源等城市运行的各个核心系统整合起来，实现更透彻的感知、更全面的互联互通、更深入的智能化，从而达成以下目标：灵活、便捷、安全、更有吸引力、广泛参与合作和生活质量更高。

(1)城市能够感知、适应环境(此处的环境包括自然、政治、经济、人文、产业、外部关系竞争和依存等)，是城市存在的基础外部条件，环境制约着城市发展。感知环境是指城市可以充分获取和理解环境信息，并对环境变化迅速作出反应；所谓适应环境，指城市行为是在环境约束下进行的，充分利用环境特征，促使环境为城市发展服务。

(2)城市居民乐居。居民是城市的灵魂和生命，只有存在居民，城市才有价值。居民乐居是城市价值的核心评价标准。居民乐居的表现可以是居民满意度，也可以是移民选择期望度。乐居的基础是居民对城市认同和城市给予居民生存的能力，实现此需要解决宜居、文化认同、生存环境优越等问题。

(3)安全城市。城市安全是城市永久生存的保障，体现为城市抵御风险的能力，风险包括内部风险、外部风险和环境风险。安全城市需要具备对风险的感知能力、危机/事件/灾害的快速响应和处置能力、灾害的自愈和恢复能力、针对风险的自我调整能力等。由于城市风险是不可能消除的，且风险域是开放的，因此智慧城市在风险抵御上需要具备智能化。

(4)城市产业结构的健壮和科学。城市产业结构不是跟风，而是依托城市环境进行构建，充分利用和保护城市环境，保证城市安全发展，使得城市资源效益最大化的产业组织。产业结构不仅包括产业构成，还包括使得产业组织科学、有效、低耗运行的保障机制。产业智能化不只体现在技术上，更多体现在资源组织和利用、产业组织和管理、市场服务和拓展等方面。

(5)城市文化标志和文明。这是城市特质，是城市各要素的聚合剂。所谓文化标志，是指城市所特有的，体现城市特征的文化符号，是外部对城市认知的标识和居民认同的内涵。城市文化是在城市发展中逐步优选和积淀的，城市文化建设需要通过智慧城市建设中各建设内容的共同依循来体现。文明则是城市文化、科技、习俗、群体意识的总和，是城市健康程度的体现。智慧建设中，文明建设包括物质、精神两个方面，更多的是如何通过文化传播来强化和提升文明。

2. 智慧交通

IBM早期的智慧交通拟采取相关措施来缓解超负荷运转的交通运输基础设施面临的压力。减少拥堵意味着产品运输时间缩短、工人通勤时间缩短和生产力提高，同时更能减少污染排放、更好地保护环境。随着智慧交通的快速发展，智慧交通已形成一个基于现代电子信息技术面向交通运输的服务系统。智慧交通的突出特点是以信息的收集、处理、发布、交换、分析、利用为主线，为交通参与者提供多样性的服务；是在智能交通的基础上，在交通领域中充分运用物联网、云计算、互联网、人工智能、自动控制、移动互联网等技术，通过高新技术汇集交通信息，对交通管理、交通运输、公众出行等交通领域全方面及交通建设管理全过程进行管控，使交通系统在区域、城市甚至更大的时空范围具备感知、互联、分析、预测、控制等能力，以充分保障交通安全、发挥交通基础设施效能、提升交通系统运行效率和管理水平，为通畅的公众出行和可持续的经济发展服务。智慧交通的需求包括环保、便捷、安全、高效、可视和可预测(IBM，2008)。

(1)环保：大幅降低碳排放量、能源消耗和各种污染物排放，提高生活质量。

(2)便捷：通过移动通信提供最佳路线信息和一次性支付各种方式的交通费用，增强旅客体验。

(3)安全：检测危险并及时通知相关部门。

(4)高效：实时进行跨网络交通数据分析和预测，可避免浪费，而且还可最大化交通流量。

(5)可视：将所有公共交通车辆和私家车整合到一个数据库，提供单个网络状态视图。

(6)可预测：持续进行数据分析和建模，改善交通流量和基础设施规划。

3. 智慧医疗建设现状

IBM早期的智慧医疗旨在构建多级分诊和智能诊断技术，解决医疗系统中诸如医疗费用过于昂贵使患者(特别是农村地区患者)难以负担，医疗机构职能效率低下，以及缺少高质量的病患看护等问题。当前，智慧医疗除向着分诊服务之外，还向着机器人手术、精准医疗方向发展。智慧医疗需求包括互联、协作、预防、普及、创新和可靠(IBM，2008)。

(1)互联：经授权的医生能够随时翻阅病人的病历、患史、治疗措施和保险明细，患者也可以自主选择更换医生或医院。

(2)协作：把信息仓库变成可分享的记录，整合并共享医疗信息和记录，以期构建一个综合的专业的医疗网络。

(3)预防：实时感知、处理和分析重大的医疗事件，从而快速、有效地作出响应。

(4)普及：支持乡镇医院和社区医院无缝地连接到中心医院，以便可以实时地获取专家建议、安排转诊和接受培训。

(5)创新：提升知识和过程处理能力，进一步推动临床创新和研究。

(6)可靠：使从业医生能够搜索、分析和引用大量科学证据来支持他们的诊断。

4. 智慧电力建设现状

在最初 IBM 提出的智慧电力解决方案中，拟赋予消费者管理其电力使用并选择污染最小的能源的权利，这样可以提高能源使用效率并保护环境。同时，它还能确保电力供应商有稳定、可靠的电力供应，亦能减少电网内部浪费。这些确保了经济持续快速发展所需的可持续能源供应。智慧电力通过采用先进大数据、云计算、物联网、边缘计算等技术，实现生产信息与管理信息的智慧化，实现人、技术、经营目标和管理方法的集成，是企业管理思想的一个新突破。智慧电力需求是反应迅速、可靠、节约能源、高效利用资产和可持续（IBM，2008）。

(1)反应迅速：知道电力故障的确切位置，并立即派遣维修人员去解决问题。

(2)可靠：通过感应可能发生的设备故障，防患于未然。

(3)节约能源：通过电网迅速检测到发电量的需求变化，在用电需求较低时减少发电量。

(4)高效利用资产：通过感知并管理老化设备的使用负荷，延长资产的使用寿命。

(5)可持续：通过更好地了解电力需求，使可再生能源的供应最大化。

5. 智慧战场建设现状

智慧时代呼唤"智慧战场"。以人工智能、大数据、云计算、5G 移动通信网络为代表的新一代信息技术在战场上的广泛应用，正在成为继机械化、信息化之后推动新一轮军事变革的强大动力，战争时空条件、战争主体、战争手段和方式都在发生革命性变化，催生新的作战手段和作战思想，决定战场胜败的规律突出体现在对"制智权"的争夺上。美国、俄罗斯等军事强国预见到人工智能技术在战场上的广阔应用前景，都把人工智能视为"改变战场游戏规则"的颠覆性技术，加紧构建战场全维智能感知体系，加快发展战场智能指挥控制系统、无人作战系统和智能化武器装备，抢占战场建设的主动权[1]。

进入 21 世纪以来，信息栅格、移动宽带、云计算、物联网、大数据等一系列新一代信息技术迅猛发展，为实现战场全维信息感知展示出广阔的应用前景。目前美

---

[1] 上海市军民融合发展研究会，《世界军事强国推进智能化战场建设的主要做法》，https://new.qq.com/rain/a/20220113A07QTJ00，2022 年 1 月 13 日。

军在全球范围部署了超过数万台射频识别技术设备，战时运用这些先进技术装备，可以实现战场"全维可视""全程可视"。俄罗斯、印度、法国、日本等国也着眼新一轮军事变革的发展趋势，加快构建基于信息系统的战场全维智能感知体系。基于全维信息的战场感知体系，不仅抗干扰、抗攻击能力强，而且可以实现战场信息全网可知、可视、可控。在世界各军事强国积极应对世界新军事变革的形势下，精确、可靠、高效的战场全维信息感知体系构建与运用，已经成为未来战场上克敌制胜的有力手段。世界军事强国构建战场全维智能感知体系，主要从以下几个方面着手：一是构建集中统一的战场传感网络；二是加快推进战场物联网建设；三是构建多维战场侦察监视预警体系；四是强化战场信息网络系统的互联互通。

1.3 智慧地球建设面临的挑战

1.3.1 学科建设与基础理论

数字地球主要是基于现代地球观测技术、网络通信技术和计算机技术，建立一种可以实时、动态地反映地球自然和人文环境状况的数字化地球模型。学科支持方面，地球科学是支撑智慧地球建设的一级学科，以测绘科学与技术、地理信息技术、遥感技术等为核心的地球空间信息学，是支撑智慧地球建设的基础学科。智慧地球依赖电子信息学、通信工程、计算机科学与技术、数学和物理等基础学科，这些学科为智慧地球构建提供了必要的如通信协议、网络技术、编码解码、数据存储与处理等技术支持。下面以面向智慧地球的战场环境信息保障为例，说明各支撑学科。

战场环境信息保障涉及的基础学科包括以下 4 个学科。①电子学：电子学是战场环境信息保障的基础学科，它提供了电子器件和电子通信技术，为信息的传输和处理提供了技术支持。②计算机科学：计算机科学提供了计算和处理信息的技术，如算法、数据结构、计算机网络等，对信息的加工和传输提供了支持。③数学：数学是战场环境信息保障的基础，提供了数学模型和方法来描述和解决信息传输和处理中的问题。④物理学：战场环境信息保障需要依靠物理学的基础理论来解决电磁波传播、信号捕获等问题。

战场环境信息保障涉及的前沿学科主要包括人工智能、量子计算、生物信息和网络安全等。这些学科具有极强的创新性和颠覆性，可以为战场环境信息保障提供更加先进、高效、安全的技术手段。①人工智能：人工智能是战场环境信息保障的前沿学科，它提供了机器学习和自然语言处理等技术，用于信息的分析和预测。②量子计算：量子计算是一种全新的计算技术，可以更快地处理和分析信息，为战场环境信息保障提供了新的解决方案。③生物信息学：生物信息学是将计算机科学和生物学结合的新兴学科，它的发展为战场环境信息保障提供了新的思路和技术手段。④网络安全：网络安全技术在信息传输、数据存储、信息保护等方面具有重要应用，是战场环境信息保障的重要保障手段。⑤光电子技术：光电子技术在电子侦察、通信、目标探测等方面具有重要应用，是战场环境信息保障的重要技术支撑。

战场环境信息保障涉及的主要交叉学科包括信息工程、电子工程、情报学、军事学和运筹学等。这些学科在战场环境信息保障中发挥着重要的作用，如信息保密、信号识别、控制指令生成、光电信息采集等。①信息工程：信息工程是将计算机科学、通信工程和控制工程等学科交叉的学科，提供了处理信息和通信的综合解决方案。②电子工程：电子工程结合了电子学、计算机科学和通信工程等学科，为战场环境信息保障提供了电子技术和通信技术的应用解决方案。③情报学：情报学是一门跨学科的学科，结合了计算机科学、心理学和社会学等领域，为战场环境信息保障提供了信息采集、分析和预测等方面的支持。④军事学：军事学涉及军事战略、军事战术、军事指挥等多个方面，可以为战场环境信息保障提供指导性的支持。⑤运筹学：运筹学涉及数学、管理学、计算机科学等多个学科，可以为战场环境信息保障提供决策优化、资源配置等方面的支持。

1.3.2　科技发展与技术支撑

智慧地球是一种基于地球物理学、遥感技术、信息技术和人工智能技术的综合系统，它通过对地球各个方面的数据进行集成、分析和处理，来实现对地球系统的智能化管理和综合决策。其目的是保护和维护地球生态系统，实现可持续发展。随着监测感知数据的空间分辨率和时间分辨率的持续提升，地面泛在感知数据的精准性也得到持续提升。太空、中空及低空信息(大气活动、环境污染)、地面信息(自然资源、生物群落、人类社会与经济发展等)、海洋信息、地理空间信息安全是保证国家安全的重要组成部分。

地球科学信息学视角下智慧地球建设的关键技术挑战包括位置云，星基导航增强技术，遥感云，天-空-地一体化的传感网与实时GIS，视频与GIS的融合，智能手机作为无处不在的传感器，室内与地下空间定位及导航，空间数据挖掘等(李德仁等，2012)。

(1)位置云：现在用户将卫星定位信息传送到位置云服务中心，位置云服务在1s内即可将定位精度解算到亚米级并反馈。

(2)星基导航增强技术：利用低轨卫星上搭载星载 GNSS 接收机进行连续观测记录，结合激光测距等手段和现有地基增强系统，提高北斗卫星导航系统(以下简称"北斗系统")的实时定位精度。

(3)遥感云：遥感解译方法在云计算平台的支撑下，将极大地释放计算资源的潜力。建立并运营遥感云服务平台，将遥感数据、信息产品、应用软件与计算机设备作为遥感公共服务设施(类似自来水、煤气、电力等)，通过网络或连接终端提供给用户按需使用。遥感数据云服务平台有自然资源卫星遥感云服务平台、地理空间数据云、遥感云平台等。遥感影像处理引擎是集科学分析和地理信息数据可视化于一体的综合性平台。以 GEE(Google Earth Engine)为例，GEE 面向遥感影像分类、预处理和地理分析计算提供超过 800 个计算函数库，并且在持续完善中。遥感专用机器学习框架 LuoJiaNET，由武汉大学 LuoJiaNET 框架团队与华为 MindSpore 框架研究小组联合打造而成，是遥感领域首个国产化自主可控的遥感专用机器学习框架。LuoJiaNET 同时与国产人工智能硬件 NPU 深度融合，使智能计算软硬件充分协同，形成融合探测机理与地学知识的统一计算图表达、编译优化、图算融合、自动混合并行的新一代遥感智能解译框架，可进行遥感样本自动提纯与增广，充分融合探测机理与地学知识。

(4)天-空-地一体化的传感网与实时 GIS：以用户为中心，采集用户需求，分析数据所需观测平台及参数，主动观测获取数据。面对大量实时观测的数据，不可能简单地通过批量导入的方法接入实时数据，数据的管理是动态的，系统需要提供实时分析功能，向用户输出动态变化的结果。全球统一时空基准框架，搜索用户需求数据，优选提取信息和知识的工具，形成合理的数据流与服务链，通过聚焦服务方式，将信息和知识及时送达用户——在规定的时间将所需位置上正确数据/信息/知识送到需要的人手上。

(5)视频与 GIS 的融合：视频传感器实时影像采集与 GIS 数据管理。自然图像、高分影像、无人机影像等视频数据本身可以用来检测目标。但视频与 GIS 融合，可以实现基于地理空间的视频感知信息的空间化利用，可以建立起基于地理空间的真实世界有限感知范围的实时影像，便于城市管理、大型活动安保、应急决策及军事行动全局态势感知等活动。尤其是视频三维融合技术，该概念最早发源于视频地理信息系统研究，从提出至今已经有 10 余年。视频地理信息系统当初提出了很多新颖的概念，然而真正得到人面积应用的，似乎也唯有视频三维融合这一点。时至今日，大量 GIS 厂商都已经推出视频三维融合的相关产品，不断拓展视频三维融合的应用范围。传统的监控设备生产厂商也在逐步跟进，试图摆脱对 GIS 厂商的依赖，形成独立的产品线。

（6）智能手机作为无处不在的传感器：智能手机作为实时传感器，可获得用户分享的位置、影像、声音、视频、移动方向及速度、重力加速度等数据。智能手机作为广泛接入的传感器，使得人们可以随时随地多方位地移动。手机同时也是终端，以 Android 2.3 gingerbread 系统为例，Google 设计了 11 种传感器（加速度、磁力、方向、陀螺仪、光线感应、压力、温度、接近、重力、线性加速度、旋转矢量）可供应用层使用。

（7）室内与地下空间定位及导航：采用卫星信号、传感器、地面无线信号及混合方式进行定位导航。在地下空间（如停车场、地下公共空间、地下采矿（煤矿）井巷）、室内空间（如建筑物内、室内区域），主要采用基于设备和基于计算机视觉的方式进行空间定位及导航。武汉大学测绘遥感信息工程国家重点实验室陈锐志教授团队研制音频定位芯片，解决室外卫星信号对于室内空间不可用、不可达及室内定位精度低的技术难题，首次突破了精准测距、窄频带漫游和多源融合定位三大核心技术，赋能全球首款高精度音频定位芯片 Kelper A100。

（8）空间数据挖掘：用海量的、各种类型的静态和动态数据，进行时间智能计算与挖掘。数据挖掘（从数据中发现知识），是从大量的数据中挖掘有趣的、有用的、隐含的、先前未知的和可能有用的模式或知识。空间信息数据挖掘的不仅仅是数据（所以"数据挖掘"并非一个精确的用词），同类名词还有数据库中的知识挖掘（KDD）、知识发现、数据/模式分析等。

1.3.3 产业能力与工程体系

经过 10 年的持续发展，以大数据、云计算、人工智能等为代表的新一代信息化技术融入市政、交通、教育、医疗、金融、国防等领域。数字化是我国当前重要国策，《"十四五"数字经济发展规划》指出：发展数字经济是把握新一轮科技革命和产业变革新机遇的战略选择，数据要素是数字经济深化发展的核心引擎。对于自然资源、水利等相对传统的领域，从二维走向三维，从立体走向沉浸式体验，是实现智慧化的重要设施和基础能力。

地球上自然环境、社会活动及物质循环都是客观存在体。智慧地球是在数字地球的基础上,结合现代信息技术,利用大数据、人工智能等泛在感知手段,实现对地球系统的高效、智能化管理和服务。"泛在",最早就是用于形容网络无所不在,而泛在感知就是信息感知、获取手段无所不在、无处不在。从天上的高中低轨各型卫星,到近空无人机等飞行器平台,再到地面 5G 基站、各种监控摄像头,甚至能拍照的个人手机,都是可用的感知手段。"泛在感知"包括"泛在""感知""识别""互联"不同层次。"泛在"是信息的范围,"感知"是信息的获取,"识别"是信息的甄别,"互联"是信息的互通。泛在感知手段是实现物理世界运行状况和孪生变化的重要技术手段。泛在感知需基于统一时空基准框架,进而支撑实现不同地点、不同时间段、不同手段感知信息的序列化展示,支持空间位置标识和精准大数据挖掘、分析。在建设智慧地球和智慧城市的大数据时代,这将对地球空间信息学提出新的要求,使之具有新的时代特点。

(1)无所不在(ubiquitous)。在大数据时代,地球空间信息学的数据获取将从空-天-地专用传感器扩展到物联网中上亿个无所不在的非专用传感器。例如,智能手机,就是一个具有通信、导航、定位、摄影、摄像和传输功能的时空数据传感器;又如,城市中具有空间位置的上千万个视频传感器,它能提供 PB 和 EB 级连续图像。这些传感器将显著提高地球空间信息学的数据获取能力。另一方面,在大数据时代,地球空间信息学的应用也是无所不在的,使用者已从专业用户扩大到全球大众用户。

(2)多维动态(multi-dimension and dynamics)。大数据时代无所不在的传感器网以日、时、分、秒甚至毫秒计产生时空数据,使得人们能以前所未有的速度获得多维动态数据来描述和研究地球上的各种实体和人类活动。智慧地球需要持续形成对于地球及地球系统空-天-地-海网、深海、深地、深空等的全方位、多维动态的感知、分析、认知和变化检测。通过这些研究,地球空间信息学将对模式识别和人工智能作出更大的贡献。

(3)互联网+网络化(internet+networking)。在越来越强大的天-地一体化网络通信技术和云计算技术支持下,地球空间信息学的空-天-地专用传感器将完全融入智慧地球的物联网中,形成互联网+空间信息系统,将地球空间信息学从专业应用向大众化应用扩展。原先分散的、各自独立进行的数据处理、信息提取和知识发现等将在网络上由云计算为用户完成。目前正在研究中的遥感云和室内外一体化高精度导航定位云就是其中的例子。

(4)全自动与实时化(full automation and real time)。在网络化、大数据和云计算的支持下，地球空间信息学有可能利用模式识别和人工智能的新成果来全自动和实时地满足军民应急响应用户和诸如飞机、汽车自动驾驶等实时用户的要求。以"空间信息网络"国家自然科学基金重大专项为例，该项目遵照"一星多用、多星组网、多网融合"的原则，可由若干颗(60~80 颗)同时具有遥感、导航与通信功能的低轨卫星组成的天基网与现有地面互联网、移动网整体集成，与北斗系统密切协同，实现对全球表面分米级空间分辨率、小时级时间分辨率的影像与视频数据采集及优于米级精度的实时导航定位服务，在时空大数据、云计算和天基信息服务智能终端的支持下，通过天地通信网络全球无缝的互联互通，实时地为国民经济各部门、各行业和广大手机用户提供快速、精确、智能化的导航(Navigation)、定位(Positioning)、授时(Timing)、遥感(Remote Sensing)、通信(Communication)的一体化实时服务(简称 PNTRC 系统服务)，构建产业化运营的、军民深度融合的我国天基信息实时服务系统。

(5)从感知到认知(from sensing to recognizing)。长期以来，地球空间信息学具有较强的测量、定位、目标感知能力，而往往缺乏认知能力。在大数据时代，通过对时空大数据的数据处理、分析、融合和挖掘，可以大大地提高空间认知能力。例如，利用多时相夜光遥感卫星数据可以对人类社会活动(如城镇化、经济发展、战争与和平的规律)进行空间认知。又如，利用智能手机中连续记录的位置数据、多媒体数据和电子地图数据，可以研究手机持有人的行为学和心理学。笔者相信，地球空间信息学的空间认知将对脑认知和人工智能科学作出应有的贡献。

(6)众包与自发地理信息(crowd sourcing and volunteered geographic information)。在大数据时代，基于无所不在的非专用时空数据传感器(如智能手机)和互联网云计算技术，通过网上众包方式，将会产生大量的自发地理信息(Volunteered Geographic Information，VGI)来丰富时空信息资源，形成人人都是地球空间信息员的新局面。但由于他们的非专业特点，使得所提供的数据具有较大的噪声、缺失、不一致性、歧义等问题，引起数据较大的不确定性，需要自动进行数据清理、归化、融合与挖掘。当然，如能在网上提供更多的智能软件和开发工具，将会产生更好的效果。

(7)面向服务(service oriented)。地球空间信息学是一门面向经济建设、国防建设和大众民生应用需求的服务科学。它需要从理解用户的自然语言入手，搜索可用来回答用户需求的数据，优选提取信息和知识的工具，形成合理的数据流与服务链，通过网络通信的聚焦服务方式，将有用的信息和知识及时送达用户。从这个意义上看，地球空间信息服务的最高标准是在规定的时间(right time)将所需位置(right place)上的正确数据/信息/知识(right data/information/knowledge)送到需要的人手上。面向任务的地球空间信息聚焦服务，将长期以来数据导引的产品制作和分发模式转变成需求导引的聚焦服务模式，从而解决目前对地观测数据多而应用少的矛盾，实现服务代替产品，以适应大数据时代的需求。

1.3.4　法律法规与标准规范

智慧地球需要充分利用物联网、云平台、大数据等新兴信息化技术进行建设，但是智慧地球的建设过程，参照部分行业的建设结果是否符合"智慧"的要求，需要制定相关国家标准，进行系统性的指导与规范。对于建设成果按照标准进行客观评价，还需要研究更完善的智慧地球建设相应的法律法规及规范标准。

1. 智慧地球建设的相关标准需求

智慧地球建设的相关标准包括《数字测绘成果质量要求》（GB/T 17941—2008）、《国家基本比例尺地图测绘基本技术规定》（GB 35650—2017）、《面向智慧城市的物联网技术应用指南》（GB/T 36620—2018）、《信息安全技术智慧城市安全体系框架》（GB/T 37971—2019）、《信息安全技术云计算服务运行监管框架》（GB/T 37972—2019）和《信息技术大数据系统运维和管理功能要求》（GB/T 38633—2020）等。

2. 智慧地球建设的相关法律法规需求

智慧地球建设的相关法律法规包括《中华人民共和国国家安全法》《中华人民共和国测绘成果管理条例》《信息安全技术个人信息安全规范》《中华人民共和国网络安全法》《卫星移动通信系统终端地球站管理办法》《中华人民共和国计算机信息系统安全保护条例》和《中华人民共和国促进科技成果转化法》等相关法律法规。

地球是一个不具有自主意识、没有自主"智慧"的无机体。然而，地球又是自我运行在宇宙中的一个复杂巨系统。一方面，这个系统遵守着自然规律，比如人类已经认识的运动规律、变化规律，还有一些看似随着自然力量随机产生、人类尚未清楚认识的自然规律。另一方面，地球是地球上一切物质的承载体。地球所承载的无机物，如岩石、土地、地层、水体以及吸附的空气，它们本身受到地球重力、环境扰动等影响，其固有的状态和瞬时的运动特征具有可观察、可预测、可验证性。地球所承载的有机生命体，比如生态系统和社会系统等，其本身具有不断变化和持续运动的特性。那么，本章将以支撑智慧地球建成感知、认知、决策与行动反馈能力为线索，阐述智慧地球构建的基本原理、时空基准框架和关键支撑技术。

2.1 智慧地球构建基本原理

"智慧地球"透彻感知、全面互联、智能化服务理念可以映射到社会领域各行各业。有学者认为，地球体系智能化的不断发展为我国信息化提供了更有意义的崭新的发展契机，除了在国防和国家安全的应用外，"智慧地球"在各行各业将会有着很广泛的应用(李德仁等，2010；张永民，2010)。

2.1.1 智慧地球核心支撑技术

智慧地球是一种基于地球物理学、遥感技术、信息技术和人工智能技术的综合系统，它通过对地球各个方面的数据进行集成、分析和处理，来实现对地球系统的智能化管理和综合决策。其目的是保护和维护地球生态系统，实现可持续发展。数字地球、物联网、云计算、大数据和人工智能五大类技术是支撑智慧地球构建的核心技术。

2.1.1.1　数字地球

数字地球的概念最早源于美国前副总统阿尔·戈尔在 1998 年提出的数字化虚拟地球场景。具体来说，数字地球是一个无缝地覆盖整个地球的信息模型，把分散在城市各处的各类信息按地理坐标组织起来，既能体现出各类自然、人文、社会等信息的相互关系，又能够按便于人类理解的地理坐标进行检索和利用。数字地球可以理解为我们生活的地球在数字世界中的一个副本。数字地球利用现代信息技术、空间技术、测绘技术等手段，将地球上的各种数据信息整合在一起，形成数字化的地球模型，以便于人们对地球进行更加深入和全面的认识和研究。

数字地球取得的主要成就包括：数字地球实现了从二维到三维的跨越；数字地球实现了对地球多分辨率和多时态的观测与分析；数字地球实现了基于图形和基于天-空-地一体化实景影像的可视化和可量测；数字地球实现了基于 Web Service 的空间信息共享与智能服务；数字地球通过兴趣点实现了非空间信息到空间信息的关联，以服务全民。数字地球支撑智慧地球实现天-空-地一体化物联网，实现智慧地球大数据采集、获取、调度、存储与分析、应用感知基础环境；并在云网群边端一体化的计算环境中，采用面向服务的计算方式，以顾及时空基准的不同来源、不同尺度、不同粒度信息融合、分析、挖掘与计算服务为基础，实现以地球信息控制决策为目标的智能处理、智能分析、智能决策、智能运用和智能控制；以大数据平台，尤其是时空信息大数据平台为核心，在发展数字地球技术和应用方面，有助于提高人类社会对环境和资源的可持续利用能力。

数字地球建设的第一步是收集和整合各种地球数据，包括卫星图像、遥感数据、测绘数据、人文社会数据等。对地球各个领域的信息和数据的收集和整合，包括地球科学、自然资源、气象、环境、人文社会等方面的信息和数据。收集和整合的数据需要进行预处理、分析和处理，以提取有用的信息和知识。对这些信息和数据进行分析和处理，揭示其中的规律、趋势和关联性，并生成对地球的更深刻认识和理解。建立数据库、地图库等存储和管理基础设施，以保证数据的安全、可靠和有效性。将数据以直观的形式呈现给用户，包括地球可视化、地球三维建模、交互式地图、地球虚拟现实等技术。将这些知识应用于智慧地球的各个方面，包括可持续发展、城市规划、应急管理、资源管理、环境保护等方面，以帮助人们更好地理解和管理地球。数字地球相关技术涵盖地球空间信息的获取、管理、使用等各方面。数字地球从数据获取组织到提供服务涉及的相关技术主要包括以下 5 点：

（1）大-空-地一体化的空间信息快速获取技术：2006 年 *Nature* 杂志发表封面论文 2020 中认为观测网将首次大规模地实现实时地获取现实世界的数据。空间信息获取方式也从传统人工测量发展到涵盖了从星载遥感平台和全球定位导航系统到机载遥感平台，再到地面的车载移动测量平台等。

（2）海量空间数据调度与管理技术：面对数据容量不断增长、数据种类不断增加的海量空间数据，PB（Peta Byte）级及更大的数据量更加依赖相关数据调度与管理技术，包括高效的索引、数据库、分布式存储等技术。

（3）空间信息可视化技术：从传统二维地图到三维数字地球，数字地球空间表现形式由传统抽象的二维地图发展为与现实世界完全相同的三维空间中，使得人类在描述和分析城市空间事务的信息上获得了质的飞跃。包含真实纹理的三维地形和城市模型后可用于城市规划、景观分析、构成虚拟地理环境和数字文化遗产等。

（4）空间信息分析与挖掘技术：智慧地球中基于影像的三维实景影像模型，可构成大面积无缝的立体正射影像和沿街道的实景影像，用户能够自主按需量测，并能挖掘有效信息。

（5）网络服务技术：通过网络整合并提供服务，数字地球作为一个空间信息基础框架，可以集成整合来自网络环境下与地球空间信息相关的各种社会经济信息，然后又通过互联网技术向专业部门和社会公众提供服务。

智慧地球则是在数字地球的基础上，进一步融合人工智能、云计算、大数据、物联网等新一代信息技术，实现对地球自然环境、社会经济、生态环境、人口资源等方面进行实时感知、全面监测、智能分析和精准预测的系统。在数字地球仅能实现数字化的管理和静态数据的展示的基础上，智慧地球不仅具备数字地球的基本功能，还可以实现对人类社会各个领域的全面感知和智能化决策，从而推动地球可持续发展。相对于智慧地球，数字地球的不足之处至少有以下 4 点：

（1）缺乏智能化：数字地球主要是通过将各种数据和信息整合到一个平台上，提供可视化和交互式的地球模型，但是缺乏对数据和信息的深入分析和智能化处理，无法实现自动化决策和行动。

（2）局限性较大：数字地球主要侧重地理空间信息的整合和可视化，涉及范围相对有限，主要应用于地理科学、地质勘探、城市规划等领域。

（3）缺乏实时性：数字地球的数据更新和发布相对较慢，无法及时反映现实世界的变化和新的数据来源。

（4）数据质量不够高：数字地球中的数据和信息来自不同来源和数据集，数据质量和准确性难以保证，可能存在一定的误差和偏差。

智慧地球具有智能化增强、应用服务范围更广、实时感知、全面监测、智能分析、精准预测等新功能，以及更加丰富、立体、交互式的地球信息展示方式等方面的提升。同时，智慧地球还可以为各个领域的应用提供更加智能、精准、高效的服务和支持。

2.1.1.2　物联网

2005 年 11 月 17 日，在突尼斯举行的信息社会世界峰会上，国际电信联盟（International Telecommunication Union，ITU）发布了《ITU 互联网报告 2005：物联网》，正式提出了"物联网"的概念。物联网的定义是：通过射频识别、红外感应器、全球定位系统、激光扫描器等信息传感设备，按约定的协议，把任何物品与互联网连接起来，进行信息交换和通信，以实现智能化识别、定位、跟踪、监控和管理的一种网络。物联网的核心和基础仍然是互联网，是在互联网基础上延伸和扩展的网络，其用户端延伸和扩展到任意物品之间，使物与物可以进行信息交换和通信。通过物联网，系统可以自动地、实时地对物体进行识别、定位、追踪、监控并触发相应事件。智慧地球物联网环境，就是把感应器嵌入和装备到电网、铁路、桥梁、隧道、公路、建筑、供水系统、大坝、油气管道等各种物体中，并且被普遍连接，形成物联网。中国早在 1999 年就提出了相关概念，并由中国科学院启动了相关的研究和开发，当时称为传感网。物联网能够实现人与人、人与机器、机器与机器的互联互通，充分发挥人与机器各自的优点。物联网的问世，打破了之前传统物理设施与 IT 设施分离的状况。物联网将与水、电、气、路一样，成为地球上的一类新的基础设施。

"军事物联网"则是将"物联网"用作军事用途，以单兵或每一件单个装备为基础单位，将其收集到的所有数据集合成为一个庞大的战术网络。运用物联网技术获取联合军事活动中人员、武器装备、战场环境、后勤保障等军事实体的状态要素和特征信息，在这里指挥官可以掌握麾下部队的每一个实时细节，利用这些信息通过网络可以直接对部队、装备进行调配部署，甚至能将最高指挥官的命令直接下达到最底层的单兵作战单位。在"军事物联网"的开发国中，美国无疑是最高调、也是取得成果最丰硕的，正在打造的"联合全域指挥与控制"系统就是类似的产物，英文简称"JADC2"。按照标准通信协议，通过军事传感和通信网络，实现人员与武器装备、战场环境及后勤保障之间的信息交互与通信，同时进行信息分析和处理，进而实现指挥员对军事活动的智能化决策和控制。物联网的军事应用，其核心重在围绕战场态势感知、智能分析判断和行动过程控制等因素，使系统实现全方位、全时域、全频谱地有效运行。

1. 战场环境态势感知

军事物联网可以实现战场无缝隙感知，提高战场透明度。军事物联网重在围绕战场态势感知、智能分析判断和行动过程控制等环节，使系统实现全方位、全时域、全频谱的有效运行，从而破除"战争迷雾"，全面提升基于信息系统的体系作战能力。利用军事物联网核心技术——射频识别技术，普通、低成本的器材也能有效获取战场信息，并通过网络进行实时传送。如美军开发的"智能微尘"，体积虽只有一颗沙砾大，但具备从信息收集、处理到发送的全部功能。这将给信息获取带来新的革命：一方面可以消灭侦察盲区，实现战场"无缝隙"感知，提高战场透明度；另一方面，军事物联网能够把战场上的所有人员、武器装备和保障物资都纳入网络之中，处于网络节点上的任一传感器，均可与设在卫星、飞机上的各种侦察监视系统相连接，获取本身不具备的对目标的空间定位能力，从而实现感知即被定位。随着军事物联网技术的发展，在未来信息化战场上，军事信息网将与军事物联网融为一体，为信息获取与处理提供崭新的手段。目前，西方发达国家军队都高度重视军事物联网的开发，将其作为传感器网的一个重要研究领域，各种创新型军事物联网平台层出不穷。美军先后开展远程监视战场环境的"伦巴斯"系统、侦听武器平台运动的"沙地直线"系统、专门侦收电磁信号的"狼群"系统等一系列军事传感器网络系统的研究与应用。日本、英国、意大利、巴西等国家和军队也对军事物联网络表现出浓厚兴趣，纷纷展开无线传感器网络军事应用领域的研究工作。

军事物联网可以实施全程透明化指挥，提高作战决策效率。军事物联网联结的是军事领域物与物、物与人等各种军事要素，每一个作战单元、每一个火力单元、每一名战士、每一件武器等都被贴上了 RFID（射频识别）标签，部队的每一个作战行动都可通过无线数据通信网络传送到指挥中心，从而实现对作战行动的全程透明化指挥控制，提高作战决策效率。

（1）缩短指挥周期。未来信息化战争，是高速度、高精度、高强度的战争，战争爆发的突然性大，作战样式转换迅速，战场上物质流、能量流、信息流的流量增大，流向多变，各种作战因素之间的关系复杂。运用以军事物联网技术组网的信息传输系统，可使战场情报信息传递的流程大幅缩短，极大提高信息传送的速度；通过对战场的实时监控，可向火控和制导系统提供精确的目标定位信息，缩短"观察—定位—决策—行动"的指挥周期，从而使得指挥更加快速、灵活。

（2）提高战场认知。军事物联网的运用，将为指挥员实时指挥提供物质条件。

指挥员通过指挥中心的信息显示系统,将整个战场态势尽收眼底,与指挥中心大型数据库相连的无数条数字式链路将伸向战场的每一个角落,把敌我部队的方位、行动和战果以实时的方式传送给指挥中心,形成不断更新的综合的共用战场态势图,指挥员可据此作出决策,迅速定下决心,对情况变化立即作出正确反应,实时指挥部队作战。

(3)实施稳定指挥。以军事物联网技术为核心的指挥信息系统的应用,能实现战场信息的获取、传输、处理和运用的一体化,各个环节之间可以实现无缝连接。尤其是以军事物联网技术组网的指挥信息系统是网络状的形态,即使一个通道受到敌方硬摧毁和软杀伤,还有其他的通道可以工作,使战场信息不断地获取、传输、处理和运用,指挥员对部队作战行动进行稳定指挥。

2. 战场态势智能分析判断和行动过程控制

建立联合战场"从传感器到射手"的自动感知、数据传输、指挥决策、火力控制的全要素、全过程综合信息链,以实现对敌方兵力部署、武器装备配置、运动状态的侦察和作战地形、防卫设施等环境的勘察,对己方阵地防护和部队动态等战场信息的精确感知,以及对大型武器平台、各种兵力兵器的联合协同等,实施全面、精确、有效的控制。

(1)武器装备智能化。建立联合战场军事装备、武器平台和军用运载平台感知控制网络系统,动态地感知和实时分析军事装备、运载平台等的聚集位置、作业、损毁、维修和报废全寿命周期状态等。

(2)综合保障灵敏化。建立"从散兵坑到生产线"的保障需求、军用物资筹划与生产感知控制,以及"从生产线到散兵坑"的物流配送感知控制,以有效地实施作战保障力量,适时、适地、适量地综合运用与智能感知动态管控,将联合部队的保障力量进行最大化开发。

建立战术侦察传感信息网,往往采用无人飞机或火炮抛掷方式,向敌方重点目标地域布撒声、光、电磁、震动、加速度等微型综合传感器,近距离侦察感知目标地区作战地形、敌军部署、装备特性及部队活动行踪、动向等;可与卫星、飞机、舰艇上的各类传感器有机融合,形成全方位、全频谱、全时域的全维侦察监视预警体系,从而提供准确的目标定位与效果评估,有效弥补卫星、雷达等远程侦察设备的不足,全面提升联合战场感知能力。据悉,目前外军已有大批在研和实用化项目,乃至"智能微尘"等新技术,将运用到联合作战保障体系中。同时,加强重要军事管区人员动态管控与防入侵智能管理系统建设也是重中之重,如在国境线、重要海区与航道,以及战场阵地、指挥所、机场码头仓库等重要军事设施建立传感系统等。

军事物联网的物体识别、全球定位、物体跟踪等技术为运输保障的智能化提供了强有力的技术支撑，广泛运用于军队铁路、部队公路运输车辆动态跟踪、信息化车场和军用车辆使用监控等方面。基于北斗卫星定位技术、地理信息显示技术，可实时掌握运输车辆的状态和资源信息，并实时定位跟踪、指挥调度，动态实现精确地理坐标、精确配送时间，采取精确行进路线向需求部队提供精确数量的物资油料装备弹药资源，提高运输保障指挥调度的效率。通过与车联网、信息收集、信息交换协议和智能化监控管理技术相结合，实时查询运输车辆状态、运输环境、运输保障力量等信息，实时、有效、智能地提供决策信息。通过与物资油料装备弹药识别技术的结合，实现了在运资源可视化，提高了资源供应精确性，极大地推动了军事物联网运输保障信息化建设。

3. 对于后勤保障能力的精准提升

针对陆军山地、丛林等复杂作战环境，提高部队单兵的生存能力，是保证作战部队持续作战能力的重要前提。班组各单兵信息终端以一定频率采集生命体征信息与所在位置信息，并接入军事物联网中，实现对单兵状态实时监控。当检测到单兵体征状态进入危险区域时，触发警告信息，向上级后装保障指挥信息系统发出救治申请请求信息，通知上级或保障分队组织实施卫勤救治。救护人员依据其位置信息快速赶往现场，通过手持终端连接、读取扫描现场人员的信息和伤病号信息，用于对人员身份的确认识别与紧急救治处理，并将救治处理信息记录并通过军事物联网传入指控系统中，作为病历资料，以便后救单位进一步处理，为伤员救治提供精确信息保障。这有效地实现了搜寻人员的精准应急处置和后送救治保障，提升了系统卫勤保障能力。

随着武器装备信息化程度的提高，武器装备呈现出规模大、技术复杂等特点，对维修保障提出了更高的要求。远距离监控、点对点直达、全时域调度、全过程可视、智能化检修等精确保障模式已成为战场获胜的重要因素。通过武器装备内部的传感器、射频识别装置等设备完成对武器装备状态信息的实时采集和在线处理。通过军事物联网将采集到的武器装备各类状态信息上报至后勤装备保障指挥信息系统，系统对状态数据进行清理及归一化处理，并将处理后的数据进行阈值匹配，定位故障信息。基于故障诊断信息、维修资源等数据基础，运用维修决策与资源优化模型，对维修任务、维修资源进行合理统一优化调度，实现多种维修保障模式下维修资源的最优配置，生成维修方案，为指挥员进行维修保障决策提供依据。

通过大量的传感器，武器装备可实时获取战场态势、敌方威胁等战场信息，从而及时作出反应，提高战场生存能力；通过内嵌的诊断传感芯片，使操作员和维修点及时获知装备各部件的完好情况，实现战场维修精确化。物联网采用的电子标签技术最早应用于军事。第一次海湾战争，美国军队向交战区域运送了大约 40000 个集装箱的武器装备。但由于标志不清，很多装备丢失无从查找，消耗了巨大的战争资源。12 年后的伊拉克战争，美军给每个运往海湾地区的集装箱都加装了高科技的射频卫星芯片，在重要的物资运输路口和存储区域安放了读写器，实现了对人员、装备、物资的全程跟踪，使物资供应和管理具有相当高的透明度，大大提高了军事物流保障的有效性，最终节省数十亿美元。随着射频识别标签技术的成熟、成本的降低，军事物联网完全可应用于单件武器上，从而加强对武器装备的管理，并有助于寻找在战场上丢失的威胁性极大的武器装备。

军事物联网有利于全面掌控战争补给线，提高保障精确度。军事物联网具有无限潜力，在后勤保障领域的推广应用将有助于实现"动态精确化"保障。随着射频识别技术、二维码技术和智能传感技术的突破，物联网能够为自动获取在储、在运、在用物资等信息提供方便灵活的解决方案。基于军事物联网的后勤体系，具有网络化、非线性的结构特征，具备很强的抗干扰和抗攻击能力，不仅可以确切掌握物资从工厂运送到前方散兵坑的全过程，而且还可以提供危险警报、给途中的运送车辆部署任务及优化运输路线等。尤其是能够把后勤保障行动与整个数字化战场环境融为一体，实现后勤保障与作战行动一体化，使后勤指挥官随时甚至提前作出决策，极大地增强后勤行动的灵活性和危机控制能力，全面保障后勤运输安全。在各种军事行动过程中，通过军事物联网能实现在准确的地点、准确的时间向作战部队提供适量的装备与补给，避免多余的物资涌向作战地域，造成不必要的混乱、麻烦和浪费。同时，它能根据战场环境变化，预见性地作出决策，自主地协调、控制、组织和实施后勤保障，具备自适应性的后勤保障能力。另外，军事物联网实现了军事装备的智能化。通过在联合作战部队战斗车辆等终端武器装备上配备物资油料装备弹药消耗信息传感设备，实时采集作战部队的各类装备物资油料弹药等资源消耗信息，实现保障需求的自动感知、精确提取，并基于军事物联网传送协议在整个指挥保障链路中贯通，实现需求、审批、供应三端的联动协同无缝衔接。同时，借助军事物联网的全面感知能力，实时获取军地各级保障资源、保障力量、保障设施动态，实现内部信息资源整合，控制库存数量，降低供需不确定性。系统基于供需资源实力基础数据自动计算生成保障补给方案，自动匹配相关资源，统一调度和使用后装保障力量，适时、适地、适量地进行物资油料装备弹药的供应，并对整个供应保障过程中各环节实现实时监控，使各环节整合更加紧密，有效地提升了后装各类资源的流动速度和利用效率，提高了供应保障效能。

2.1.1.3 云计算和边缘计算

云计算是一种基于互联网模式的计算，是分布式计算和网格计算的进一步延伸和发展，是随着互联网资源配置的变迁逐渐形成的。计算机交互服务一度未能脱离硬件的桎梏，直到出现了基于虚拟化的云计算，软件和交互服务才完全与硬件无关，同时也无须关心硬件维护(李德毅，2010)。云计算支撑信息服务社会化、集约化和专业化的云计算中心通过软件的重用和柔性重组，进行服务流程的优化与重构，提高利用率。云计算促进了软件之间的资源聚合、信息共享和协同工作，形成面向服务的计算。云计算能够将全球的海量数据快速处理，并同时向上千万的用户提供服务(Barroso，2003)。云计算是一种 IT 资源和技术能力的共享。在传统模式中，个人开发者和企业需要购买自己的硬件和软件系统，还需要运营和维护。有了云计算，用户可以不用去关心机房建设、机器运行维护、数据库等 IT 资源建设，而可以结合自身需要，灵活地获得对应的云计算整体解决方案。可以说，云计算是 IT 产业水到渠成的产物：计算量越来越大，数据越来越多、越来越动态、越来越实时，云计算于是应运而生。正因如此，阿里巴巴、腾讯、华为等行业领先企业在满足自身需求后，又将这种软硬件能力提供给有需要的其他企业。

云计算关键技术使得用户无须关心操作系统、数据库及平台软件环境、底层硬件环境、计算中心的地理位置、软件提供方和服务渠道。以空间信息处理领域为例，云计算平台将极大地释放计算资源的潜力，充分共享各种复杂分析和处理算法及相关经验，极大地提高解决复杂空间信息分析和处理的能力。

目前，云计算已被广泛应用到各个领域，并发挥了巨大作用。云服务可以按需提供弹性的 IT 服务，用户可以根据自身需要调配 IT 资源，在保障应用需求的同时节约成本。例如，铁路 12306 系统就使用阿里云平台支撑春运等购票峰值的 IT 需求，保障系统在高峰期稳定运行。另一方面，云计算也成为城市、政府和各行业数字化转型的基础支撑。当前无论是电商平台，还是网上外卖平台、在线游戏中心、热点网站，或是工业互联网，都离不开云计算。近年来，政府部门开始积极利用云计算技术提升工作效率和服务水平，中国政务服务小程序就是一个典型案例：它接入了各部门、各地方的 142 万项政务服务指南；用户只需打开微信，登录小程序，动动手指即可办理从前需要跨部门、跨地区甚至跨省市的事项。它依托的就是腾讯云计算技术构建的数据共享政务云平台。2019 年 10 月发布的《中国云计算产业发展与应用白皮书》(以下简称《白皮书》)预测，到 2023 年我国政府和企业上云率将超过 60%。《白皮书》同时指出，影响云计算产业发展和应用的最普遍、最核心的制约因素，就是云计算的安全性和数据私密性保护。云上数据安全已成为业务数字化、智能化升级的关键风险点。云计算的大规模应用，对安全能力的要求一定会成倍增长。但同时也可以看到，云计算、智能化给安全带来了新的契机，也会让更多企业感受到云原生安全带来的利好。

随着 5G 时代的到来，边缘计算的热度愈发高涨，但是边缘计算并非 5G 时代的产物，其概念的提出已经有十多年的历史，并且随着技术和业务的发展而不断升华和变革。边缘计算的概念是继网格计算、云计算、雾计算之后提出的，业界对边缘计算的理解和定义也在不断地升华和变革。各组织机构对边缘计算有着自己的见解，但都认为边缘计算在更靠近终端的网络边缘上提供服务。在本书中，我们采用这样的定义：边缘计算具有分布式架构，相比于集中部署、离用户侧较远的云计算服务，边缘计算是在更接近用户或数据源的网络边缘侧，融合网络、计算、存储、应用能力的新的网络架构和开放平台。边缘计算总体上可以概括为三层，边缘计算是由基础设施、运行环境和各类应用构成的。边缘计算的整体方案专注于自身业务逻辑的高效和完善，同时关注如何低成本、广覆盖、高可用、便捷地发布、组织和交付其业务逻辑。边缘计算的运行环境层是随云计算技术及其商业模式的发展而壮大的，其建立在传统的物理设施之上，封装了部分基础设施的复杂性细节，同时对应用提供部分必要的能力调用支持和通用服务。边缘计算的基础设施层主要是服务器硬件和网络设施，参与者是网络运营商及云服务提供商。

边缘计算具有以下特征：①边缘计算机必须坚固且无风扇。边缘计算硬件必须足够坚固，以承受在易受频繁冲击、振动、灰尘、碎屑甚至极端温度影响的易变环境中的部署。在无风扇的设计中省去了通风口开放冷却系统，使边缘计算硬件制造商创造出完全封闭的系统。封闭的系统消除了灰尘、污垢和碎屑进入系统中而损坏敏感的内部组件的可能性。此外，边缘计算机中使用的无风扇设计和宽温度组件使它们能够承受极冷和极热的温度(从 $-45\sim85℃$)。②边缘计算机必须配备 1 个足够坚固的存储设备。边缘计算机通常部署在边缘，收集处理和分析从工业物联网设备收集的大量数据，因为此类边缘计算机必须配备足够数量的存储空间以快速存储和访问数据。边缘计算解决方案可与固体被配置状态驱动器(SSD)或硬盘驱动器(HDD)配置一起使用。③坚固的边缘计算机必须具有丰富的 I/O。坚固的边缘计算机配备了丰富的 I/O 端口，因为它们通常必须同时连接到新旧工厂机器设备。例如，边缘计算机通常配备以下 I/O 端口：USB 端口、COM 端口、以太网端口(RJ45/

M12）和通用 I/O 端口。边缘计算机上包括通用 I/O（GPIO）端口，因为它们可以容纳大量没有通用接口的外围设备、传感器和设备，例如 USB 端口或旧式串行端口。可以连接到 GPIO 端口的设备包括传感器、警报器、运动检测器和生产线控制器。最终，GPIO 端口允许边缘计算硬件连接到其他设备，只要设备或传感器正常工作。④边缘计算硬件必须具有宽功率范围。边缘计算硬件通常部署在依赖不同电源输入的环境中，因此它们配备了 9～50VDC 的宽功率范围，使其与各种不同的电源输入方案兼容。此外，边缘计算机还具有多种电源保护功能，可保护系统免受电气损坏。这些电源保护功能包括过压保护、反极性保护和电涌保护。⑤边缘计算机必须安全。边缘计算设备通常部署在不受监控的远程环境中，因此它们必须是安全的。TPM2.0 利用一个技术密码处理器，使得边缘计算机通过综合密码密钥的固定硬件保护系统免受暴力攻击和硬件盗窃。⑥边缘计算机需要支持性能加速器以进行实时处理。随着更多的处理能力转移到边缘，多核中央处理器（CPU）、图形处理器（GPU）、视觉处理单元（VPU）、现场可编程门阵列（FPGA）等是典型的边缘计算解决方案中最受欢迎的性能加速器。

边缘计算在图像识别、图像渲染、实时编码等方面具有极为重要的应用价值。

（1）图像识别：当前的边缘计算场景中的边缘计算业务都离不开边缘计算平台提供的图像识别能力，如智慧城市、远程医疗等。为了更好地被用户使用，图像识别能力以开放应用程序接口（Application Programming Interface，API）的方式提供给用户，用户通过在边缘计算节点实时访问和调用 API 获取结果，帮助用户自动采集关键数据，提升用户业务效率。图像识别分为信息获取、预处理、特征提取及选择、分类器设计、分类决策五步。①信息获取：边缘计算节点通过传感器，将不同静态模式的数据等转化为可被计算机处理的信息。②预处理：通过算力对图像信息进行噪声去除、平滑、增强、复原、过滤等处理，提高图像质量。③特征提取及选择：图像的基本特征包括颜色特征、形状特征、纹理特征、空间关系特征，当进行特征提取选择时，首先要根据具体问题判断选取图像特征，然后针对不同的特征采用不同的提取方法，之后再对初步提取的特征进行进一步提取、选择，剔除大量冗余特征和无关特征，抽取样本中最相关的特征，减少数据维数。④分类器设计：主要通过对图像的训练确定图像的分类规则，按照此类判决规则进行分类错误率最低。⑤分类决策：将特征空间中被识别的对象进行分类。

（2）图像渲染是将三维的光能传递处理转换为二维图像的过程。一般的场景和实体常用三维形式表示，视觉上更接近于现实世界，便于操纵转换，而图形的显示设备大多是二维的。要想使三维实体场景在二维设备上显示，就要用到图像渲染技术。当前 VR/AR 技术的发展备受关注，而为了保证用户体验，VR/AR 场景的图像渲染需要具备很强的实时性。若将 VR/AR 的计算任务放在边缘服务器或移动设备上，则可有效降低平均处理时延，因此 VR/AR 场景同样成为边缘计算业务场景中非常重要的场景，而其中的图像渲染能力也成为边缘计算平台上要具备的行业特色能力。在服务器端，可使用能在边缘服务器上支持多用户 VR 程序的处理框架(如 MUVR 等)，支撑图像渲染能力在边缘服务器上实现 VR 图像渲染，并重新使用用户之前的 VR 图像帧，以降低边缘服务器的计算和通信负担。在移动端，可使用移动端 VR 框架，其可将 VR 负载划分为前景交互和背景环境两种，前景交互依然放在云端数据处理中心进行分析处理，而背景环境的渲染可放置于移动端进行处理。由此而形成的图像渲染能力可以实现移动设备上的高质量 VR 应用，提升用户使用效果。

(3)边缘计算具有实时编码能力。视频直播、VR 沉浸式游戏、视频通信等视频类业务需要大量的编解码计算，通过边缘计算平台的实时编解码服务可以很好地解决终端本地处理能力不足、云端处理时延太大的问题。边缘计算平台的编解码能力，既可以有效避免终端处理能力不一致带来的编解码同步问题，也可避免集中式编解码及合成带来的带宽、时延问题。基于边缘的分布式视频通信编解码，结合终端能力和云端能力，可以更加合理地利用网络资源，使用户具有更好的体验。

2.1.1.4　大数据

大数据以其独特的数据科学思维为地学知识发现带来了重大机遇。同时，对于地球科学来说，智慧地球大数据具有独特的多源异构、时空关联、多尺度和不确定性等特征，亦给智慧地球大数据的处理带来了一系列挑战。以智慧中国为例，杨元喜院士指出，智慧中国建设存在基础设施体系及地理信息安全等方面的挑战。首先，应当完善国家信息基础设施体系建设，包括时空服务基础设施体系、感知基础设施体系(包括卫星、无人机、监控设备等)，解决数据和信息的获取、海量数据智能化处理水平等问题。从遥感感知来说，北斗、天绘、高分、资源等测绘卫星都在为智慧地球提供空间和时间等方面的信息。其次，泛在感知大数据持续积累过程中，如何确保感知信息安全以及隐私保护也是一个问题。地理信息安全是国家信息安全的重要内容之一。地理信息安全威胁来自外在监测与内部泄露两个部分。其中，外在监测来自空、天、地、海。遥感监测是地理信息安全面临的直接威胁。空天监测的重要手段是卫星遥感监测技术，除此之外，还有高空无人机、飞艇、气球等遥感监测手段。

　　针对来源广泛的多源数据，如何对其进行处理及使用是大数据的关键，如图2-1 所示，其中关键的技术包括多源数据汇集融合处理技术、异构数据综合集成处理及"数据-模型"一体化处理三项关键技术。

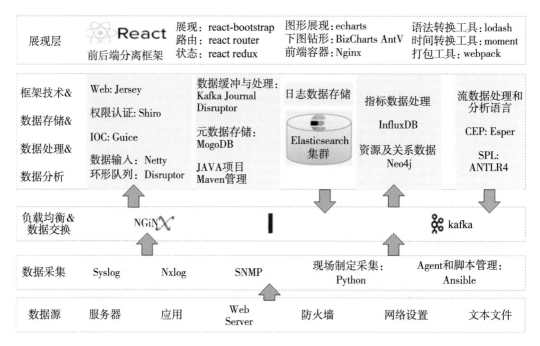

图 2-1　大数据支撑技术

1. 多源数据汇集融合处理技术

　　多源数据汇集融合处理，主要应对在不同来源的地学数据采集和管理过程中出现的体系松散、结构混乱、缺乏组织的现状，主要解决海量地学数据规律挖掘和地学多过程机理研究中相关数据难以有效汇集的问题。地学数据融合不只是解决多源数据抽取、数据格式转换、结构化/非结构化存储等信息技术问题，更多的是需要专业视角下构建的数据关联方法、数据标准化方法及数据质量控制方法。

2. 异构数据综合集成处理技术

　　异构数据综合集成处理主要解决两类问题：一类是内容相同但时空属性不同的地学数据集成；另一类是数据资源在存储管理上互异自治，存储在不同操作系统及不同的数据库管理系统和文件系统中。中间件系统（middle ware）因其能够屏蔽底层数据源的平台、环境、数据模型和语义异构性，另有快速部署、管理方便、利于复用的优势，成为大数据领域常用的解决异构数据综合集成的方案之一，其"分而治之"的异构数据融合策略能够应对地学数据多源异构的现状。中间件通过全局数据模型隐藏底层数据细节，保持数据依旧存放于异构自治的数据源中，通过各数据源适配"包装器（wrapper）"将数据映射到全局数据模型上；对于应用层的数据服务请求，则采用"中介器（mediator）"将其解析、分析和拆分为一个或多个针对相应数据源的子查询，然后将查询结果按照相应逻辑和业务规则综合集成反馈。为适应地学大数据处理需求，打通"异构数据—分析应用"之间的技术屏障，一方面中间件全局数据模型需与多源地学数据模型融合，另一方面具备数据联合引擎和中介器逻辑规则扩展集成两种专门面向地学数据处理的能力。

3. "数据-模型"一体化处理技术

当前数据处理中常用方法难以满足地学前沿所需长时间序列、高时空分辨率、大空间范围数据的处理需求。大数据领域数据清洗、数据插补等方法多是基于数值方法、统计方法或机器学习，在这样的数据处理链条中处理地学数据容易发生地学意义和地学规律上的误差，且误差会随数据生命周期进行演化，最终使地学数据驱动的研究分析和知识发现结果发生畸变。因此，地学数据处理框架除集成一般数据处理方法外，还需集成具备地学背景的地学模型。与一般处理方法不同，地学模型处理中存在模型异构性和复杂性等问题，且尺度精细化的地学数据处理常伴随超大规模计算。这需要对模型进行封装和管理，构建"数据-模型"间的数据互通接口，令地学数据与模型耦合起来形成数据处理链；通过组件技术和容器技术，解决地学模型与超级计算关键集成问题。关键技术包括模型元数据设计、模型集成及"数据-模型"耦合有效性检验（图 2-2）。

2.1.1.5　人工智能

"人工智能"一词最初是在 1956 年达特茅斯（Dartmouth）学会上提出的。此后，研究者发展了众多理论和原理，人工智能的概念也随之扩展。人工智能（Artificial Intelligence，AI）是研究、开发用于模拟、延伸和扩展人的智能的理论、方法、技术及应用系统的一门新的技术科学。人工智能是计算机科学的一个分支，它企图了解智能的实质，并生产出一种新的能以人类智能相似的方式做出反应的智能机器，该领域的研究包括机器人、语言识别、图像识别、自然语言处理和专家系统等（吕伟等，2018；崔雍浩等，2019）。人工智能可以对人的意识、思维等进行模拟。人工智能不是人的智能，但能像人那样思考，也可能超过人的智能。人工智能从诞生以来，理论和技术日益成熟，应用领域也不断扩大，可以设想，未来人工智能带来的科技产品，将会是人类智慧的"容器"。

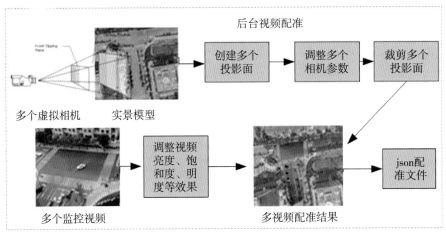

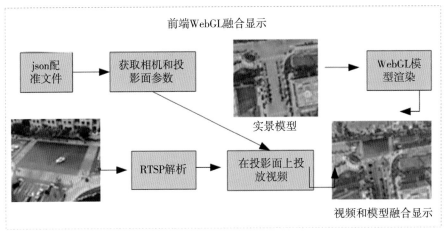

图 2-2　视频与 GIS 融合①

　　现如今，人工智能技术主要以机器学习为核心，已成为新一轮科技革命和产业变革的重要驱动力量，受到全球各国的广泛关注，已深度赋能医疗、交通、家居、制造、金融、零售、通信、教育等多个行业，各类人工智能应用为用户提供了个性、精准、智能的服务。目前，人工智能技术已经应用在智慧地球核心架构的各个层级。在智能基础设施方面，以机器学习、机器视觉为代表的人工智能的底层技术已得到充分的应用；在智能运行平台方面，以云服务提供商、设备提供商、人工智能企业等为代表的产业各方，聚焦实际应用场景，构建各类创新平台，推动人工智

①　参见：https：//zhuanlan. zhihu. com/p/92525723.

能与智慧地球平台建设深度融合；在智能应用服务方面，利用人工智能与云计算、大数据等其他技术紧密结合，构建了地球大脑、智能制造、智慧交通等各类智慧应用场景。

当前，时空人工智能的研究重心正在从感知阶段过渡到认知阶段。感知智能让机器具有"能听、会说、会看"的能力，对具象事物能够识别与判断。感知智能主要依托于以卷积神经网络、循环神经网络为代表的深度学习模型，但深度学习模型难以有效利用先验知识，其不透明性、不可解释性制约了人工智能的发展。认知智能则为理解与解释能力，以知识为驱动力，让机器能读懂语义、逻辑推理和学习判断。时空认知技术可以进一步分为数据时空化、时空图谱化、图谱智能化三个层次的研究。

数据时空化是指以时空为索引，对"人-事-地-物"多源异构数据添加时空化标签，即时间、空间和属性"三域"标识。时间标识注记该数据的时效性，空间标识注记空间特性，属性标识注记隶属的领域、行业、主题等内容，以便后续的数据整理。时间和空间标识主要来源于基础地理时空数据，包括时空基准数据、GNSS 与 CORS 数据、空间大地测量与物理测量数据、海洋测绘和海图数据、摄影测量数据、遥感影像数据、"4D"数据和地名数据等；属性标识来源于部门行业的专题数据，包括政府部门、企业、研究院所的业务数据和科学数据、视频观测数据、搜索引擎数据、网络空间数据、社交网络数据、变化检测数据、与位置相关的空间媒体数据和人文地理数据等。通过建立数据时空化子系统，实现业务数据时空化落图的能力，包含时空化数据接入、数据清洗、时空化处理、数据决策、数据导出等模块。

时空图谱化是指运用知识图谱的方法，对海量、不同来源、不同分辨率的时空数据进行高效融合和关联，充分挖掘数据价值，降低时空大数据应用系统的建设成本，提高时空大数据的使用效率。它以知识为处理对象，通过模拟人脑的知识认知、问题解决、知识问答、知识推理等功能，增强机器的认知能力、学习能力、推理能力。相比于传统的语义网，知识图谱的优势在于：①语义表达能力更加丰富，能够支持更多场景下的应用；②可以很好地结合人工智能技术，实现认知智能、可解释人工智能；③基于图结构的数据，便于知识的存储和集成。从本质上来说，知识图谱是一种概念网络，其节点代表物理世界的实体，网络中的边代表实体间的各种语义关系。知识图谱用最小的代价将积累的时空大数据组织起来，形成可以被利用的知识。时空图谱通过推理实现概念检索，改变了现有的信息检索方式，同时以图谱的形式展示分类整理的结构化知识，便于用户快速过滤与抓取有效信息。

图谱智能化基于不同的应用需求、应用场景，利用时空 AI 算法构建各类场景图谱库。数据时空化构筑了时空智能研究的基石，时空图谱化对时空大数据抽丝剥茧，图谱智能化则是最终的个性化定制，实现弹性服务。不同国家和地域，不同时空特征的多视角、多标签分析，可以形成应对不同设计场景需求的时空基因库，灵活响应实践项目中的设计需求，帮助设计者在面对不同城市设计项目需求时都能迅速展开定量化的特征抽取，运用多维度时空数据高效提升场地认知，为相关设计提供精准支持。根据应用场景，图谱智能化可划分为城市图谱、园区图谱、社区图谱、人群图谱、门店图谱、商品图谱等。

2.1.2 智慧地球构建的数学支撑

数学是智慧地球发展必不可少的基础，在智慧地球数据采集、信息分析、建模预测、共享反馈等各个发展阶段，都起着举足轻重的作用。

2.1.2.1 智慧地球涉及的数学分支

智慧地球实际上是一个将数学、算法理论和工程实践紧密结合的领域，归根结底是算法，也就是数学、概率论、统计学等各种数学理论的体现(图 2-3)。

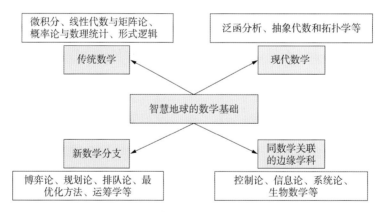

图 2-3 智慧地球的数学基础

传统数学(或基础数学)是其他数学发展的基础，如微积分、线性代数与矩阵论、概率论与数理统计、形式逻辑学等。①微积分是现代数学和以现代数学作为主要分析方法的众多学科的基础，是人类研究自然规律的基本工具，揭示了变量与常量、无限与有限的辩证统一关系，使得数学从静态数学扩展到动态数学，能够描述变化、运动，使人们对事物的认知有了飞跃(舒斯会等，2016)。目前机器学习中很多算法都需要微积分这个工具，相关概念有凸优化、多元函数、偏导、神经网络中反向传播使用的链式法则、用多项式逼近描述高阶导数的泰勒级数、牛顿法、梯度下降法等。在这部分中我们重点强调复合函数求导的链式法则，并深入探讨链式法则在 BP 算法、BPTT 算法中的具体应用，以及梯度下降法在神经网络中求取最优参数。②线性代数与矩阵，包括矩阵的概念及运算、奇异值分解（SVD）、主成分分析的数学原理、矩阵求导、最速下降法。线性代数与矩阵论是学习智慧地球方向的必备数学基础。对于海量数据，我们经常将其表示为向量或矩阵的形式，将具体事物抽象为数学对象或某些特征的组合，其静态和动态的特性向量的实质是 n 维线性空间中的静止点；线性变换描述了向量或者作为参考系的坐标系的变化，矩阵可以将向量的描述从一组基（一组坐标轴）转换为另一组基。例如，找出如何将映射应用到图像上并处理图像；矩阵的特征值和特征向量描述了变化的速度与方向。矩阵中的长度平方采样、奇异值分解、低秩逼近是数据处理中广泛采用的几种方法。SVD 通常用于主成分分析中，而主成分分析又被广泛用于特征提取以及了解特征或属性之间的关系对于结果的重要性上（许以超，2008）。③概率论与数理统计，包括：一元随机变量及分布、随机变量及其分布函数；常见随机变量分布；条件概率及贝叶斯定理；特征工程中的数据探索及特征的分布估计、多元随机向量及其分布、多维随机变量；多元正态分布；随机变量之间的关系。数理统计能通过观察的样本推断总体的性质；推断的工具是统计量，参数估计通过随机抽取的样本来分析总体分布的未知参数（盛骤，2001），包括点估计和区间估计。假设检验通过随机抽取的样本来接受或拒绝关于总体的某个判断，规定为机器学习模型的泛化错误率。无论是深度学习模型识别图片还是自然语言处理，都离不开概率统计学理论的基本定理，一个人工智能模型能够最终训练成功，需要在数学上证明其可以达到稳定状态。基础的统计理论有助于对机器学习的算法和数据挖掘的结果作出解释，只有作出合理的解读，数据的价值才能够体现（武立军，2021）。④形式逻辑。根据定义可以发现，较理想的人工智能所具有的学习能力应该是比较抽象的，而不是解决某一种具体的问题，在一般情况下，需要具有更加强大的总结能力，同时需要具有一定的推理能力（米志凯，1983）。而对于人工智能而言，最基础的内容便是其中的形式逻辑，而这个取决于在很多的传统过程中对符号进行逻辑运算定义为一种认知的过程。而这个过程，也使得目前所认定的在人工智能中所涉及的基本理念遭受到一定的质疑和挑战，这就使得在人工智能研究中会更多地对"认知的本质是计算"的概念进行进一步的考量、思考和探索。

现代数学在原来抽象概念的基础上再次抽象出新概念并加以研究，是抽象之后再抽象的结果，如泛函分析、抽象代数和拓扑学等，一方面各自研究的领域相互独立，另一方面又互相渗透。①泛函分析。泛函主要研究的对象有两个函数和运算之间的关系，函数可以看成一个无限维的向量。函数用来描述一个对象，而运算则建立了函数之间的关系。所以，泛函分析的目的是研究无穷空间中的元素、无穷空间中的运算。由于有限维空间中的运算都是收敛的，而无限维的运算则不一定，所以泛函中研究收敛性是很重要的内容。泛函分析所研究的大部分空间都是无穷维的。为了证明无穷维向量空间存在一组基，必须使用佐恩引理(Zorn's Lemma)。此外，泛函分析中大部分重要定理都构建于罕-巴拿赫定理的基础之上，而该定理本身就是选择公理(Axiom of Choice)弱于布伦素理想定理(Boolean Prime Ideal Theorem)的一个形式(傅中志，2010)。②抽象代数是研究各种抽象的公理化代数系统的数学学科。由于代数可处理实数与复数以外的物集，例如向量(vector)、矩阵(matrix)、变换(transformation)等，这些物集分别是依它们各有的演算定集而定的：数学家将个别的演算经由抽象手法把共有的内容升华出来，并因此而达到更高层次，这就诞生了抽象代数。抽象代数包含群(group)、环(ring)、Galois理论、格论等许多分支，并与数学其他分支相结合产生了代数几何、代数数论、代数拓扑、拓扑群等新的数学学科。抽象代数已经成为当代大部分数学的通用语言。③拓扑学(Topology)，是研究几何图形或空间在连续改变形状后还能保持不变的一些性质的学科。它只考虑物体间的位置关系而不考虑它们的形状和大小。在拓扑学里，重要的拓扑性质包括连通性与紧致性。拓扑学可以很好地解决智慧地球上物体建模之间的连通性问题。

除传统数学的继续发展外，20世纪新的数学分支如雨后春笋般地兴起，例如博弈论、规划论、排队论、最优化方法、运筹学等。新的数学分支大量产生，使得数学应用更加广泛、深入。①最优化理论。凸优化理论初步、凸优化求解及示例、智慧地球的优化问题，几乎所有的人工智能问题最后可归结为一个优化问题的求解，因而最优化理论同样是人工智能必备的基础知识。最优化问题是在无约束情况下求解给定目标函数的最小值；在线性搜索中，确定寻找最小值时的搜索方向需要使用目标函数的一阶导数和二阶导数；置信域算法的思想是先确定搜索步长，再确定搜索方向；以神经网络为代表的启发式算法是另外一类重要的优化方法，相对于传统的基于数学理论的最优化方法，启发式算法的核心思想就是大自然中"优胜劣汰"的生存法则，并在算法的实现中添加了选择和突变等经验因素(袁亚湘等，1997)。②模糊数学又称Fuzzy数学，是研究和处理模糊性现象的一种数学理论和方法。由于模糊性概念已经找到模糊集的描述方式，人们运用概念进行判断、评价、推理、决策和控制的过程也可以用模糊性数学的方法来描述。例如，模糊聚类分析、模糊模式识别、模糊综合评判、模糊决策与模糊预测、模糊控制、模糊信息处理等。模糊数学的基本思想就是：用精确的数学手段对现实世界中大量存在的模糊概念和模糊现象进行描述、建模，以达到对其进行恰当处理的目的。

与数学关联的边缘学科，有控制论、信息论、系统论、生物数学等。信息论是目前被研究得比较多的一门学科。而根据目前这些年的研究成果可以看出，客观世界中最本质的一种属性，便是这个世界中所存在的不确定性。很多事情只能使用概率模型进行模拟，而不能准确地判断，这就使得信息论能够得到进一步的发展。而对于信息的可测量性，其实是可以与信息的不确定性进行联系的，这在概率论中主要是使用"信息熵"的概念来阐述的。总而言之，信息论主要就是对各种不确定的事情进行解决（朱雪龙，2001）。在解决一些分类问题的过程中往往会用到信息增益的概念。而在对这些问题进行汇总的过程中，往往采用的是最大熵原理。

2.1.2.2　智慧地球网格剖分数学基础

网格化是一种将空间区域分割成等大小的网格单元的方法，地球上的每个网格单元包含特定的地理信息数据，例如地形高度、土地利用、环境质量、交通流量等。在网格化描述中，智慧地球被分割成许多网格单元，并且每个网格单元都被赋予一个特定的空间坐标和属性信息。这些属性信息可以来自各种数据源，如传感器、卫星影像、人口普查、气象观测等。这些数据可以被整合、存储和分析，以便更好地理解城市的特点和运行情况。网格化描述的优点是可以将地球的信息分割成更小的单元，从而更好地适应不同的应用需求。例如，可以根据交通流量对网格单元进行分级，以便更好地规划道路和交通。另外，网格化描述还可以提供更精确的定位信息，有助于实现更精细化的城市管理和服务。总之，网格化是一种非常有用的智慧地球描述方式，可以帮助我们更好地了解和描述城市的特点和运行情况，从而实现更智能、更可持续的城市规划和管理。

Google Earth 使用了一种名为"四叉树"（Quadtree）的网格化技术。四叉树是一种树状数据结构，它可以将一个二维平面（例如地图）划分为若干个小正方形，并且可以高效地进行空间查询和数据压缩。在四叉树中，每个节点都有四个子节点，即将当前节点划分为四个小正方形，每个子节点又可以继续划分为四个小正方形，依此类推。这种递归划分的方式可以将地图划分为不同的层级，每个层级对应特定的分辨率，当用户缩放地图或移动地图时，Google Earth 会动态加载和显示相应层级和分辨率的小块，并且可以根据用户需求动态加载和显示地图数据，从而提高地图数据的可视化效果和交互性。通过这种方式，Google Earth 可以实现高效的地图数据处理和可视化，成为现代数字地球应用中的重要技术之一。三维空间往往采用八叉树进行网格剖分。

程承旗（2014）提出了"地球空间参考网络技术体系"：2^n一维整型数组的全球等经纬度剖分网格系统（Geographical coordinate global Subdivision grid with One-dimension-integer on Two to n-th power，GeoSOT），如图2-4所示；是一个全球性的地球空间参考系统，旨在为地球物理、地球科学和地球测量等领域提供高精度、高可靠的空间参考数据和服务。地球空间参考网络系统包括数百个全球性的空间测量站点和数百个基准站点，这些站点之间通过全球卫星定位系统（Global Navigation Satellite System，GNSS）进行通信和测量。通过对这些站点进行高精度测量和数据处理，地球空间参考网络系统可以提供数毫米甚至更小的空间参考精度，为地球科学研究和应用提供了极为重要的数据基础。该系统的建立和发展，对于推动地球科学、地球测量和地球资源管理等领域的发展，具有重要的战略意义和应用价值。

图2-4　地球空间参考网络示意图（程承旗，2014）

GeoSOT 网格剖分方法是基于地球表面等面积网格（Equal Area Grid，EAG）的网格剖分方法构建的一套全球空间参考网格系统。该系统以等度、等分、等秒的完美四叉树剖分网格为基础，建立适合协调空地联合行动的网格体系，设计了简单实用、可计算距离的定位编码方法，可实现多部门、多源异构地理空间数据的统一检索，并发展出高效编码代数运算、地理空间管理与计算框架、三维地球空间剖分框架等新方法，将在未来的地理空间大数据应用中发挥重要作用。在时间和空间尺度上，这种方法可以使用以下指标进行衡量：

（1）时间尺度方面：①长期连续性，指在时间上保持连续性，即对地球进行长期的观测和监测，掌握地球演化的趋势和规律；②实时性，指对地球现象进行实时的观测和监测，及时获取地球状态的变化和信息；③预测性，指对地球演化趋势进行预测和预警，提前做好应对措施。

（2）空间尺度方面：①空间分辨率：指在空间上进行高精度的观测和监测，获取地球各种现象的空间分布信息。②综合性：指将地球的各种现象、要素和过程综合起来，形成完整的地球系统。③层次性：指对地球进行多层次的剖分和分类，形成多个空间尺度的网格，以满足不同领域和不同应用的需要。

EAG 剖分模型以 4°网格、16′网格、1′网格、4″网格、1/4″网格、1/64″网格作为基础网格，分别代表 500km 级（大尺度）、50km 级（过渡）、1km 级（中尺度）、100m 级（小尺度）、10m 级（定位级）、1m 级（精确级）基础网格，构成地球空间网格系统（图 2-5）。4°网格将地球（180°×360°）划分为 46×90 份，纬度方向用字母 A～Y 和 a～y（I，O 和 i，o 除外）共 46 个字母代替，北纬为大写，南纬为小写，起算点为 0°，从低纬度到高纬度字母依次按 A～Y 的顺序变化；经度方向用数字 0～89 代替，起算点为−180°。将 4°网格（1°按 64′计，即 256′）划分为 16′网格，形成 16×16 个网格，东北半球以左下为角点，以"0123456789ABCDEF"十六进制顺序进行编码。同理，可继续进行 16×16 的划分至 1′网格、4″网格、1/4″网格、1/64″网格。

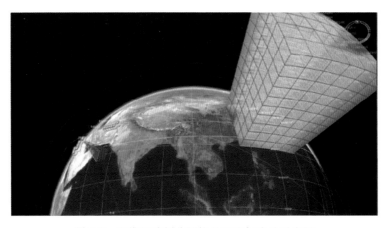

图 2-5　三维地球剖分网格及地磁场表达示意图

例如北京世纪坛中心（39°54′＊＊″N，116°18′＊＊″E），其 4°网格位于 39°54′/4 = 9 余 3°54′，116°18′/4 = 29 余 18′，即北纬向第 10 个格子、经向第 30 个格子，编码为 K29，将纬度余数除以 16′（1°以 64′计，（3×64+54）/16 = 15 余 6），取 15 即 F，同理可推至 1′，4″，1/4″，1/64″，得到 6，9，4，0，即 4°后纬向编码为 F6940。同理，经度余数得到 1，2，13，11，3，即 4°后经向编码为 12DB3。将纬向和经向编码依次交叉，并加上 4°编码，可以得到地球空间网格编码 K29F1629D4B03。从逆向上来看，可将编码 K29F1629D4B03 拆分为纬向编码（9）F6940 和经向编码（29）12DB3，分位换算为二进制，并将 4°网格二进制补至 7 位，其他补至 4 位，得到 0001001 1111 0110 1001 0100 0000 和 0011101 0001 0010 1101 1011 0011，将纬向和经向编码依次交叉，补齐至 64 位，得到 0000011101011110101011001011001101001101100101000001010000000000，十进制数为 531051692176970752，与 GeoSOT 网格编码一致。

总的来说，网格剖分方法可以在时空和空间尺度上实现等面积的网格单元的剖分，保证了地球表面的均匀覆盖，并且具有良好的分析和建模效果。这些指标可以帮助实现对地球的全面观测和监测，并将获取的数据进行整合和分析，提高对地球系统的认识和理解，为地球科学研究和各个领域的应用提供支持。同时，这些指标也可以帮助实现对地球的精准预测和预警，为战场环境信息保障提供重要的支持。

2.1.2.3 智慧地球数据挖掘和机器学习数学基础

智慧地球需要处理和分析大量的数据，包括地球物理学、地质学、气象学等领域的数据。在数据分析和挖掘方面，数学方法和模型非常丰富，例如聚类分析、主成分分析、支持向量机（SVM）、决策树等，这些模型可以用来对数据进行分类、聚类、预测等。在这个过程中，需要使用各种数据挖掘和机器学习方法来从数据中发现规律和关联。例如，智慧农业中需要对农作物的生长进行预测，这就需要运用时间序列分析、支持向量机等机器学习方法。

机器学习涉及很多数据基础的理论和公式。①机器学习算法的基础是概率论和统计学。概率论和统计学有很多重要的概念和公式，如概率分布、期望、方差、协方差、条件概率、贝叶斯公式、最大似然估计等。②线性代数是机器学习中的另一个重要理论基础。线性代数有矩阵、向量、张量、线性方程组、特征值和特征向量等概念和公式。③机器学习中的很多算法是通过最优化理论来实现的。最优化理论涉及最大化或最小化某个目标函数的方法和公式，如梯度下降、牛顿法、拟牛顿法、共轭梯度法等。④信息论涉及信息熵、互信息、KL 散度等概念和公式，这些都是机器学习中的重要概念。例如，在分类问题中，使用信息熵来衡量不确定性，而使用互信息来衡量特征和标签之间的相关性。⑤统计学假设检验是机器学习中的一个重要概念，用于判断某个假设是否成立。常用的假设检验方法包括 t 检验、方差分析、卡方检验、KS 检验等。⑥正则化是机器学习中常用的一种方法，通过在模型中添加正则化项，可以降低过拟合的风险。L_1 正则化和 L_2 正则化是两种常用的正则化方法，它们分别涉及 L_1 范数和 L_2 范数的公式。

1. 支持向量机

支持向量机(Support Vector Machine，SVM)是一种常用的分类和回归算法。其基本数学模型可以描述如下：

假设有 n 个样本点，每个样本点的特征向量为 x_{id} (表示样本点 i 的特征向量，是一个 d 维的实数向量，其中每个维度对应一个特征)，标签为 $y_i\{-1, 1\}$ (表示样本点 i 的标签是一个二元分类变量，可以取值为 -1 或 1)，其中 $i = 1, 2, \cdots, n$。SVM 的目标是找到一个超平面(在二维空间中为一条直线，在多维空间中为一个超平面)，可以将两类样本点尽可能地分开。超平面的方程可以表示为：

$$W^{\mathrm{T}}X + b = 0 \tag{2-1}$$

式中，W 是法向量(也称为权重向量)，是一个长度为 d 的实数向量，$W = (W_1, W_2, \cdots, W_b)$；$b$ 是偏置项(也称为截距)，是一个实数；x 为特征向量。超平面的位置和方向由 W 和 b 共同决定。

对于二分类问题，SVM 的目标是找到一个超平面，使得两类样本点离超平面的距离最大，即找到最大间隔超平面。最大间隔超平面的目标函数可以表示为：

$$\min_{w,\ b} \frac{1}{2} W^{\mathrm{T}}W \tag{2-2}$$

$$\text{subject to} \quad y_i(W^{\mathrm{T}}x_i + b) \geqslant 1, \quad i = 1, 2, \cdots, n \tag{2-3}$$

式中，$W^{\mathrm{T}}W$ 表示向量 W 的平方和，目标是使平方和最小化，同时满足所有样本点的约束条件。

由于目标函数是二次凸优化问题，可以使用二次规划(Quadratic Programming, QP)方法求解。但是当数据集非常大时，求解的复杂度也会变得非常高。为了解决这个问题，可以使用核函数将样本点映射到高维空间中，使得数据可以被更好地分割。常用的核函数包括线性核、多项式核和高斯核等。

2. 时间序列分析

时间序列分析的数学模型有如下两种。

(1)AR 模型(自回归模型)：该模型是指当前时刻的观测值与前面时刻的观测值之间存在线性关系，是一种常见的时间序列模型。AR 模型可以用数学公式表示为：

$$Y_t = c + \sum_{i=1}^{p} \phi_i Y_{t-i} + \varepsilon_t \tag{2-4}$$

式中，Y_t 表示当前时刻的观测值；c 表示常数项(也称为截距或均值)；ϕ_i 表示第 i 个自回归系数；p 表示模型的滞后阶数(即模型考虑前面多少个时刻的观测值)；ε_t 表示随机误差(通常假设为零均值、白噪声)。

（2）ARMA 模型（自回归移动平均模型）：该模型是 AR 模型和 MA 模型的结合，用于描述时间序列中既存在自回归部分又存在移动平均部分的情况。ARMA 模型可以用数学公式表示为：

$$Y_t = c + \sum_{i=1}^{p} \phi_i Y_{t-i} + \varepsilon_t + \sum_{j=1}^{q} \theta_j \varepsilon_{t-j} + \varepsilon_t \tag{2-5}$$

式中，Y_t 表示当前时刻的观测值；c 表示常数项（也称为截距或均值）；p_i 表示第 i 个自回归系数；p 表示自回归部分的滞后阶数；θ_j 表示第 j 个移动平均系数；q 表示移动平均部分的阶数；ε_t 表示随机误差项（通常假设为零均值、白噪声）。

3. 数据挖掘

数据挖掘是一种从大规模数据集中自动提取信息的技术。在智慧地球中，数据挖掘可以用来发现地球环境中的各种规律和趋势，例如发现自然灾害发生的规律、发现海洋生态系统演化的规律等。数据挖掘的核心思想是通过对数据进行挖掘和分析来发现隐藏在数据中的信息和规律，以便更好地了解和预测地球环境中的各种现象和规律。机器学习是一种让计算机通过学习数据来自主地改进性能的技术。在智慧地球中，机器学习可以用来预测天气、海洋潮汐等现象的变化，以及对环境污染进行预警和监测等。机器学习的核心思想是通过让计算机学习数据和模型，以便计算机能够自主地进行预测和决策。在智慧地球中，机器学习可以帮助人们更好地了解和预测地球环境中的各种现象和规律，以便采取有效的措施来应对环境问题。

常见的数据挖掘方法包括聚类分析、分类分析、关联规则挖掘、时间序列分析等。以下是这些方法的基本理论和公式。

（1）聚类分析：是将数据集中相似的数据点分组的一种方法。聚类算法的基本原理是将数据点分组，使得同一组内的数据点相似度高，组与组之间的相似度低。相似性的度量方式通常采用欧几里得距离或余弦相似度等。欧几里得距离公式：

$$d(x, y) = \sqrt{(x_i - y_i)^2} \tag{2-6}$$

余弦相似度公式：

$$cos\theta = \frac{AB}{|A| \times |B|} \tag{2-7}$$

（2）分类分析：是将数据集中的数据点归类到预定义的类别中的方法。通常，分类分析的过程中会使用训练数据集来构建分类模型，然后使用测试数据集来评估模型的准确性。朴素贝叶斯公式：

$$P(c \mid x) = \frac{P(x \mid c) \times P(c)}{P(x)} \tag{2-8}$$

式中，c 表示类别；x 表示数据点。

（3）关联规则挖掘：是发现数据集中频繁出现的关联关系的方法。支持度公式：

$$\text{support}(A \rightarrow B) = P(A \cap B) \tag{2-9}$$

置信度公式：

$$\text{confidence}(A \rightarrow B) = \frac{P(A \mid B)}{P(B)} \tag{2-10}$$

2.1.2.4　智慧地球优化方法和数学建模数学基础

智慧地球中的多个领域都需要运用优化方法和数学建模。智慧地球中的模型建立和优化涉及多个领域，如气象预测、地震预测、环境预测、交通规划等。数学方法和技术，如微积分、偏微分方程、优化方法、时间序列分析等，被广泛应用于这些领域的模型建立和优化中。例如，在气象预测中，需要建立气象模型来预测未来的气象情况，并且使用数学优化方法来优化模型的参数；在城市规划中，需要运用多目标规划和线性规划等方法来制定最优的城市规划方案。

预警和监测是指通过对特定目标、对象或事件进行实时或定期监测和分析，对发现的异常或趋势进行预警和预测的方法。常见的预警和监测方法包括统计预测、机器学习、人工智能、图像处理等。以下是这些方法的基本理论和公式。

（1）统计预测：是通过对历史数据进行统计和分析，来预测未来趋势和变化的方法。其中，常用的统计预测方法包括回归分析、时间序列分析等。简单线性回归公式：

$$y = a + bx \tag{2-11}$$

式中，y 是预测值；x 是自变量；a 是截距；b 是斜率。时间序列分析中，自回归模型和 ARMA 模型的公式可参考上一节的内容。

（2）机器学习：是指让计算机自主学习，通过数据和模型进行预测和分类的方法。机器学习方法包括支持向量机、决策树、神经网络等。支持向量机公式：

$$f(x) = \text{sign}\left(\sum (a_i\, y_i K(x_i,\ x) + b) \right) \tag{2-12}$$

式中，$f(x)$ 是预测值，a_i 和 b 是模型参数，y_i 是标签，$K(x_i,\ x)$ 是核函数。

（3）人工智能：是指通过模拟人类智能的方法，实现计算机自主学习、理解和决策的方法。人工智能方法包括神经网络、遗传算法、模糊逻辑等。神经网络公式：

$$y = f\left(\sum (w_i \times x_i) + b \right) \tag{2-13}$$

式中，y 是输出值；w_i 是权重；x_i 是输入值；b 是偏置；f 是激活函数。

（4）图像处理：是指对图像进行数字处理、增强和分析的方法。图像处理方法包括边缘检测、目标识别、特征提取等。Canny 边缘检测公式：

$$G(x, y) = \sqrt{(G_x^2 + G_y^2)} \tag{2-14}$$

式中，G_x 和 G_y 分别为水平和垂直方向的梯度；$G(x, y)$ 是边缘强度。

2.1.2.5 智慧地球图论和网络分析数学基础

图论是网络科学的基础，它研究的是由节点和边构成的图结构，包括无向图、有向图、加权图等。图论中的算法和模型可用于研究网络中的连接和关系。①线性代数中的向量、矩阵等概念可以用于描述和分析网络中的节点和边。例如，矩阵可用于表示网络的邻接矩阵和拉普拉斯矩阵，从而分析网络的特征值、特征向量、聚类等。②概率论和统计学可用于研究网络中的随机性和分布性质。例如，随机图模型可以用于描述网络的生成过程和性质，而网络中节点度数分布、聚类系数分布等可用统计学方法进行分析。③网络可以被视为一种复杂系统，复杂系统理论可用于研究网络的非线性和动态行为。例如，复杂网络模型可用于描述网络中节点的自适应和演化行为。

智慧地球需要对地球上的各个元素进行分析和建模，例如城市道路、交通网络、社交网络等。在这个过程中，需要使用图论和网络分析等方法来分析和优化网络的结构和性能。例如，智慧城市中需要对城市交通网络进行分析和优化，这就需要运用图论和网络分析等方法来分析网络的结构和拓扑特性，从而制定最优的交通规划方案。

邻接矩阵表示法：假设有一个无向图（图 2-6），其中有 N 个节点，用邻接矩阵表示，可以定义一个 $N \times N$ 的矩阵 A，其中 A_{ij} 表示节点 i 和节点 j 之间是否有边相连，若相连则 $A_{ij} = 1$，否则 $A_{ij} = 0$。

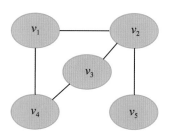

图 2-6　无向图的邻接矩阵

邻接表表示法：假设有一个有向图，其中有 N 个节点，用邻接表表示，可以定义一个长度为 N 的数组，数组中第 i 个元素表示节点 i 的邻居节点列表(图 2-7)。

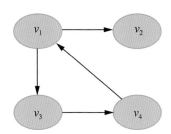

图 2-7　有向图的邻接矩阵

网络分析模型的公式描述如下：

（1）中心性指标包括度中心性、介数中心性和紧密中心性。

度中心性：假设有一个无向图 $G = (V, E)$，其中 V 表示节点的集合，E 表示边的集合，节点 v 的度为 d_v，则节点 v 的度中心性可以用以下公式来计算：

$$C_{\deg}(v) = \frac{d_v}{|V| - 1} \tag{2-15}$$

介数中心性：假设有一个无向图 $G = (V, E)$，其中 V 表示节点的集合，E 表示边的集合，节点 v 到节点 w 的最短路径条数为 σ_{vw}，节点 s 到 t 的最短路径条数为 σ_{st}，则节点 v 的介数中心性可以用以下公式来计算：

$$C_{b}(v) = \sum_{s \neq v \neq t} \frac{\sigma_{st}(v)}{\sigma_{st}} \tag{2-16}$$

紧密中心性：假设有一个无向图 $G = (V, E)$，其中 V 表示节点的集合，E 表示边的集合，节点 v 到节点 w 的最短路径长度为 d_{vw}，则节点 v 的紧密中心性可以用以下公式来计算：

$$C_{c}(v) = \frac{|V| - 1}{\sum d_{vw}} \tag{2-17}$$

（2）社区检测算法。Louvain 算法：假设有一个无向图 $G = (V, E)$，其中 V 表示节点的集合，E 表示边的集合，节点 v 属于社区 C，则 Louvain 算法可以用以下公式来计算节点 v 属于社区 C 的收益：

$$\Delta Q(v, C) = \left[\frac{\sum\limits_{u \in C} A_{uv}}{2m} \right] - \left[\frac{\sum\limits_{u \in C} k_{uv}}{2m} \right] * \left[\frac{\sum\limits_{u \in C} d_u}{2m} \right] \tag{2-18}$$

式中，A_{uv} 表示节点 u 和节点 v 之间是否有边相连；m 为边的数量；k_{uv} 为节点 u 和节点 v 的度之和；d_u 为节点 u 的度。

（3）网络流模型。最大流最小割定理：假设有一个带容量限制的有向图 $G = (V, E)$，如图 2-7 所示，其中 V 表示节点的集合，E 表示边的集合，每条边 E_{ij} 的容量为 c_{ij}，源节点为 s，汇节点为 t，则最大流最小割定理可以用以下公式来表示：最大流 = 最小割。最大流是指从源节点 s 到汇节点 t 的最大流量；最小割是指将图 G 分成两个集合 A 和 B 的最小边权之和，其中 A 包含源节点 s，B 包含汇节点 t。

2.1.2.6　智慧地球空间分析和地图制图数学基础

智慧地球需要对地球上各个地区的数据进行空间分析，这就需要运用地理信息系统（GIS）和空间统计学等方法。例如，智慧城市中需要对城市内部的公共交通路线进行规划，这就需要运用网络分析和最优路径分析等方法来确定最优的公共交通路线。

空间分析模型是一种用于研究空间数据的数学模型，其公式描述可能因具体的应用场景而有所不同。以下是几个常见的空间分析模型及其公式描述。

（1）空间自相关模型：用于描述空间数据之间的相关性。其基本形式为：

$$y = \rho W_y + \varepsilon \tag{2-19}$$

式中，y 为待分析的空间数据；W_y 为空间加权矩阵；ρ 为空间自相关系数；ε 表示误差项。

（2）空间回归模型：用于描述空间数据与其他变量之间的关系。其基本形式为：

$$y = \beta X + \rho W_y + \varepsilon \tag{2-20}$$

式中，y 为待分析的空间数据；X 为其他自变量；β 为自变量系数；W_y 表示空间加权矩阵；ρ 表示空间自相关系数；ε 表示误差项。

（3）核密度估计模型：用于描述空间数据的分布情况。其基本形式为：

$$\hat{f}(x) = \frac{1}{nh} \sum_{i=1}^{n} K\left(\frac{x - x_i}{h}\right) \tag{2-21}$$

式中，$\hat{f}(x)$ 是在点 x 处的密度估计值；n 是数据样本量；h 是带宽参数，它控制了估计的平滑程度；$K(\cdot)$ 是核函数，它通常是一个关于 0 对称且积分为 1 的函数（例如，标准正态分布的密度函数）。

2.1.3　智慧地球构建内容体系

智慧地球以人类认识地球的知识、方法、模型、算法等相关智慧理论为基础，以智慧地球采集、获取、探测、分析、预测及控制反馈的环境为支撑，构建起泛在感知数据到信息，再由信息抽取形成具有感知、认知及共享反馈能力的"智慧地球数字体"(图 2-8)。

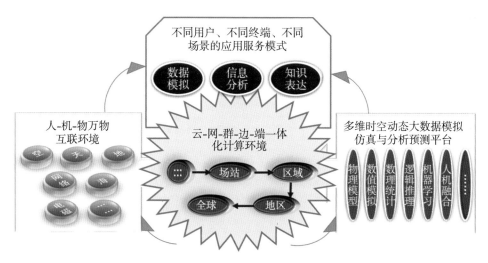

图 2-8　"智慧地球数字体"构建内容体系示意图

2.1.3.1　天-空-地-海协同的人-机-物万物互联感知环境

智慧地球是指利用大数据、云计算、人工智能等技术，将地球上各种资源信息集成、融合和分析，为人类决策和发展提供支持和服务的一种全球化智能化平台。智慧地球是一个虚拟的地球模型，它可以集成各种数据源，例如卫星遥感、传感器网络、气象数据等，并通过人工智能技术对这些数据进行分析和处理。这些数据需要通过各种传感器获取，然后进行有效的处理和分析。解决这个问题的途径包括提高传感器的精度和分辨率，采用高效的数据处理算法，开发分布式的数据处理平台等。时间、空间、位置是智慧地球感知的内核，在一定空间场景中，不同的时间切片、时间序列可以形成智慧地球感知信息的主体(图 2-9)。

2.1.3.2　场站-区域-地区-地球多尺度一体化认知计算环境

智慧地球需要将不同领域、不同来源、不同格式的数据进行集成和共享。这需

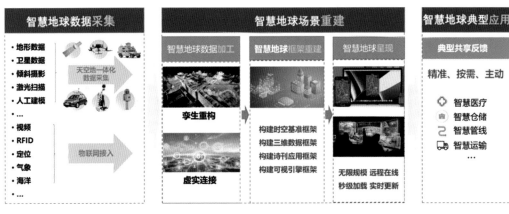

图 2-9　智慧地球感知典型应用模式

要解决数据标准化、数据质量控制、数据安全保护等问题。解决这些问题的途径包括开发数据集成和共享平台、建立数据标准和元数据、制定数据安全管理政策等。

2.1.3.3　多维时空动态大数据模拟仿真与分析预测平台

智慧地球需要构建以数理分析、逻辑推理、机器学习等知识推演模型为内核的多维时空动态大数据模拟仿真与分析预测平台。智慧地球需要将大量的地球数据进行可视化和分析，以便人们能够更好地理解和利用这些数据。这需要开发高效的可视化和分析工具，如虚拟现实技术、地图制作工具、数据挖掘和机器学习算法等。智慧地球需要将地球数据和分析结果应用于决策制定和管理，这需要开发智能决策支持系统，以帮助政府、企业和个人作出更加科学、有效的决策。解决这个问题的途径包括开发智能模型和算法、建立决策支持平台、提供在线咨询和服务等。

2.1.3.4　面向用户应用场景的信息共享服务模式

智慧地球需实现面向不同层级用户、不同类别终端设备、不同应用场景的智慧地球数据、信息、知识的应用服务模式。智慧地球需要将各种技术和系统进行有效的集成和管理，以确保系统的稳定性和可靠性。同时，智慧地球可以将地理信息数据以图像、地图、视频等方式展示出来，帮助用户更直观、更易懂地了解地球的各种信息。同时，还可以借助人工智能、大数据分析等技术，对数据进行深度挖掘和分析，发现地球自然环境、社会经济、人口分布等方面的规律和趋势，为地球可持续发展和资源管理提供支持。并且，智慧地球需要建立完善的网络和协同机制，实现多方面、多角度的地理信息查询、分析和展示，促进各行各业的跨界合作和创新。智慧地球决策理论模型是利用构建的智慧地球上海量的数据与智能化技术，帮助对事件的执行方式进行决定的模型。早在 20 世纪 70 年代已经提出决策支持系统（DSS），随着不同技术的出现与发展，决策支持系统也在不断地更新迭代。不断发展和完善的大数据、云计算技术能够为决策支持系统的发展注入新的动力，能够从不同的层面去满足新时期 DSS 所面临的新需求。

2.2 智慧地球构建时空基准框架

统一时空基准推动信息共享融合。人类的一切活动都是在确定的时间与空间进行的，空间坐标与时间刻度是两个标识自然万物和社会现象的最基本的、必不可少的基本特征，是各行业信息的必备属性。基于统一的时空基准开展智慧地球建设是打破信息壁垒，实现各部门信息互联互通，推动资源共享、数据深度融合及大数据综合分析应用的前提。

2.2.1 全球时空基准

地球空间通常是指地球周围的空间环境，包括地球的大气层、磁层、电离层、热层等，以及与之相交互的太阳、月球和其他星球等宇宙环境。地球空间的时空基准是指地球上不同地理位置和高度的参照系，以便于进行空间和时间的定位和测量。通常情况下，地球空间的时空基准可以分为地球本身的时空基准和空天域的时空基准。

地球本身的时空基准通常以地球表面为基准面，利用全球定位系统（GPS）等技术对地球表面进行定位和测量。地球表面的时空基准通常采用 WGS-84（World Geodetic System 1984）参考系，也可以根据不同国家和地区的需要使用本地的坐标系统。空天域的时空基准则通常以地球中心为基准点，采用以地球自转角速度为单位的角度坐标系统。空天域的时空基准包括国际天文联合会（IAU）确定的天体力学坐标系、国际地球参考系（ITRF）、国际几何参考系（IGS）、国际大地参考系（IGRS）等。这些时空基准主要用于天文、地球物理和航空航天等领域的研究和应用。研究地球空间的时空基准涉及地球物理学、天文学、导航定位等多个学科领域。目前，研究地球空间的时空基准主要关注以下几个方面：

（1）建立精度更高、全球统一的地球空间参考系统，提高空间定位和测量的精度和可靠性；

（2）研究地球空间环境的变化规律和影响因素，如磁暴、辐射带、空气质量等，为地球物理和空间天气预报提供科学依据；

（3）研究地球空间的动态变化和演化，如地球磁场的变化、地球大气层的变化等，为研究地球演化和历史提供科学依据；

（4）应用地球空间技术，如全球定位系统（GPS）、卫星遥感、空间探测等，为人类社会提供服务和支持，如导航定位、环境监测、天气预报等。

全球时空基准网是获取地球时空信息的基础设施，它包括地基时空基准网、空间时空基准网和海洋时空基准网 3 个部分。时空基准，通俗地说就是一个地球三维立体模型，它包含地理空间的几何信息和时空分布信息，以数据的形式表示军事地理要素在真实世界的空间位置及其时变的参考基准。可以说有了这个时空基准，我们就可以掌握更加详细的战场地形时空态势，从而用精确的数据支持未来战争。构建时空基准最重要的就是要确定大地坐标系，我国有统一的坐标基准"CGCS2000 坐标系"和"1985 国家高程基准"，以大地坐标系为基准，用经度、纬度和高度来描述地球表面的空间位置及时间，从而可构成时空基准。

全球定位系统（GPS）是一种由美国政府开发和维护的导航卫星系统，可以提供全球范围内的定位、导航和时间服务。GPS 使用的参考系是 WGS-84，这是一种基于椭球体模型的地球参考系统，是目前世界上最常用的地球参考系统之一。

基本模型：WGS-84 使用的是一个椭球体模型（图 2-10），该椭球体的形状与地球实际的形状非常相似，因此可以作为地球的近似模型。WGS-84 的椭球体长轴为 6378137m，短轴为 6356752.3142m，其扁率（长轴与短轴之间的差距与长轴之比）为 1/298.257223563。这个模型对于大多数应用来说已经足够精确。

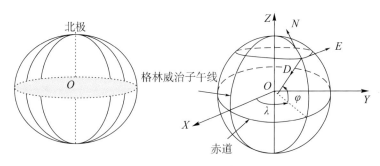

图 2-10　WGS-84 椭球模型

基本原理：GPS 的工作原理是接收来自多颗卫星的信号，并利用这些信号确定接收器所在的位置。GPS 接收器通过测量来自卫星的信号的到达时间和卫星的位置，可以计算出接收器的位置。为了实现这一点，GPS 接收器需要知道卫星的精确位置和时间信息。卫星的位置信息是由 GPS 卫星测量站和其他参考站共同确定的。时间信息由 GPS 卫星精确地维护，并通过卫星信号传输给接收器。

换算公式：WGS-84 参考系下的经度和纬度可以通过 GPS 接收器测量得到，通常以度为单位表示。为了将这些度数转换为其他参考系下的坐标，需要使用换算公式。以下是 WGS-84 经纬度和其他常见坐标系之间的转换公式：

WGS-84 经纬度（度）转 UTM 坐标：UTM 东北坐标系——Easting（东）坐标和 Northing（北）坐标。

（1）WGS-84 经纬度（度）转 UTM 坐标的换算公式需要先确定所处的 UTM 投影带，然后再进行计算。每个 UTM 投影带覆盖了 6°经度带，共有 60 个投影带，从 1 到 60。其中，北半球的 UTM 投影带编号为 1 到 60，南半球的 UTM 投影带编号为−1 到−60。

（2）计算投影参数：根据所在的 UTM 带，计算出投影参数，包括中央子午线的经度（Central Meridian），以及假东偏移和假北偏移（False Easting 和 False Northing）。

（3）将经纬度转换为弧度：UTM 坐标系统使用弧度作为单位，因此需要将经纬度转换为弧度。

（4）计算投影坐标：根据以下公式计算出 UTM 坐标：

地球椭球体的半长轴为 a，第一偏心率为 e，第二偏心率为 e'；

经度为 λ，纬度为 φ；

当前所在的 UTM 带中央子午线的经度为 λ_0；

假东偏移为 FE，假北偏移为 FN；

角度单位为弧度，距离单位为米。

$$N = \frac{a(1 - e^2)}{(1 - e^2 \times (\sin\varphi)^2)^{1.5} \times \tan\varphi} \tag{2-22}$$

$$T = (\tan\varphi)^2 \tag{2-23}$$

$$C = e'(\cos\varphi)^2 \tag{2-24}$$

$$A = (\lambda - \lambda_0)\cos\varphi \tag{2-25}$$

$$M = a\left[\left(1 - \frac{e^2}{4} - \frac{e^4}{64} - \frac{e^6}{256}\right) \times \varphi - \left(\frac{3e^2}{8} + \frac{3e^4}{32} + \frac{45e^6}{1024}\right) \times \sin(2\varphi) + \left(\frac{15e^4}{256} + \frac{45e^6}{1024}\right) \times \sin(4\varphi) - \left(\frac{35e^6}{3072}\right) \times \sin(6\varphi)\right] \tag{2-26}$$

$$x = \mathrm{FE} + k_0 \times N \times \left[A + (1 - T + C) \times \frac{A^3}{6} + (5 - 18T + T^2 + 72C - 58e'^2) \times \frac{A^5}{120} \right]$$

$$(2\text{-}27)$$

$$y = \mathrm{FN} + k_0 \times \left\{ M + k_0 \times N \times \tan\varphi \times \left[\frac{A^2}{2} + (5 - T + 9C + 4C^2) \times \frac{A^4}{24} + \right. \right.$$

$$\left. \left. (61 - 58T + T^2 + 600C - 330e'^2) \times \frac{A^6}{720} \right] \right\}$$

$$(2\text{-}28)$$

式中, k_0 为比例因子, UTM 坐标系中使用的 k_0 值为 0.9996。

最后得到的 x 和 y 就是 UTM 坐标系下的坐标, x 表示东向偏移量, y 表示北向偏移量。

需要注意的是, 由于地球不是一个完美的球体, 而是一个椭球体, 因此在实际计算中需要考虑椭球体的参数, 例如 WGS-84 椭球体的半长轴和偏心率等。

如果所处的纬度为南半球, 需要将 Northing 的值加上 10000000m。如果经度为西半球, 需要将 Easting 的值减去 500000m。

WGS-84 经纬度(度)转换为大地坐标系: 大地坐标系(Geodetic Coordinates)用于表示地球表面上某一点的位置, 一般用经度、纬度和高度表示。

(1)将经度和纬度转换为弧度:

$$\mathrm{latitude\_rad} = \mathrm{latitude} \times \frac{\pi}{180} \qquad (2\text{-}29)$$

$$\mathrm{longitude\_rad} = \mathrm{longitude} \times \frac{\pi}{180} \qquad (2\text{-}30)$$

(2)计算参数:

a(WGS-84 椭球体长轴) = 6378137.0;

f(WGS-84 椭球体扁率) = 1/298.257223563

$$b(\mathrm{WGS\text{-}84\ 椭球体短轴}) = a \times (1 - f) \qquad (2\text{-}31)$$

$$e^2(\mathrm{WGS\text{-}84\ 椭球体的第一偏心率的平方}) = f \times (2 - f) \qquad (2\text{-}32)$$

(3)计算子午线曲率半径 N:

$$N = \frac{a}{\sqrt{1 - e^2 \times \sin(\mathrm{latitude\_rad})^2}} \qquad (2\text{-}33)$$

(4)计算大地经度 λ:

$$\lambda\_\mathrm{rad} = \mathrm{longitude\_rad} \qquad (2\text{-}34)$$

（5）计算高程 H：

$$H = \text{height\_above\_ellipsoid} - N \tag{2-35}$$

（6）计算子午线弧长 M：

$$M = a \times \frac{1-e^2}{1-e^2 \times \sin(\text{latitude\_rad})^2)^{3/2}} \tag{2-36}$$

（7）计算卯酉圈曲率半径 N_{prime}：

$$N_{\text{prime}} = \frac{a}{\sqrt{1-e^2 \times \sin(\text{latitude\_rad})^2}} \tag{2-37}$$

（8）计算椭球面上任意一点的法线 n：

$$n = \frac{a}{\sqrt{1-e^2 \times \sin(\text{latitude\_rad})^2}} \tag{2-38}$$

（9）计算大地纬度 φ：

$$\varphi\_\text{rad} = a\tan^2\left[z + N_{\text{prime}} \times e^2 \times \sin(\text{latitude\_rad}), \ \sqrt{x^2+y^2}\right] \tag{2-39}$$

式中，x、y、z 别表示大地坐标系下的三个坐标分量：

$$x = (N + \text{height\_above\_ellipsoid}) \times \cos(\text{latitude\_rad}) \times \cos(\text{longitude\_rad})$$

$$y = (N + \text{height\_above\_ellipsoid}) \times \cos(\text{latitude\_rad}) \times \sin(\text{longitude\_rad})$$

$$z = \left(\frac{b^2}{a^2} \times N + \text{height\_above\_ellipsoid}\right) \times \sin(\text{latitude\_rad}) \tag{2-40}$$

最后得到的三个值（φ_rad，λ_rad，H）分别为大地坐标系下的纬度、经度和高程，其中 φ_rad 和 λ_rad 为弧度。如果需要将其转换为度数表示，只需将其乘以 $180/\pi$ 即可。

WGS-84 经纬度（度）转换为笛卡儿坐标系：笛卡儿坐标系是一种三维坐标系，用三个坐标数表示空间中的一个点的位置。其中，WGS-84 经纬度（度）转换为空间直角坐标系（XYZ 坐标系）的计算方式如下。

（1）将经度和纬度转换为弧度：

$$\text{latitude\_rad} = \text{latitude} \times \frac{\pi}{180}$$

$$\text{longitude\_rad} = \text{longitude} \times \frac{\pi}{180} \tag{2-41}$$

（2）计算参数：

$$a(\text{WGS-84 椭球体长轴}) = 6378137.0$$

$$f(\text{WGS-84 椭球体扁率}) = 1/298.257223563$$

$$b(\text{WGS-84 椭球体短轴}) = a \times (1-f)$$

$$e^2(\text{WGS-84 椭球体的第一偏心率的平方}) = f \times (2-f) \qquad (2\text{-}42)$$

（3）计算子午线曲率半径 N：

$$N = \frac{a}{\sqrt{1 - e^2 \times \sin(\text{latitude\_rad})^2}} \qquad (2\text{-}43)$$

（4）计算笛卡儿坐标系下的 x、y、z 分量：

$$x = (N + \text{height\_above\_ellipsoid}) \times \cos(\text{latitude\_rad}) \times \cos(\text{longitude\_rad})$$

$$y = (N + \text{height\_above\_ellipsoid}) \times \cos(\text{latitude\_rad}) \times \sin(\text{longitude\_rad})$$

$$z = (N \times (1-e^2) + \text{height\_above\_ellipsoid}) \times \sin(\text{latitude\_rad}) \qquad (2\text{-}44)$$

式中，height_above_ellipsoid 表示该点到椭球体的高度。最后得到的三个值（x，y，z）分别为笛卡儿坐标系下的三个坐标分量。

2.2.2　北斗时空基准

时空是一切自然和人类活动的载体，时间和位置信息也是一切表征事物属性的物理空间状态和演化过程的标识。全球性时空基准网将时空参考框架与地球坐标系的位置、尺度和方向基准"钉"在一起，是获取时空信息的基础设施。当前，可以由全球导航卫星系统（GNSS）作为基础来实现。GNSS 是天地一体化运行的全球域基础设施。国际上四大卫星导航系统——美国 GPS、俄罗斯格洛纳斯卫星导航系统（GLONASS）、欧洲伽利略卫星导航系统（Galileo）和中国北斗卫星导航系统（BDS），其定位都是基于"三球交汇"几何测量原理并依靠现代微波通信技术、宇航技术等在地球空间大尺度实现的。构成 GNSS 主体部分的地基和空间时空基准网络已基本成形，并已在陆地和近地空间提供定位、导航、授时服务多年。北斗卫星导航系统（以下简称"北斗系统"）提供全球连续统一的导航、定位、授时服务，同时通过各种星基、地基增强系统提供地球上任何一点分米级、厘米级、毫米级高精度位置服务。

全球时空基准网包括地基时空基准网、空间时空基准网和海洋时空基准网（刘经南等，2019）。在空间基准方面，导航卫星的轨道参数需在准惯性的地心天球参考系中进行解算，因此需要知道测站所在地球位置点相对地心天球参考系的精准位置和姿态。为了解决这个问题，国际地球自转服务参考组织（IERS）协调全球各类天文望远镜观星测地，实时公布地球相对地心天球参考系的各种复杂运动参数结果，用于导航卫星定位定轨所需的高精度时空基准坐标变换。此外，作为空间原初参考基准的遥远恒星和河外天体（天球参考架的基准源）也有极缓慢且微弱的变化，这些天体的位置和运动参数需要不断更新(平均每 5～10 年更新 1 次),而这也必须依靠天文测量观测来实现。目前,国际上主要的天球参考系均由欧洲和美国编制。为了北斗系统的长远发展和自主可控,我国急需填补独立编制天球参考系的空白。目前,北斗坐标系定义对标最新的国际地球参考框架,按照 IERS 规范每年更新 1 次。中国科学院天文领域专家与国际组织保持着交流合作,积极跟踪相关进展,支持北斗系统建设。

在时间基准方面,卫星搭载的时钟都异常精准,普遍可达到 1000 年只差 1s 的水平,并由地面不断校正,从而实现"时空统一,推算准确"。时空不能分割,GNSS 系统中各节点(如卫星上时间、地面段时间、用户接收机时间)的时间信号同步性要求极高,否则无法精确做到由时间推算距离。在 GNSS 地面段生成轨道(空间基准支持测定轨)和钟差(时间基准支持定时计时)2 类基础电文参数中,卫星的钟差获取的精度已成为高精度导航定位服务的主要误差源和发展瓶颈之一。目前,只有原子钟具备高精度的计量时间能力。建立在现代原子分子物理学并以激光波谱探测等高精密光电技术发展为基础的高精度、高稳定性(星载/地面)原子钟技术成为精准计时的必需手段。高精度的卫星导航定位服务对原子钟、时间基准、时间同步等时频类指标的要求越来越高,如 GPS Ⅱ R、GPS Ⅱ F 等系列卫星的用户测距误差(URE)性能的提升,核心因素之一就是采用了更加稳定的星载原子钟及相应的高精度时频测量控制技术;Galileo 系统试验卫星的伪距测量精度较高且稳定,在很大程度上也得益于其新型星载氢原子钟的应用。

2.2.3　时空信息基础框架

时空信息基础框架是时空信息基础设施建设与服务标准体系框架的简称。其建设目标是形成以时空信息基础设施建设与服务为代表的新型时空信息技术产业群。时空信息基础设施建设与服务技术的发展进步,将改变目前测绘及地理信息产业原有的生产工艺、技术形式和服务模式,催生出更多的新技术、新产品和新服务,打通时空数据关联,促进跨行业时空平台融合,激发时空信息海量数据潜能,促进智慧经济和共享经济发展。

综上所述,构建时空信息框架结构的逻辑关系如图 2-11 所示。

时空信息基础设施建设与服务标准的制定,将催生新型移动时空"一站式"精准服务应用,降低企业时空数据采集成本和研发成本,拓展时空信息空-天-地-海一体化应用潜力(自然资源部,2018),逐步建立时空信息技术创新、产业发展与标准化

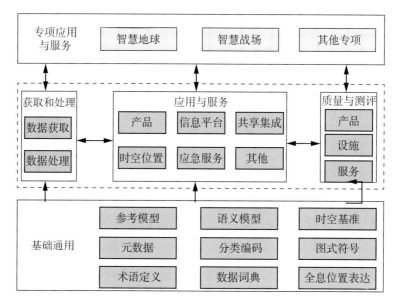

图 2-11　时空信息基础设施建设与服务标准体系框架结构逻辑关系(郑鹰等，2019)

良性互动，支撑时空信息领域基础设施建设与服务发展的新格局(郑鹰等，2019)。构建时空信息基础设施建设与服务标准体系框架，应按照《标准体系表编制原则和要求》(GB/T 13016—2018)中的有关规定，注重标准体系的整体性和结构化(岳高峰等，2018)，并遵循以下原则：

(1)科学性。力求将时空信息基础设施建设与服务技术与产业发展所需的标准科学列出，做到层次明确、布局合理，并注重与现行标准的相互衔接。

(2)先进性。既能体现当前的时空信息基础设施建设与服务的技术水平，还可对时空信息技术未来产业发展有所预见。

(3)系统性。运用系统论及综合标准化原理，即以整体效益最佳为目标形成协调优化、相互配合的标准体系。

(4)适用性。既注重标准体系分类的科学、合理、可操作，又面向时空信息基础设施建设及服务的实际需求，有的放矢。

(5)兼容性。根据我国实际情况，构建开放式标准体系，保持与国际相关标准及国内测绘地理信息相关标准的一致性和兼容性，实现地方、行业、全国乃至国际时空信息技术资源共享和兼容。

(6)可扩展性。体系框架应随着时空技术的发展和我国时空产品产业化的推进而不断充实、调整和完善。

　　时空信息基础设施建设与服务标准体系框架依据信息、技术、工程、企业、领域等视角构建，采用自上而下的层次结构，由基础通用类、获取与处理类、应用与服务类、质量与测评类及专项类共 5 大类、26 小类及其他相关标准组成（表2-1）。其中，前 4 类为时空信息基础设施建设及服务的通用领域标准，第 5 类增加了与时空信息基础设施建设及服务相关的专项领域标准，以面向各专项领域对时空基础设施建设与服务的具体需求，是对时空信息基础设施建设及服务标准的进一步扩展。

表 2-1　时空信息基础设施建设与服务标准体系框架层次说明及范围

大类名称	大类范围	小类名称	小 类 范 围
基础通用类标准 100	为使标准化涉及的各方在一定的时间和空间范围内达到对时空领域相对一致的理解，以时空领域通用的语义、基准、编码及模型等为对象制定的基础标准	参考模型 101	定义时空信息标准化的目标、结构框架及标准与应用的基本原则
		语义模型 102	规定时空信息的语义本体模型、语义表达方法及基于语义位置的信息融合，以位置语义转换和关联的技术规范等
		时空基准 103	时间和地理空间维度上的基本参照依据和度量的起算数据
		元数据 104	规定时空信息要素、影像、数据集、数据库和数据成果的元数据的内容、结构、标示与格式
		分类编码 105	规定时空信息要素、影像、数据库、数据集等分类、编码、代码结构与构成、代码表等
		图式符号 106	规定时空信息要素相关的图式、符号
		术语定义 107	规定时空信息要素相关的图式、符号
		数据字典 108	面向时空信息数据库建设和应用需求，对制定描述地理要素的内容、数据组织、结构和格式等进行定义和描述
		全息位置表达 109	定义描述时空信息的数据可视化要素图式表达和使用规范

续表

大类 名称	大类范围	小类名称	小类范围
获取 与处 理类 标准 200	为规范时空信息获取与处理过程中各个环节的技术要求和技术参数，以航天、航空、低空、地面、地下、海洋、室内等时空信息数据的获取与处理各种技术、设备、方法、过程、行为等为对象制定的标准	数据获取 201	规定航天、航空、低空、地面、地下、海洋、室内等时空信息数据的获取环境、技术、方法、过程、成果的技术指标要求等
		数据处理 202	规定航天、航空、低空、地面、地下、海洋、室内等时空信息数据的处理环境、技术、方法、过程、成果及基于数据安全控制等技术指标要求等
应用 与服 务类 标准 300	为使标准化涉及的各方在一定的时间和空间范围内，以时空信息技术产生的产品、信息平台等通用类设施建设及应用服务为对象制定的标准	产品 301	规定时空信息产品的技术、管理及相关要求
		信息平台 302	规定时空信息大数据、云平台的设施建设、服务内容、技术要求(含运行环境、支撑环境)、评价指标及服务要求
		共享集成 303	实现时空信息应用服务的数据资源共享与集成的关联与交换、方法及应用技术规范
		时空位置 服务 304	规定时空信息通用位置服务信息定义与描述内容，导航与位置服务设施及数据的内容、技术规范及服务要求等
		国情监测 服务 305	规定时空信息地理国情监测应用服务的技术指标、技术规范、服务要求等
		应急服务 306	规定时空信息应急应用服务的内容、技术指标和要求及服务要求等
		其他应用 服务 307	规定时空其他应用服务的内容、技术指标和要求及服务要求等

续表

大类 名称	大类范围	小类名称	小 类 范 围
质量 与评 测类 标准 400	以时空信息项目的产 品、设施及服务的质 量要求、安全要求、 检测及评价为对象制 定的标准	产品质量与 评测 401	规定时空信息产品、数据系统及设施的质量要求、安全 要求、测试及评价规范
		设施质量与 评测 402	规定时空信息云平台等基础设施的质量要求、安全要 求、测试及评价规范
		服务质量与 评价 403	规定时空信息服务的质量要求及评价规范
专项 类时 空标 准 500	在通用类时空信息基 础设施建设及应用服 务的基础上，以面向 专项领域时空设施建 设与应用服务为对象 制定的标准	电子商务 501	电子商务领域中涉及的时空设施建设与应用服务标准
		电子政务 502	电子政务领域中涉及的时空设施建设与应用服务标准
		智慧城市 503	智慧城市领域中涉及的时空设施建设与应用服务标准
		"一带一路" 504	"一带一路"领域中涉及的时空设施建设与应用服务 标准
		其他专项 505	其他专项领域中涉及的时空设施建设与应用服务标准

2.2.4 机器人自由坐标系

机器人自由坐标系是机器人相对于基台运动的参考系。从工业机器人来说，根据机器人结构和运动部件的不同，主要有直角坐标、笛卡儿坐标、台架型、圆柱坐标型、球坐标型、关节坐标型、平面关节型、并联机器人等不同坐标型。

(1)直角坐标、笛卡儿坐标、台架型(3P)。直角坐标型工业机器人运动部分由三个相互垂直的直线移动关键(即 PPP)组成，具有三个独立的自由度，可使末端操作器作三个方向的独立位移，其工作空间图形为长方形。

(2)圆柱坐标型(R2P)。圆柱坐标型工业机器人有两个直线移动关节和一个转动关节(PPR)，其主体具有 3 个自由度：腰部转动、升降运动，手臂伸缩运动，其工作空间图形为圆柱。该类型的工业机器人，空间尺寸较小，工作范围较大，末端操作器可获得较高的运动速度，其位置精度仅次于直角坐标型机器人。

（3）球坐标型（2RP）。球坐标型工业机器人又称极坐标型工业机器人，其手臂的运动由两个转动和一个直线移动（即RRP，一个回转，一个俯仰和一个伸缩运动）所组成，其工作空间为球体。该类型的工业机器人，空间尺寸较小，工作范围较大。中心支架附近的工作范围大，两个转动驱动装置容易密封，覆盖工作空间较大。但该坐标复杂，难于控制，且直线驱动装置仍存在密封及工作死区的问题。球坐标型工业机器人不常用。

（4）关节坐标型/拟人型（3R）。关节坐标型机器人又称回转坐标型工业机器人，这种工业机器人的手臂类似于人的手臂，其三个关节是回转副（即RRR），是工业机器人中最常见的结构。这类型的工业机器人，其结构最紧凑，灵活性大，占地面积最小，能与其他工业机器人协调工作，但位置精度较低，有平衡问题，控制耦合。这种工业机器人在喷漆、焊接等作业应用越来越广泛。

（5）平面关节型（SCARA）。平面关节型工业机器人采用一个移动关节和两个回转关节（即PRR），移动关节实现上下运动，而两个回转关节则控制前后、左右运动。这种形式的工业机器人又称为SCARA（Seletive Compliance Assembly Robot Arm）装配机器人。这类型的工业机器人结构简单，动作灵活，多用于装配作业，特点是适合小规格零件的插接装配，在电子工业的插接、装配中应用广泛。

（6）并联机器人（Delta）。并联机器人一般通过示教编程或视觉系统捕捉目标物体，由三个并联的伺服轴确定抓具中心（TCP）的空间位置，实现目标物体的运输、加工等操作。并联机器人是典型的空间三自由度并联机构，整体结构精密、紧凑，驱动部分均布于固定平台，这些特点使它具有承载能力强、刚度大、自重负荷比小、动态性能好；并行三自由度机械臂结构，重复定位精度高；超高速拾取物品，1s多个节拍等特点。

2.3 智慧地球构建关键技术

2.3.1 智慧地球孪生数据底座构建技术

数字孪生地球建设以数据底座的构建为基础。以数字孪生城市建设为例，一体化智能化公共数据平台、城市大脑和省域空间治理平台（及住房和城乡建设部CIM

平台)作为数据底座的重要组成部分，将为数字孪生的应用场景提供数据支持。地理空间信息可以描述地球物质系统和人类社会系统的特征、状态以及变化情况等，是数字孪生世界感知真实世界的信息主体，是孪生世界数据底座中的核心主体。

地球空间环境信息是孪生地球虚拟场景重构的数据底座，在空间尺度上具有三维立体、在时间维上具有动态演化的属性；同时，从环境信息的空间覆盖来看，有野外数据，也有室内数据；有地下、地表、地上、空中等不同范围的数据。人工采集或者智能监测的物理世界中实体对象的状态和变化特征，可以形成数字化文本、语音、图像、视频等记录。地理空间信息中形成的实体属性关联机制，又可以建立起文件、表格、数据流等属性记录与虚拟实体的连接。地理空间信息通过空间描述和属性表达的方式，可以描述地球上存在的任意的实体对象。在空间描述部分，地理空间信息将世界上的一切实体对象抽象成点、线、面等基本空间对象，通过二维可视化、三维建模等技术，在孪生世界中重建出复杂的实体对象；在计算机可视化技术的支撑下，数字孪生场景可以真实地呈现出现实世界各种实体的集成场景。

面对数据容量不断增长、数据种类不断增加的海量空间数据，PB(Peta Byte)级及更大的数据量更加依赖相关数据调度与管理技术，包括高效的索引、数据库、分布式存储等技术。传统空间信息数据在尺度较小且更新周期较长的情况下，难以实现对社区、楼栋及楼内相关数据的实时更新。现在越来越多的视频传感器获取了海量的实时动态影像，但大量的传感器按照编码进行检索和监控，难以发挥其巨大作用。而大规模的视频传感器资源接入智慧地球孪生数据底座后，将能极大地发挥视频传感器实时影响数据采集与智慧地球孪生数据底座管理的优点，提供智慧的基础服务。例如武汉市的"智慧之眼"，将武汉市 20 多万个分布在交通路口、学校、银行、社区、商店周边的视频传感器与智慧地球孪生数据底座平台进行融合，在监控中心就可以在地图上选择重点街道沿街进行远程视频巡逻，同时还可以与历史空间信息数据进行比对，对细小变化进行检测。

2.3.2　智慧地球智能服务能力生成平台

孪生地球反映了孪生场景对于真实世界的虚拟映射。从场景空间范围视角，在最完整的地球场景下，孪生映射的地区、国家、城市等场景，还可以进一步细分到街区、建筑、部件等多源、多尺度的主体。其中，空-天-地一体化监测技术是支撑全球宏观场景到部件精细实体物理空间信息和状态变化信息孪生映射的关键技术，也是支撑孪生世界感知现实环境的核心，也是实现数字孪生服务的关键。地理空间数据范围、数据的精细度与数据的规模和体量相关。对于孪生地球来说，现实地球中存储的数据对应的空间分辨率和时间分辨率越高越好。总的来说，空间分辨率越高，其描述场景的精细度也越高；数据的时间分辨率越高，描述场景的时效性也越强。大范围场景(比如全球、区域、省级等尺度)本身的数据量就比较大，过于精细的数据难以感知到大场景整体特征。从数据采集获取角度来看，科学地感知孪生场景信息，必须要解决以下几个方面的问题：大规模数据的存储、管理与概化问题，多尺度不同场景数据的自动切换问题。地理空间数据的概化模式不同，进而形成由数据范围、数据时空精细度决定的不同规模、不同量级的地理空间信息数据。社会经济状态孪生感知是实现空-天-地一体化实时动态的集成模式。

对于数字孪生世界中重建的物理世界场景，细致到构成各个精细部件的点、线、面、子实体等对象，再到部件本身，都可以有对应的属性信息。由精细部件对象，再到更高一级或多级尺度的场景对象某个状态下的属性信息，或者是源源不断更新的数据流、信息流，可以在数字孪生虚拟世界对应映射到对应场景、实体、对象，进而在数字场景中孪生出现实世界中的特征信息或者动态变化信息，最终在计算机这个数字世界中，形成与真实世界孪生同步的虚拟环境。

数字孪生与大数据、云计算、高精地图、深度学习等能力的结合，能够参照真实世界快速自动构建三维场景，并且持续自我学习、训练、进化，从而能够基于有限采集数据生成海量场景，形成数据与场景的全流程闭环。实景三维是对人类赖以生存、生产和生活的自然物理空间进行真实、立体、时序化反映和表达的数字虚拟空间。实景三维相关行业在不断发展、成熟的过程中，已不再满足于仅能做展示效用的大尺度三维模型"一张皮"，而是对尺度和模型可用性提出了更高要求——尺度要"从二维走向三维，从室外走向室内，从地上走向地下"，应用中要"增强模型无人化处理，提升三维数据转化成各行业可应用信息的能力"。

2.3.3 智慧地球泛在感知技术

物联采集指通过各种传感器和设备对周围环境进行实时感知，并将感知到的信息上传至云平台或其他中心化系统的过程，采集范围涵盖环境、网络、移动设备等多个领域。

(1)在环境信息采集方面，用于采集监测空气温度、湿度、气压、风、雨、雷电等的传感器，用于监测地下土壤、岩层等的温度、湿度、位移形变的传感器，用于分辨地物目标、监测地物和能量扰动的光谱、雷达、红外等传感器，以及用于感知水面和水下海浪、水流、涡流等运动特征，感知水面和水下物体目标、位置、状态轨迹的光谱、声呐等的传感器，通过物联环境，可以即时采集数据并反馈到系统中(图 2-12)。

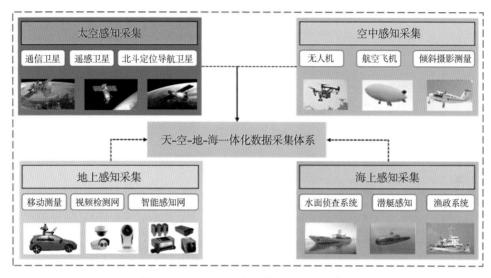

图 2-12　天-空-地-海一体化数据采集体系

(2)在网络信息采集方面，网络环境除了依据网络前端信息，如路由索引等分析并构建起网络拓扑外，也可以抓取并分析服务器、终端等之间的通信包；除了侦测网络环境中的异常行为外，还可以分析网络中时序文本、图像、视频等数据和信息记录，进而有针对性地分析对特定事件、特定信息的舆论反应和情感倾向。通过分析某些群体的舆情信息，可以为决策者制定宣传策略和心理战策略等提供信息支持，进而影响到特定群体的意识形态和行为。

(3)在人员信息采集方面，人员既是地球环境中被观察的主体，也是提供对于环境、对于本身进行主动感知并监测的主体。比如，人员暴露在地球中的生活、行为轨迹，可能会被摄像头、探测仪等在自知或不自知的状态下持续地观察与记录；人员本身使用的带有传感监测功能的设备、穿戴的物联感知设备等，如通过智能手机、平板电脑等，来感知用户的位置、行为、偏好等信息。这些设备使用各种传感器，例如 GPS、陀螺仪、加速度计等，可以记录从血压到行动轨迹，甚至到脑图变化等信息。同时，人本身也是一个活动在社会中的移动感知节点，其携带的感知设备也可以观察、记录环境信息。

天-空-地一体化的传感网将具有动态监测各种分辨率的空间信息的能力，如土地类型、建筑、道路、市政设施等信息(李德仁等，2005)。以空中感知、地面感知、海上感知为重要技术手段，可以构建智慧地球由点(局部采集点)到线(典型线路)到面(重点区域)持续感知及长效保障侦测的能力，是智慧预测、预警共享应用的数据支撑。通-导-遥一体化(卫星通-导-遥一体化)，是指在一颗卫星上实现高分多模遥感、双向物联通信和星基导航增强三种功能，通-导-遥一体化是泛在感知智慧地球的重要技术手段。通-导-遥一体化智能遥感卫星可以实现数据快速传输和信息聚焦服务，同时有助于促进天基信息系统通信、导航及遥感卫星一体化发展和应用，快速提高空间信息获取、传输、处理和分发能力，实现信息的融合和高效利用，可为全球范围内提供通信、导航、遥感全方位、多层次的一体化服务。基于此构想，武汉大学研制了一颗集遥感与通信功能于一体的智能测绘遥感试验卫星——"珞珈三号"01 星(图 2-13)，能用手机 App 操控的互联网高分辨率智能卫星。

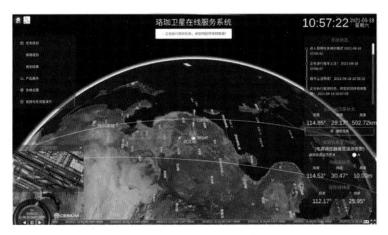

图 2-13　"珞珈三号"01 星测运控一体化服务系统

通-导-遥一体化得益于通信极其广泛的覆盖性及日益增强的信息传输能力，依托通信网络对卫星导航系统进行补充、备份和增强，展现出显著的协同优势。例如北斗与低轨卫星通信系统的协同，利用低轨卫星通信系统信号落地电平高、几何构型变化快、覆盖范围广的特点，一方面可直接播发导航信号，与北斗系统联合定位，实现更好的导航信号覆盖性；另一方面，通过通信链路传输辅助信息，可实现全球范围的快速亚米级定位。通-导-遥一体化智能遥感卫星平台(图 2-14)集成通信、导航、遥感等多种类型有效载荷，具有高分辨率遥感成像、在轨实时智能处理、导航接收与增强、星地-星间通信传输等核心功能。

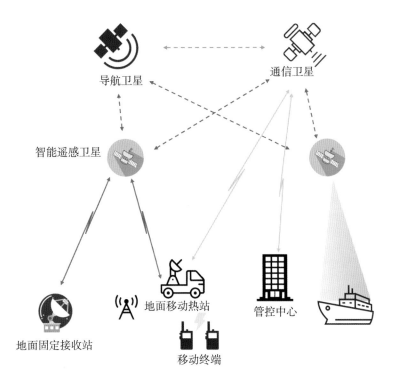

图 2-14　通–导–遥一体化智能遥感卫星

　　（1）高分辨率遥感成像：是智能遥感卫星的基础功能，通过在星上配置成像相机获取亚米级分辨率的光学遥感影像，具有灵活姿态机动能力，具备图像、视频、立体等多种成像模式，能获取动静态遥感影像，满足静态目标检测、动态目标跟踪、大众生活服务等多样需求。

　　（2）在轨实时智能处理功能：是智能遥感卫星的核心功能，通过星上配置可扩展智能处理平台实现遥感数据在轨按需、实时和智能处理。针对遥感数据任务驱动的实时智能处理需求，该功能集成大量的处理算法，包括自主任务规划、兴趣区域智能筛选、高质量实时成像、高精度实时几何定位、信息智能处理和智能高效压缩等，完成任务驱动的成像数据在轨实时、智能、高精度地处理和高效数据压缩。同时，配置的智能处理平台具备开放软件 API 接口，支持 App 软件灵活上注和动态加载、运行。

　　（3）导航接收与增强功能：是智能遥感卫星的增值功能，通过在星上配置导航增强系统实现导航信号的对天接收、在轨处理和对地发射。一方面，接收导航卫星（全球导航卫星系统（GNSS）或北斗系统）发射的卫星导航信号，对接导航增强系统、在轨实时智能处理单元，在轨计算精密轨道和精密时间同步，避免地面建站，有利于提升我国自主导航系统在境外的精确导航定位精度；另一方面，自主生成测距信号，并与现有卫星导航信号联合定位，缩短精密定位的收敛时间，满足米级实时导航定位精度，提升现有卫星导航信号系统的服务性能。

（4）星地-星间通信传输功能：是智能遥感卫星的增值功能，通过在星上配置星地-星间通信传输载荷进行海量高分辨率数据的星地、星间快速传输。同时支持星地、星间的双向高速传输，用于建立卫星到数传地面站/中继卫星之间的数据传输通道，保证任务规划指令、协同处理程序与参数、遥感数据可快速流通。通过星间传输链路和组网，可及时将数据进行下传，能够有效解决卫星过顶传输的时延问题，同时具备星间传输功能的智能遥感卫星平台还可作为卫星通信网络的有效补充。

2.3.4 智慧地球智能认知技术

从传统二维地图到三维数字地球，数字地球空间表现形式由传统抽象的二维地图发展为与现实世界完全相同的三维空间，使得人类在描述和分析城市空间事务的信息上获得了质的飞跃。包含真实纹理的三维地形和城市模型后可用于城市规划、景观分析、构成虚拟地理环境和数字文化遗产等（Gruen，2008）。数字地球中基于影像的三维实景影像模型，可构成大面积无缝的立体正射影像和沿街道的实景影像，用户能够自主按需量测，并能挖掘有效信息（Shao et al.，2011）。各类复杂的遥感解译方法在云计算平台的支撑下，将极大地释放计算资源的潜力，充分共享各种复杂分析和处理算法及相关经验，极大地提高分析和处理复杂空间信息的能力，以自然语言解译遥感图像，使得更广泛的各行业用户能够充分利用遥感资源获取需要的数据，Open RS-Cloud 就是其中的一个典型代表（刘异等，2009）。

智慧地球需要依托数字地球建立起来的地理坐标和各种信息（自然、人文、社会等）的内在有机联系和关系，并在此基础上增加传感、控制及分析处理的功能。数字地球可以理解为我们生活的地球在数字世界中的一个副本（李德仁等，2009）。在卫星信号无法覆盖的室内和地下空间，可以采用传感器和地面无线信号方式进行定位。可采用的传感器包括加速度计、陀螺仪、电子罗盘、摄像头等，地面无线信号包括无线通信网、无线数字电视、蓝牙、Wi-Fi、射频信号等无线信号。基于卫星信号的定位导航、基于传感器的定位导航、基于地面无线信号的定位导航及混合定位导航方法，通过网络整合并提供服务。智慧地球作为一个空间信息智能化服务平台，可以集成整合来自网络环境下的各种与地球空间信息相关的各种社会经济信息，然后又通过云-网-群-边-端技术，向专业部门和社会公众提供服务。在建设智慧地球的过程中，地球的表达方式有如下 5 种。

（1）三维可视化：使用三维可视化技术可以将地球表面的地理和地形信息以三维模型的形式进行展示，使人们可以更直观地理解和感知地球的地貌和地理特征。

（2）数据可视化：对于大量的数据信息，可以使用数据可视化的方式将其以图表、图形等方式展示，使人们可以更直观地了解地球各种数据信息的分布和变化。

（3）地图：地图是地球表达的一种传统方式，可以将地球表面的各种地理信息、人文信息以图像形式进行展示，是人们了解地球表面信息的重要途径。

（4）模拟与虚拟现实：通过模拟技术和虚拟现实技术，可以创建一个类似于真实地球的虚拟环境，人们可以在其中进行各种操作和实验，更好地理解和认知地球。

（5）多媒体方式：利用多媒体技术，将图像、视频、声音等多种形式进行集成，以更加丰富的方式呈现地球的信息和特点。

2.3.5　智慧地球推演预测技术

知识是认知的基础，知识可以包括各种形式，例如科学理论、技术方法、数据和信息、经验教训、社会文化习俗等。这些知识可以来自多个领域和来源，例如自然科学、社会科学、工程技术、医学、艺术和人文学科等。从人类对于环境的认知来说，认知过程一般始于互动式的感知体验、意象图式、范畴化和概念化。认知模型是人们在认识事体、理解世界过程中所形成的一种相对定型的心智结构，是组织和表征知识的模式，由概念及其间的相对固定的联系构成。认知模型是基于一组相关情景和语境，存储在人类大脑中的某一领域中所有相关知识的表征，它是形成范畴和概念的基础。

智慧地球认知是在采集获取的数据、信息的基础上，将认识地球的知识形成一组规则、语义、算法和模型，并以此为驱动构建知识模型，最终形成更深化的信息或知识的过程。在建设智慧地球的过程中，知识的发现和引入通常需要经过以下几个步骤：

（1）确定需求：首先需要明确自己需要的知识是什么，以及为什么需要这些知识。这可以通过分析工作、学习和生活需求来确定。

（2）搜集信息：一旦确定了需求，就需要开始搜集相关的信息和知识。这可以通过查阅文献、阅读报告、参与研讨会、进行实地考察等方式来获取。

（3）筛选信息：在搜集到大量信息后，需要对其进行筛选和评估，以确定哪些信息是最有价值的。这可以通过评估信息的可靠性、准确性、实用性、适用性等方面来进行筛选。

（4）整合知识：将搜集到的有价值的信息和知识整合起来，构建出系统化的知识结构和体系。这可以通过建立知识图谱、知识库、知识管理系统等方式来实现。

（5）应用知识：将整合的知识应用到军事保障中，可以进行情报分析、军事训练、防御规划及资源管理等任务，帮助军队作出更明智的决策和行动。

智慧地球认知结果可以表达为文字、图像、视频、模型、算法等，进而为人或机在对于现实世界的认知过程中提供增强学习、智能决策和自主行动等智力支持。

2.3.5.1 基于人工智能的智慧地球认知

人工智能(AI)是研究、开发用于模拟、延伸和扩展人的智能的理论、方法、技术及应用系统的一门新的技术科学。每当一台机器根据一组预先定义的解决问题的规则完成任务时，这种行为就被称为人工智能。

对于人工智能来说，机器学习是实现人工智能的重要手段，而深度学习(Deep Learning，DL)是机器学习的方法。机器学习通过算法，使得机器能从大量历史数据中学习规律，并利用规律对新的样本作出智能识别或对未来作预测。深度学习是机器学习领域中一个新的研究方向，是利用深度神经网络来增强对复杂任务的表达能力。

机器学习的核心思想是让计算机学习数据和模型，以便计算机能够自主地进行预测和决策。在智慧地球中，机器学习可以帮助人们更好地了解和预测地球环境中的各种现象和规律，以便采取有效的措施来应对环境问题。机器学习的流程有以下5个步骤。

（1）问题定义。对现实问题进行分析，确定好问题的类型，这将直接影响算法的选择、模型评估标准。

（2）数据准备。在智慧地球中，大量的数据被收集并进行分析，以支持城市规划、资源管理和环境保护等方面的决策。知识和专业技能可以帮助人们识别和收集数据，同时也可以帮助人们分析这些数据并提出相应的解决方案。

①数据收集：根据问题的需要，下载、爬取相应的数据。

②数据预处理：数据集或多或少会存在数据缺失、分布不均衡、存在异常数据、混有无关紧要的数据等诸多数据不规范的问题。这就需要我们对收集到的数据进一步的处理，叫作数据预处理。

③数据集分割：一般需要将样本分成独立的两部分，训练集（Train Set）和测试集（Test Set）。其中训练集用来训练模型，测试集用来检验训练好的模型的准确率。

（3）模型选择和开发。根据确定的问题类型，选择合适的模型，编写代码实现模型。

（4）模型训练和调优。使用训练数据集启动对模型的训练，即根据训练数据集寻找模型参数，最终得到训练好的模型。

（5）模型评估测试。对训练好的模型使用测试数据集对模型进行评估测试，验证模型是否达到业务需求。

2.3.5.2　基于机理模型的智慧地球认知

气象水文特征及其变化过程是智慧地球认知研究的重要对象。气象因素和条件状况会影响到生产生活的过程等。例如，在雨天或者有雾的天气条件下，能见度会受到影响，从而对目标分析、判别及跟踪等产生影响。气象条件直接对人体产生影响，如高温、寒冷、暴雨等天气条件直接影响士兵的体力、意志和战斗力。气象条件还会对仪器设备等产生影响，例如，飞行器在起降、控制等过程中，受到风向、风速等气象条件的影响。

然而，气象现象与变化过程，可以结合其形成、运移、变化过程机理，通过建立描述过程转化机理的数学模型来分析并预测气象因素的状态及变化情况。其中，数值预报模型将地球大气和海洋划分成网格，利用物理方程和气象海洋要素的初值和边界条件，计算出每个网格点的未来状态。数值预报模型的准确性和精度取决于模型的复杂度和初始化数据的准确性。数值预报模型中的数学理论包括运动方程、热力学方程、边界条件及数值方法。

运动方程：描述大气或海洋中的流体运动。通常采用的是 Navier-Stokes 方程，它是描述流体运动的基本方程之一，可以用来计算流体中的速度、压力、密度等参数随时间和空间的变化规律。

热力学方程：描述大气或海洋中的能量转换。这些方程包括热传导方程、热辐射方程、水汽方程等，它们可以用来计算大气或海洋中的温度、湿度、辐射等参数的变化规律。

边界条件：描述大气或海洋与地表、海面等界面的相互作用。这些条件包括能量平衡、质量平衡、动量平衡等，可以用来计算大气或海洋与地表、海面的热交换、水汽交换、动量交换等。

数值方法：数值预报模型的求解过程通常采用数值方法，包括有限差分、有限元、谱方法等。这些方法可以将连续的数学模型转化为离散的数值计算，进而在计算机上进行模拟和求解。

2.3.5.3 人工智能与机理模型结合的智慧地球认知

本节以模式识别为例，介绍人工智能与机理模型结合的气象过程模式认知方法。通过建立模型来识别和分类不同类型的气象海洋因素，如风暴、海浪等。模式识别算法需要大量的数据和样本，通过学习和训练，建立模型来对未知数据进行分类和识别。模式识别中涉及的公式有贝叶斯算法、最小二乘法、K-means 聚类算法、支持向量机(SVM)等。

贝叶斯公式：

$$P(Y \mid X) = P(X \mid Y) * \frac{P(Y)}{P(X)} \tag{2-45}$$

式中，Y 是类别；X 是特征。

最小二乘法：

$$\min \|Y - XW\|^2 \tag{2-46}$$

式中，Y 是数据点的实际值；X 是数据点的特征；W 是拟合参数，$\|\cdot\|$ 为范数。

K-means 聚类算法：

$$d(x_i, c_j) = \|x_i - c_j\| \tag{2-47}$$

式中，x_i 是数据点；c_j 是聚类中心点；$\|\cdot\|$ 为范数。

SVM(支持向量机)：

$$\max \frac{1}{\|w\|} \quad \text{s. t.} \quad y_i(w^{\mathrm{T}} x_i + b) \geqslant 1 \tag{2-48}$$

式中，w 是超平面的法向量；b 是偏移量；x_i 是数据点的特征；y_i 是数据点的类别。

数据同化：将观测数据和模型预测结果进行融合，通过数学方法来消除误差和不确定性，得到更准确的气象海洋因素数据。数据同化算法包括卡尔曼滤波、扩展卡尔曼滤波、变分同化等，其中主要算法为卡尔曼滤波。

预测：

$$x(k + 1 \mid k) = F(k)x(k \mid k) + G(k)u(k) \tag{2-49}$$

$$P(k + 1 \mid k) = F(k)P(k \mid k)F(k)^{\mathrm{T}} + Q(k) \tag{2-50}$$

更新：

$$K(k + 1) = P(k + 1 \mid k)H(k + 1)^{\mathrm{T}}[H(k + 1)P(k + 1 \mid k)$$
$$H(k + 1)^{\mathrm{T}} + R(k + 1)]^{-1} \tag{2-51}$$

$$x(k + 1 \mid k + 1) = x(k + 1 \mid k) + K(k + 1)\left[y(k + 1) - H(k + 1)x(k + 1 \mid k)\right]$$

$$(2\text{-}52)$$

$$P(k + 1 \mid k + 1) = \left[I - K(k + 1)H(k + 1)\right]P(k + 1 \mid k)$$

$$\left[I - K(k + 1)H(k + 1)\right]^{\mathrm{T}} + K(k + 1)R(k + 1)K(k + 1)^{\mathrm{T}} \qquad (2\text{-}53)$$

式中，x 是状态变量；u 是控制变量；F 是状态转移矩阵；G 是控制矩阵；P 是状态协方差矩阵；Q 是过程噪声协方差矩阵；H 是观测矩阵；R 是观测噪声协方差矩阵；K 是卡尔曼增益。

4D-Var：

$$J(x) = \frac{1}{2}(x - x_b)^{\mathrm{T}} B^{-1}(x - x_b) + \frac{1}{2}(y - H(x))^{\mathrm{T}} R^{-1}(y - H(x)) \qquad (2\text{-}54)$$

式中，x 是模型状态变量；x_b 是背景状态变量；B 是背景误差协方差矩阵；y 是观测数据；H 是观测算子；R 是观测误差协方差矩阵；J 是代价函数。

3D-Var：

$$J(x) = \frac{1}{2}(x - x_b)^{\mathrm{T}} B^{-1}(x - x_b) + \frac{1}{2}(y - H(x))^{\mathrm{T}} R^{-1}(y - H(x)) \qquad (2\text{-}55)$$

式中，x 是模型状态变量；x_b 是背景状态变量；B 是背景误差协方差矩阵；y 是观测数据；H 是观测算子；R 是观测误差协方差矩阵；J 是代价函数。

统计学方法：如假设检验、回归分析等，通过对历史数据的分析和建模，预测未来的气象海洋因素变化趋势。这些方法适用于较简单的气象海洋系统，需要较长时间的数据积累和分析。其中假设检验中最常见是 t 检验和 F 检验的计算公式。

t 检验：

$$t = \frac{x - \mu}{\dfrac{s}{\sqrt{n}}} \qquad (2\text{-}56)$$

式中，x 是样本均值；μ 是总体均值；s 是样本标准差；n 是样本大小；t 是 t 值。

F 检验：

$$F = \frac{\mathrm{MSB}}{\mathrm{MSE}} \qquad (2\text{-}57)$$

式中，MSB 是组间平方和除以组间自由度；MSE 是组内平方和除以组内自由度。

回归分析：用于建立变量之间关系的统计方法，其中最常用的公式是线性回归方程：

$$y = \beta_0 + \beta_1 x_1 + \beta_2 x_2 + \cdots + \beta_p x_p + \varepsilon \qquad (2\text{-}58)$$

式中，y 是因变量；x_1，x_2，$\cdots$，x_p 是自变量；β_0，β_1，β_2，$\cdots$，β_p 是回归系数；ε 是随机误差。

2.3.6 智慧地球决策互馈技术

决策是人类社会发展中人们在为实现某一目的而决定策略或办法时，时刻存在的一种社会现象。任何行动都是相关决策的一种结果。正是由于这种需求的普遍性，人们一直致力于开发一种决策支持系统（Decision Support System，DSS），来辅助或支持人们在实际行动中进行决策，以便促进提高决策的效率与质量。尤其是随着现代信息技术和人工智能技术的发展和普及应用，更有力地推动了决策支持系统的发展。在辅助决策系统中，随着人工智能技术的引入，传统的决策支持系统正在向着智能决策系统（Intelligence Decision Support System，IDSS）发展。辅助决策一直在医疗、军事、交通等领域均有大量的研究与应用，当前正在发展的精准医疗、智慧军事、智慧交通等典型应用，更是需要智能决策系统的支撑。下面本书将以基于智慧地球孪生数据底座数据驱动为例，探讨智慧地球智能决策互馈技术基本原理、模型及结构。

2.3.6.1 智慧地球决策互馈原理

DSS 需要使用大数据、云计算相关技术来满足实时决策，以及海量、多源、异构数据存储与处理等方面的需求。将这些技术运用到 DSS 中是未来 DSS 发展的重要方向。大数据的内存计算技术（Hahn et al.，2015）能够极大提升数据的处理速度，从而缩短决策所需时间；流式数据处理技术能为实时决策提供有力支撑（孙大为等，2014），并使 DSS 具备实时监控、主动决策的能力；分布式计算技术是进行大数据处理的基本手段，能让 DSS 拥有分析全部数据的能力，是构建"大数据驱动"的 DSS 的基础。

云计算中的资源虚拟化技术、资源整合管理技术、海量数据分布存储技术及大数据相关的 NoSQL 等技术能够为 DSS 在海量、多源、异构数据的融合、存储、挖掘与检索等方面提供强有力的支持，弥补过去 DSS 中的 RDBMS、DW、DM 和 OLAP 在新时期暴露出的不足。

2.3.6.2 智慧地球决策互馈模型

用大数据驱动决策，构建"大数据驱动"的 DSS。决策驱动方式研究的是 DSS 内部基于什么来完成一个完整的决策过程。过去的"数据驱动"基于对数据的计算与统计来完成决策,它使用的是不全面的样本数据,且基本上已知样本数据间存在的关系模式。而"大数据驱动"与"数据驱动"最本质的区别有两点:

(1)使用的是近乎全部的数据,不是少量样本数据;

(2)很多数据之间的关系是未知的,需要想办法发现庞大数据集内部、数据集之间隐晦的关联,从而提供决策支持。将大数据在海量数据挖掘、复杂数据建模与表示方面的理论应用到 DSS 中,来构建"大数据驱动"的 DSS,能够满足新时期在决策驱动方式上的需求。

研究新的动态决策模型。传统的决策模型大多是静态的,建立好后一般不需要调整,也很难调整。在大数据时代,外部的数据环境变化极快,需要能灵活调整决策过程与决策模式的动态的决策模型。动态决策模型更灵活、更个性化且更复杂,它需要同时满足实时决策和事后决策场景的需求,能够让事后决策和实时决策协同工作,且能够提供更多样的决策组合来满足多类用户的需求。动态决策模型的建立需要依赖决策流程管理、决策任务分解、任务动态优化等关键技术,因此这些方面也是新决策模型研究道路上需要重点攻克的难题。

2.3.6.3　智慧地球决策互馈结构

基于实时和历史大数据的双模 DSS 组成结构。双模是指具有实时决策和事后决策两种工作模式,其中包含了高速流式大数据分析决策功能、海量历史数据挖掘功能。这种新的组成结构需要把过去 DB 部件的概念和功能进行扩展与强化,并添加实时数据融合处理、决策模式控制、集群资源控制等部件,以此来适应不同决策场景的动态切换,让不同的工作模式协调运行(图 2-15)。而在其实现上,需要将过去

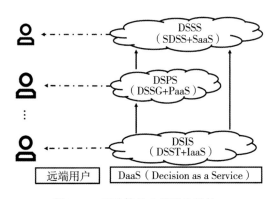

图 2-15　云计算的功能层次结构

DSS 中的 DW、DM、OLAP 与大数据在集群管理、资源调度、分布式存储与计算方面的技术结合起来。基于大数据的双模 DSS 组成结构是适应大数据环境、满足大数据时代各种决策需求的基础，能够突破许多行业的 DSS 在结构上的瓶颈。

以决策即服务（DaaS）的形式，将 DSS 功能层次结构置入"云"中。传统的 DSS 功能层次结构无论使用 SDSS 进行决策，还是使用 DSSG 与 DSST 去构建 SDSS，都显得不够灵活，且使用成本较高。而结合云计算中 IaaS、PaaS 和 SaaS 相关概念（Peng et al.，2009），将 DSS 功能层次结构放入"决策支持服务云"中，以 DaaS 的方式提供灵活的决策支持软件服务（SDSS）、决策支持平台服务（DSPS）和决策支持基础设施服务（DSIS），能够极大地满足 DSS 在低成本和灵活性上的需求，使用者只需要交付一定的费用即可从"云"中获取相应的服务。

2.3.7　智慧地球共享服务技术

面向任务的智慧地球信息全要素聚焦，是利用星基、空基、地基、海基等多源平台进行智慧地球环境共享服务的关键技术之一。面向任务聚焦的遥感信息球采用卫星资源、卫星资源服务能力统一描述与高效组织理念，建立任务空间遥感信息数据源查询检索响应机制，形成联系资源空间、任务空间和能力空间的基本框架。遥感信息球采用多任务服务链在线整合模式，实现分布式网络环境下遥感信息处理服务、网络环境和处理节点的负载情况等动态实时监测，从而解决动态网络环境下整合资源与任务的规划、调度、监控和反馈的问题。

随着未来科技的发展，面向领域特定任务的智能处理分发及共享，可以为特定场景中的要素信息计算、评估及态势评估与预测等奠定数据基础。大数据的全域分布会给智能决策带来前所未有的复杂性，如何将数据优势、信息优势转化为决策优势，考验面向智慧地球聚焦服务这一系列感知、认知及知识共享算法的快速性、准确性和灵活性。例如，针对实体名的歧义性和多样性，以及特定领域文本标注资源匮乏等问题，发展无监督学习和迁移学习等技术，并结合知识推理技术，可以有力支撑少样本领域地球信息知识共享完备性。

第 3 章 智慧地球复杂环境信息泛在感知技术

智慧地球环境信息泛在感知面临复杂环境数据采集获取、环境信息分析处理及分发与应用等问题。本章分为三节,主要阐述智慧地球环境信息泛在感知方法、技术和应用。其中,3.1 节介绍空-天-地一体化的地球环境信息探测感知方法;3.2 节介绍地球环境信息泛在感知关键技术;3.3 节介绍以无人机为例的移动智能体环境信息感知应用案例。

3.1 空-天-地-海一体化的地球复杂环境信息探测感知方法

按照地球环境的组成性质,可以将其分为自然环境和人工环境。自然环境是指未受人工影响或仅受人类活动局部轻微影响的天然环境。其中,大气、水、岩石、地貌、生物、土壤等自然环境是地球环境的重要组成部分。人工环境则指人类直接影响或控制的环境,如种植园、农业区、工业区、矿区、城市等。

空-天-地-海多源承载平台载荷的多光谱、高光谱、红外、热红外、雷达、LiDAR 等声光电传感器是感知地球自然环境和人工环境的重要技术手段(图 3-1)。空-天-地-海多源承载平台泛在感知体系感知地球环境时,其采集获取到的波谱、图像、视频、文本等信息,是进一步理解地球环境空间、位置、属性等信息的重要前提。

例如,空中感知手段往往通过卫星或者机载的测量平台,利用成像相机拍摄或者扫描获得的图像或者视频,形成对于地球环境信息的遥感探测通知;地面感知节点则可以利用地面车载式、手持式或者固定部署式的测绘仪器设备,获得地球环境中物体的形状、大小、位置、动态状态及时空轨迹等其他相关属性信息。以下将从地理要素、气象水文要素、海洋要素、导航要素和电磁环境等视角,简要分析复杂环境感知方法。

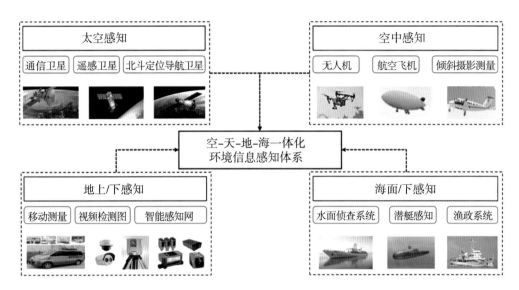

图 3-1　空-天-地-海一体化环境信息感知体系示意图

3.1.1　测绘地理探测感知方法

　　测绘是对自然地理要素或者地表人工设施的形状、大小、空间位置及其属性等进行测定、采集并绘制成图的技术。测绘地理是对地理各要素进行测量和绘制的方法，其测绘结果的输出表现形式之一是测绘地形图。测绘地形图要素主要包括定位基础、水系、居民地及设施、交通、管线、境界与政区、地貌、植被与土质八大类。

　　测绘学研究测定和推算地面点的几何位置、地球形状及地球重力场，据此测量地球表面自然形状和人工设施的几何分布，并结合某些社会信息和自然信息的地理分布，编制全球的和局部地区各种比例尺的地图片、专题地图的理论和技术学科。测绘以计算机技术、光电技术、网络通信技术、空间科学、信息科学为基础，以全球导航卫星定位系统、遥感、地理信息系统为技术核心，选取地面已有的特征点和界线并通过测量手段获得反映现状的图形和位置及其相关信息，供工程建设、规划设计和行政管理之用。

　　军用地图(军事地图)、卫星导航等国防建设，更是以测绘地理信息及其相关技术为支撑。测绘地理中采集获取的时空信息要素，是支撑高强度对抗性和高破坏性的应急响应、作战等复杂环境的基本保障。在物理空间信息方面，遥感技术具有侦查范围广、发现目标快和不受地理条件限制等优点，是现代军事侦察的重要手段。遥感技术能够提供位置信息和高精度地形图数据，帮助生产高精度地形图，为无人平台自主行动的场景导航、定位等提供了精准的位置信息基础。在场景环境气象要素感知方面，气象卫星利用红外分光计和微波辐射计等传感器，能接收大气层信息，经过遥感信息加工处理可获得多种气象信息，为作战提供气象信息；在场景环境要素化学成分感知方面，遥感利用电磁波与毒气之间的相互作用产生的特定吸收或散射作用，可以对毒气进行识别；在特殊作战场景感知方面，信息化战争往往是多军种跨区域联合作战，舰艇是海上作战环境中的重要感知信息，合成孔径雷达和视频卫星可以有效地探测和跟踪舰艇的活动，提升海上作战环境态势感知能力。尤其是对于作战活动来说，在联合全域作战背景下，作战活动呈现出作战空间持续拓展、作战信息海量剧增、作战力量多元融合等特征，给战场环境信息察觉、理解和预测等带来新的技术挑战。

1. 遥感感知

遥感技术已经建立了空-天-地遥感数据获取体系，通过多种传感器能够获得多层次、多角度、多光谱、多维度和多时相的遥感观测数据。卫星遥感将以多光谱、多时相、多分辨率、多传感器全天候地提供海量的观测数据。现在已经进入了大数据遥感时代，但是，对战场环境的感知往往基于单一遥感数据源，不能全面了解战场环境信息，可能会导致最终决策出现偏差，错失作战先机。而且，多源遥感数据的战场环境感知来自不同卫星、不同传感器、不同类型、不同时相和不同空间的遥感数据，战场环境感知的信息可能受这些多源遥感数据的几何不一致性的影响。对于复杂战场环境瞬息万变、大量遥感数据无法及时提取有效信息支持决策的情况，需要实时提取出战场环境有效信息以帮助决策者作出正确的作战决策。目前场景信息遥感感知技术主要面临以下挑战：

▼　单一遥感数据源的信息感知。遥感技术是现代战场环境态势感知的重要手段。面对在复杂的战场环境全面感知包含多方面的战场环境信息的需求，想要全面、准确地掌握战场环境感知需要多源遥感数据协同提供数据。然而，目前对于战场环境态势感知往往采用单一数据源，这样对战场环境信

息的描述不完全。如果想要实时准确掌握战场环境信息感知，需要多源遥感数据协同提供数据源。用于战场环境态势感知的传感器很多(如热红外、高光谱、合成孔径雷达和点云等)，它们提供的战场环境信息各有优缺点，获得全面、有效的战场环境信息需要对多源遥感数据协同工作进行探索，保留有效战场环境态势感知，排除冗余信息。且态势感知的需求需要对多源异构数据和算法进行统一管理，满足领域内不同场景对计算、分析和应用的需求。

▼ 多源遥感数据的几何配准精度。现在和未来作战是典型的多域联合作战，包括海陆空多军种联合。由于不同军种协同作战任务的差异，甚至是跨域联合作战，为了使多军种联合作战协同行动同步，需要确保各军种面对的战场态势感知信息一致，因此需要对不同军种的战场环境态势感知的多源遥感数据进行精确的几何配准。多源遥感数据包括不同卫星遥感数据、传感器数据、成像或不成像的数据。而且，不同遥感平台的数据获取方式不同、时间不同、平台姿态不同及影响因素等不同，导致遥感数据之间的配准存在非常大的困难。另外，由于遥感数据预处理步骤和重投影等不同均会影响遥感数据的几何精度。目前随着人工智能的发展，群智能算法、进化算法和深度学习已经在遥感图像配准中得到应用。群智能算法具有智能、并行和鲁棒的特点，对初始条件不敏感，可在各种情况下找到最优解。但人工智能算法仍存在效率低等问题。

▼ 复杂战场环境信息感知能力限制。面对复杂动态变化的战场环境，只有通过多源遥感数据才能全面掌握战场变化信息，由此造成战场信息量巨大。如何从海量数据中提取有价值的信息，并转化为作战所需的知识用于作战，是复杂战场环境实时、准确、智能信息感知的难点。传统的数据挖掘算法面对大数据、非线性等问题，难以适应复杂战场信息感知的需求，深度学习的方式是一种基于神经网络的黑箱过程，然而目前学术界无法给出可靠的理论说明。

2. 通-导-遥一体化复杂环境实时智能服务技术

通-导-遥一体化复杂环境实时智能服务技术以"一星多用、多星组网、天地互联、多网融合、统一基准、关联表征、数据挖掘、知识发现、星地协同、组网传输、智能处理、按需服务"理念，在天基信息网络中担任关键节点，通过通-导-遥多载荷集成与协同应用，促进天基信息网络中其他通信、导航、遥感卫星节点的互联互通。通-导-遥一体化智能遥感卫星平台集成通信、导航、遥感等多种类型的有效载荷，以通信、导航、遥感一种用途为主，兼具高分辨率遥感成像、在轨实时智能处理、导航接收与增强、星地-星间通信传输等功能。

- 高分辨率遥感成像功能：是智能遥感卫星的基础功能，通过在星上配置成像相机获取亚米级空间分辨率的光学遥感影像，具有灵活的姿态机动能力，具备图像、视频、立体等多种成像模式，能获取动静态遥感影像，满足静态目标检测、动态目标跟踪、大众生活服务等多样应用需求。

- 在轨实时智能处理功能：是智能遥感卫星的核心功能，通过在星上配置可扩展智能处理平台实现遥感数据的在轨按需、实时和智能处理。针对遥感数据任务驱动的实时智能处理需求，该功能集成大量的处理算法，包括自主任务规划、感兴趣区域智能筛选、高质量实时成像、高精度实时几何定位、信息智能处理和智能高效压缩等，完成任务驱动的成像数据在轨实时、智能、高精度地处理和高效数据压缩。同时，配置的智能处理平台具备开放软件 API 接口，支持 App 软件灵活上注和动态加载、运行。

- 导航接收与增强功能：是智能遥感卫星的增值功能，通过在星上配置导航增强系统实现导航信号的对天接收、在轨处理和对地发射。一方面接收导航卫星(全球导航卫星系统或北斗系统)发射的卫星导航信号，对接导航增强系统、在轨实时智能处理单元，在轨计算精密轨道和精密时间同步，避免地面建站，有利于提升我国自主导航系统在境外的精确导航定位精度；另一方面，自主生成测距信号，并与现有的卫星导航信号联合定位，缩短精密定位的收敛时间，满足米级实时导航定位精度，有利于提升现有卫星导航信号系统的服务性能。

☑ 星地-星间通信传输功能：是智能遥感卫星的增值功能，通过在星上配置星地-星间通信传输载荷进行海量高分辨率数据的星地、星间快速传输。同时支持星地、星间的双向高速传输，用于建立卫星到数传地面站/中继卫星之间的数据传输通道，保证任务规划指令、协同处理程序与参数、遥感数据快速流通。通过星间传输链路和组网，可及时将数据进行下传，能够有效解决卫星过顶传输的时延问题，同时具备星间传输功能的智能遥感卫星平台还可作为卫星通信网络的有效补充。

在服务方式上，以数据获取、信息提取、信息发布一体化结合为目标，基于星地协同的全链路遥感信息实时智能服务体系，配合使用导航卫星、通信卫星、地面接收站、移动接收站、智能终端等，直接面向用户需求；通过星上智能任务规划获取数据，同时在星上完成导航信号增强、实时高精度定位、兴趣区域智能筛选、信息智能提取和智能高效压缩等；通过星地、星间传输链路将有用的信息准确高效地传递至用户移动终端，实现全球范围内的遥感影像从数据获取到应用终端分钟级时延的遥感信息实时智能服务。

3. 空地立体协同的复杂环境信息智能感知技术

空地遥感数据是利用对地观测技术获取的国家基础性、战略性信息资源，在保障国家安全、支撑全球战略、服务国民经济等方面具有不可或缺的地位。空地协同移动智能服务平台的设备层包含高精度位姿设备和观测平台，观测平台包括空基对地观测系统、地基对地观测系统；系统层包括多机组网技术、多车组网技术、机车组网技术以及数据智能预处理；应用层包括智慧城市、智慧能源、社会安全和战场环境应用背景下的目标检测、目标跟踪和变化检测等。然而，面向新型测绘需求的应用系统的智能精处理性能受限于复杂、不确定的观测环境，例如阴影遮挡、目标尺度与成像视角多样化、背景干扰、光谱混淆、阴影遮挡等。而且，高分辨率地物影像的形状、纹理、光谱等特征复杂，以及遮挡、阴影的大量存在，使得目标自动提取和识别有极大的不确定性。

空地立体协同的复杂环境智能感知主要面临弱卫星导航信号条件下多平台传感器实时灵活组网难，位姿测量设备多平台适配性难，全天候、全天时作业条件下的多源异构影像质量改善难，复杂场景遥感多源影像智能精处理的效能提升难等问题，需突破弱卫星导航信号条件下的高可靠位置姿态测量、基于多平台的适配性设计、快速对准技术、视频影像的超分辨率增强、多视角无人机影像目标检测和城市复杂场景影像时空谱角遥感观测等关键技术。

▼ 弱卫星导航信号条件下的高可靠位置姿态测量：根据地基智能服务平台特性，采用弱卫星导航信号条件的惯性导航数据纠偏技术，通过对里程计刻度系数的自适应修正，实现了惯性传感器对里程计进行实时高灵敏度评估和检测，性能提升 50% 以上，突破了在弱卫星导航信号条件下的位置姿态高可靠解算难题。

▼ 基于多平台的适配性设计：多平台适配性要求，对位姿测量设备的精度、重量和接口要求严格。需要从多平台适配性设计、复杂环境适配性设计、集成技术三个方面解决适配性关键技术，提高位姿测量设备的多平台适应性，满足不同需求。

▼ 快速对准技术：位姿测量设备采用结合路线规划的动态快速对准与在线标定技术，通过连续检测系统的空中或地面运动状态，自适应调整对准模式，采用基于惯性系的对准方式对姿态矩阵进行分解，或采用基于快速卡尔曼滤波的对准方式，缩短对准时间。高精度位姿动态对准模型，采取基于惯性系的对准方式对姿态矩阵进行分解，实现静态和动态的空地快速对准技术。

▼ 视频影像的超分辨率增强：受限于成像环境和移动信道传输能力，动态视频的空间分辨率和清晰度有限，对视频影像的超分辨率重建进行研究，其中包括自适应特征提取技术、边缘纹理强化技术、非局部时空关联技术等，具有提升超分辨率技术的适应性和稳定性、增强空间观测精度等能力。

▼ 多视角无人机影像目标检测：不同视角下同类目标的姿态、特征差异巨大，难以提取到统一的特征。同时，在一些灵活、复杂的任务场景中，无人机遥感影像中不同影像的背景差异也较大，多视角目标检测算法，其中包括基于对抗网络的跨视角目标检测方法和基于全局密度融合网络的多尺度目标检测方法，可以有效地提升无人机检测目标的能力。

■ 城市复杂场景影像时空谱角遥感观测：在城市遥感观测过程中，观测对象通常具有多维度、多尺度、多模式、多角度的特点，城市场景高度异质化，造成遥感信息提取的精度和自动化程度都是最低的。鉴于城市遥感观测的复杂性，通常需要综合考虑遥感影像的时间、空间、光谱、角度特征以满足城市遥感观测的需求。通过构建时空谱角智能对地观测系统，集多种传感器、多分辨率、多波段、多时相和多角度于一体，可以为智慧城市建设提供有效的、丰富的数据源。

3.1.2 气象水文信息探测感知方法

了解和掌握气象要素可以帮助指挥员作出更好的决策，例如军事行动的时间和地点、作战装备的选择等。此外，气象要素也可以为军事行动提供有力的支撑，例如利用天气预报来规划飞行计划，或根据气象情况选择最佳的进攻方向等。在战场上，气象信息可以帮助指挥员预测天气变化，选择合适的作战时间和地点，以及制定合理的作战策略。同时，气象信息还可以为士兵提供气象保障，包括防寒保暖、防晒防暑等。水文信息同样对于战争行动和军事作战具有重要的影响，水文信息包括水文地图、水文预报、水文观测等。在战场上，水文信息可以帮助指挥员选择合适的水源地点，制定合理的水源保障计划，以及预测河流水位变化等。同时，水文信息还可以为士兵提供水源保障，保证他们的饮水安全。在战场信息保障中，对水文要素的了解可以帮助指挥员更好地规划军事行动和作战战略，例如确定水源的位置、选择最佳的行军路线、规划最优的水利设施等。此外，对水文要素的掌握还可以为指挥员提供有利的战术优势，例如利用水域的障碍作用来保护部队、选择最佳的水下突击方向等。

1. 气象信息感知现状

气象要素如气温、气压、风力、风向等，主要采用地面观测、气象雷达和卫星遥感影像等观测技术进行监测。自动气象站、天气雷达、卫星云图等具有探测多尺度气象要素的能力。其中，卫星云图等卫星遥感技术是感知气象要素的重要方式，具有大范围观测气象过程，以及进一步预测分析并验证天气运动变化过程的能力。

空间遥感从光学影像开始，经过对水汽特别敏感的多光谱红外辐射遥感，发展到全天时、全天候的微波被动与主动遥感。被动遥感是被动地获取电磁辐射值，主动遥感则获取电磁回波。遥感数据与图像在反映这些测量值的基础上，还可以反演、重构天、空、地、海的多目标、多类、多尺度、多维度的特征信息，进而形成对于目标物形态、大小、特征及属性信息等的分析与理解。

在气象信息感知中，灾害性天气属于军事领域典型的恶劣战场环境。战场大风、暴雨等恶劣天气，严重影响作战单元机动、战略物资补给及武器装备控制等能力。以无人机为例，作战环境大气压低、气温低等，可能造成无人机飞行动力不足、任务无法保证等问题。对于装甲车、作战车而言，冰雪、冷冻天气导致的光学器件模糊或表面结冰现象，会影响机动力量综合判定战场环境的能力。对大风、暴雨、雷电等灾害天气进行感知、预测，往往有以下困难。

- ☑ 观测网有限。自动气象站、天气雷达、卫星云图等具有探测多尺度气象要素的能力，但主要监测中小尺度天气系统演化过程，大部分灾害性天气时空尺度小，气象观测存在"大网捕小鱼"的现象。

- ☑ 预警预报不确定：灾害性天气成灾机理复杂，大风、暴雨等短临预警预报可以提前 3～6h；但对于短时、强对流的风暴体等的预报，准确性有限，一般只能提前 5～10min。

- ☑ 突发性。灾害性天气发生突然、时效快、生命史短，如龙卷风、飑线风、雷暴大风往往只有数小时甚至数分钟的生命周期。

- ☑ 破坏性：灾害性天气都具有一定破坏性，可能引发气象灾害及次生灾害。

当前灾害性天气监测预警研究中，对于小尺度、突发性的龙卷风、暴雨、雷暴等灾害性天气的精准捕获、精确监测及预警属于学科性难题。大风灾害监测主要观察风场和风廓线，风廓线能够监测到风切变现象，尤其可以监测到影响飞行器安全的风垂直切变现象。暴雨一般由中小尺度对流系统引发，对于小尺度强对流的雷暴、台风暴雨等天气,气象卫星监测捕捉能力较弱,高分辨率的天基、空基、地基协同监测则具有一定的优势。

2. 水文信息感知现状

极端降水易引发流域性洪水、城市洪涝等现象。洪涝灾害是一个全球性问题。政府间气候变化专门委员会(IPCC)第五次评估报告(AR5)指出,受全球气候变化影响,大陆地区洪涝灾害将更频繁,许多全球性风险气候变化都集中在城市地区。我国城市洪涝灾害的形势非常严峻,据统计,我国大约有60%的城市面临不同程度的洪涝灾害(张建云等,2016)。我国民政部国家减灾统计报告指出,2015年,南京、苏州、无锡、武汉、福州等168座城市发生了严重暴雨内涝灾害,直接影响人口为236万,并导致了84亿元经济损失;2016年,武汉、南京、九江等192座城市发生了严重内涝灾害,累计受淹面积为1542km^2,直接导致389万人受灾,造成91亿元经济损失。刘志雨等(2016)指出,在全球气候变暖、城镇化的快速发展等背景下,中国部分地区未来城市洪涝灾害等极端事件的可能性将会增加、增强。

以降雨数据为驱动,研究区域洪涝灾害风险、流域洪涝灾害风险、城市洪涝灾害风险,是各级部门开展洪涝灾害应急救灾的基础业务。由气象灾害次生的洪涝灾害风险及其危害性的实时、动态评估,也是进一步支撑从战略、战役、战术层面预测特定的社会经济活动或者作战行动等可能受到气象灾害影响的重要信息。以城市洪涝灾害风险评估为例,该类方法主要从风险分布角度出发,研究洪涝灾害分布空间形态,进而结合承灾体建立起风险评估体系,形成城市洪涝灾害风险等级区划、洪涝灾害空间分布、洪涝灾害成果。从洪涝灾害淹没监测、损失评估研究方面,也有综合利用遥感、地理信息等技术、水文模拟等方法,在分析洪涝灾害空间分布基础上,评估城市洪涝灾害的情况。在城市洪涝灾害历史信息管理中,较难获取整个研究地区淹没的实测数据。利用对水文过程进行概化的水文模型进行数值模拟,是评估城市洪涝灾害的重要方法。概念模型、物理模型是水文过程模拟研究的重要模型。

20世纪70年代以来,水文科研人员提出了较多分布式水文模型,比如SHE模型、SWAT模型、VIC水文模型、新安江模型、增益分布式水文模型等。到20世纪90年代以后,人们认识到水文过程的复杂性、不确定性、随机性,只有采用数学物理偏微分方程才能够全面描述这些特点。

物理模型又称为水动力学模型,是在质量与能量守恒的物理意义下,通过构建洪水运动方程(一维Saint-Venant方程、二维Shallow Water方程、三维Navier-Stokes方程)来模拟基于时序的产汇流及洪涝灾害过程。其中,一维方程采用恒定非均匀流方法,是在河道实测资料的基础上,推求出不同频率下的各计算断面的堤水面线,进而获得淹没范围。一维方程的参数相对简单、计算复杂度较小,可以应用于流域级别的灾害研究。二维方程采用非恒定流控制方程来模拟洪水动态演进过程，在不规则网格基础上，利用特征线法、有限差分法、有限元法、有限体积法进行离散求解，最终可以绘制出包括洪水历时图、等水深图、流场图及洪泛区等各重要地区水位过程线图的洪水风险图，计算较复杂，时间开销较大。三维控制方程可以实现洪涝灾害垂直速度、流场动态变化的模拟，比较适合在较小的研究范围内模拟，如应用于洪水流场模拟、溃坝分析等研究。基于水力学理论的商业软件比较成熟，如基于一维方程的 SWMM，基于二维方程的 Mike Urban、Infoworks、Floodarea 等。邓汗青等(2017)以合肥市为例，运用 Floodarea 模型确定两种排水条件下易涝点致灾阈值，并将城市中建筑物设为阻水障碍，开展了城市内涝动态淹没模拟，进而评估不同风险下的可能损失，验证出该模型在风险研究中的可用性。

近 10 年，遥感技术与 GIS 技术广泛地应用于洪涝灾害研究等水文过程模拟。由于合成孔径雷达遥感技术和高性能计算机技术显著进步，促进了分布式洪水建模将遥感与水力建模更加紧密地结合起来。有学者开展了洪水淹没范围与洪水动力学模型融合的方法研究，以糙率为控制变量，通过提出的新的代价函数建立了洪水淹没范围数据的变分同化模型，并基于溃坝洪水过程的观测数据，研究了数值试验对比。该方法将洪水淹没范围自动融入洪水动力学模型，识别糙率参数，可以更好地实现洪水过程分析。在遥感水文数据融合水文模型研究方面，遥感数据主要为水文模型提供数据驱动、边界条件以及状态信息。

3. 气象水文感知应用发展趋势

开展面向战略、战役、战术不同时空尺度的气象水文信息动态监测及超前预报研究，可以为军事行动等的决策、指挥等提供重要的环境信息支撑，有利于为机动计划制定、作战任务规划及武器火力控制等提供不同精细程度的气象水文信息支撑，提升指挥决策的科学性和行动执行的时效性。然而，对于气象水文信息来说，短临信息的监测预警技术较准确；而中期、长期的监测预报技术则存在准确性相对较低的问题。在未来研究中，尚需深入研究利用智能传感器、人工智能、三维变分同化、智能分析等技术，监测并模拟战场环境气象信息及灾害性天气的演化过程，提升战场环境灾害性信息保障的准确性和时效性。

3.1.3 海洋环境信息探测感知方法

海洋信息包括海洋预报、海洋观测、海洋地图等。军事海洋环境信息直接关系到战略决策、作战指挥和武器装备的使用。综合水位(含潮汐、风增水等余水位)是登陆、抗登陆作战地点、时窗选择和封锁布雷必须考虑的重要环境因素。海流(含潮流、密度流和风海流等)不但影响水面舰艇、潜艇的航行和潜航定位,还影响导弹和鱼雷发射的命中率;海温的变化与海水声速垂直分布和水声传播特性密切相关,海温跃层、海洋锋和中尺度涡直接影响潜艇声呐的探测性能,是潜艇隐蔽、目标搜索、战术机动和反潜战需要重点考虑的因素。

在海上作战中,海洋信息可以帮助指挥员预测海况变化,选择合适的航线和航速,制定合理的作战计划。在登陆作战中,海洋信息可以帮助指挥员选择合适的登陆地点和登陆时间,制定合理的登陆作战计划,以及保障士兵的海上安全。在海战中,了解和掌握海洋要素可以帮助指挥员更好地规划军事行动和作战战略,例如选择最佳的进攻方向、确定海上补给路线、选择最佳的航线等。此外,海洋要素还可以为指挥员提供有利的战术优势,例如利用海流的作用来保护舰队、选择最佳的海底地形进行潜艇下潜、隐藏。

1. 海洋环境信息感知现状

海洋环境本身复杂是导致海洋环境感知困难的重要客观因素。①海洋物理环境和海况复杂。海洋光学探测效应受大气透明度和云雨雾等现象影响,雷达探测受电磁效应、蒸发波导、大气波导效应和海杂波等影响;水下目标探测受海水温度、密度、盐度和跃层等影响。近海地区的气象状况不确定,海况、陆地和海杂波状态独特,普遍存在异常大气效应,海洋物理环境探测极为复杂。海洋目标具有多样复杂性。②海洋监视信息覆盖全维空间,涵盖水面、水下、海洋上空、濒海陆地(岛屿)和网络电磁空间,并与外层空间紧密相连。需要监视的海洋目标主要类型包括航母、驱逐舰等水面目标,潜艇和无人潜航器等水下目标,飞机和导弹等空中目标。

目前海洋战场环境感知监测手段和信息处理存在不足,主要表现在:①全天时和全天候监视能力不足。在夜晚和恶劣天气条件下,宽幅高分辨率 SAR 卫星数量较少,并且缺少宽幅高分辨率红外卫星,较难对特定区域海战场环境要素及战场高价值目标信息持续获取。②持续跟踪监视能力较弱。准确的舰船目标跟踪观测,主要采用中高轨道卫星。由于中高轨道卫星数量少、重访周期长,单颗卫星只能获取长时间间隔点迹和短持续时间航迹,难以建立跟踪目标的轨迹方程。③卫星协同观测层次较低,易导致观测效率低下。特定舰船等监测目标的持续观测主要采用高轨凝视卫星、电子侦察卫星引导低轨高分辨率成像卫星协同工作模式。当前尚未形成以多源卫星协同监测需求牵引的观测工作机制,导致在战场环境较难胜任长距离、大范围的特定目标持续监视任务。④数据处理时效性较差。当前海洋环境监测及目标跟踪等遥感监测星上处理能力较弱,星上以遥感影像预处理为主,遥感监测解译以地面人工处理为主，智能化程度较弱，难以直接支持突发事件应急响应和战役战术应用。

2. 海洋环境信息感知发展趋势

针对上述海洋信息获取、分析以及处理等感知困难，需要发展高轨高分辨率成像卫星、天基监视雷达卫星等新型探测系统，提升海洋环境要素信息识别、海洋目标监测和持续跟踪能力。在远海重点区域和时敏目标的监视方面，需要研究天基多平台对海监视动态自组网和任务自主规划技术，在天基探测系统基础上突破融合其他广域海上目标监视的技术手段。另外，高空长航时无人机是未来海洋目标监视发展的重要手段。在海上态势高层次感知方面，需要在海上目标快速检测与准确识别的基础上，重点向融合跟踪、航迹推演和危险告警等高层次的研究发展，支撑实现天基监视系统与作战指挥控制系统的全面对接(图 3-2)。

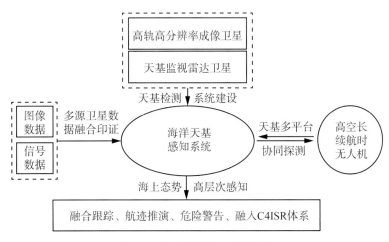

图 3-2　海洋信息全面感知模式

通过天基信息网络和无人机等传感设备的整合，能够形成中国空间对地观测卫星多源数据、大覆盖范围、高时空分辨率和多维度特征的海洋战场环境信息感知以及作战目标快速监视能力，提升海洋信息感知网络的广域覆盖、精细识别、持续跟踪和快速响应能力，最终为海洋战场提供迅速、准确的战场环境信息保障支撑。

3.1.4　导航时频信息探测感知方法

全球卫星导航系统(GNSS)，是能在地球表面或近地空间任何地点，为用户提供全天候、全天时、高精度的定位、导航和授时服务的空基无线电导航定位系统。卫星导航系统是人类重要的空间基础设施，是国家安全和经济社会发展不可或缺的重器，对战争形态、作战样式和人们生产生活方式具有深远影响。

1. 导航时频信息感知发展现状

目前美国的 GPS、俄罗斯的格洛纳斯（GLONASS）、欧洲的伽利略（Galileo）和中国的北斗系统（BDS）是世界上四大导航系统。

2018 年，美国空军发射了第三代 GPS 系统（GPS Ⅲ）首颗卫星，开启了 GPS Ⅲ 系统建设的新纪元。其中，新的 GPS Ⅲ 卫星能力有明显提升：卫星寿命延长至 15 年，是第二代 GPS 卫星使用寿命的两倍，精度较第二代 GPS 卫星提高了 3 倍，抗干扰能力提高了 8 倍。并且，GPS Ⅲ 卫星可以根据实际需要，迅速关闭向特定地理位置发送的导航信号。GPS 正在实施现代化改造，旨在提高系统的稳定性、定位与授时的精度、系统的可靠性，以及抗干扰、抗毁伤与系统快速修复能力和导航战能力。

为了继续掌握未来的"制导航权"，美军在推进建设第三代 GPS 系统建设的同时，继续寻求各类补充 PNT（Positioning，Navigation，Timing）解决方案，努力实现具有稳定、可靠的高精度 PNT 服务能力。据 2019 年 4 月 30 日报道，美国空军正在考虑将 GPS 星座纳入军事空间结构的重设计划，该计划或包含开发具有通用接口、可重新编程的有效载荷及在轨卫星导航系统防御能力的模块化卫星。此外，美国空军研究实验室（Air Force Research Laboratory，AFRL）的在轨数字波形生成器和导航技术卫星-3（Navigation Technology Satellite-3，NTS-3）项目，正在开发一种可重新编程的数字卫星导航有效载荷，它将搭载 NTS-3 进入地球静止轨道，旨在演示验证多项下一代 PNT 技术，增强未来 GPS 卫星的弹性，以更好地适应日益严峻的太空环境。NTS-3 项目正在开发能够实现软件定义的 GPS 接收器，以便能快速响应不断变化的外部环境。与在轨信号发生器一样，接收器可重新编程，从而增加了安全性和灵活性。NTS-3 被作为下一代美国天基 PNT 系统的培育和试验验证平台，会拓展现有卫星导航技术的边界，服务于未来的太空，应对全球挑战。NTS-3 将为新一代 GPS 接收器铺平道路，它们将很容易满足作战人员的需求，并融入来自 Galileo、GLONASS 和北斗系统（BDS）导航卫星的信号。

2018 年 7 月 25 日，Galileo 再次成功发射 4 颗卫星。至此，Galileo 完成组网，标志着 Galileo 完成阶段部署工作，并积极布局第二代 Galileo。2020 年 8 月 14 日，欧洲航天局（ESA）要求欧洲卫星制造商、德国不来梅轨道高技术系统公司（Orbitale Hochtechnologie Bremen-System AG，OHB）、泰雷兹·阿莱尼亚宇航公司（Thales Alenia Space，TAS）与空中客车公司（Airbus Group）提交第一批伽利略第二代（Galileo second generation，G2）卫星的投标方案。ESA 表示，G2 星座最终将由 24 颗运行的卫星和 6 颗备用的卫星组成，可提供第一代 Galileo 卫星的所有服务和能力，并有重大的改进及新的服务和能力，如灵活的数字化设计、更长的设计寿命；此外，卫星还能在轨道进行重新配置，更好地满足用户的需求和实际使用的需要。2019 年 5 月，ESA 的导航创新支持计划（Navigation Innovation and Support Programme，NAVISP）研发项目合作伙伴，正在探索各种各样的方法，重点研究卫星导航信号的抗干扰和欺骗技术，主要包括 GNSS 干扰检测和分析系统，通过实时监测所有民用 GNSS 信号，自动检测、分类和定位某一特定区域内所有的有意干扰源；开发德拉科纳夫（DRACONAV）加固卫星导航模块，结合硬件和软件创新来对抗干扰和欺骗；创建一个利用软件定义的无线电分析 Galileo 信号系统，为用户检验信号是否真实或者被欺骗；评估海洋环境中多路径和干扰对 PNT 信息的影响；开发先进的射频干扰检测、警报和分析系统（Advanced Radio Frequency Interference Detection，Alerting and Analysis System，ARFIDAAS），提供更广泛的频谱覆盖，搜索任何有意或无意的干扰。

2019 年 6 月，GLONASS-K2 卫星的首席设计师表示，GLONASS-K2 卫星将使 GLONASS 的精度从 3~5m 提高到 1m 以内。俄罗斯 GLONASS 以提升信号精度和可用性为目标，预计在 2019—2033 年发射 4 颗二代 GLONASS-M 卫星、9 颗 GLONASS-K 卫星和 33 颗 GLONASS-K2 卫星。GLONASS-K2 卫星不仅使用传统的频分多址（Frequency Division Multiple Access，FDMA）信号，还同时在所有 GLONASS 卫星的 3 个频段上，搭载了码分多址（Code Division Multiple Access，CDMA）信号。预计到 2030 年，GLONASS 星座将完全由 24 颗 GLONASS-K2 卫星组成。

2. 对于我国全球导航卫星系统研究的启示

通过分析国外主要国家和区域卫星导航系统的发展情况，对我国全球导航卫星系统有三个方面的启示。

（1）加快技术创新及新型卫星研发，保持我国 BDS-3 的先进性，提前布局下一代卫星导航系统卫星、下一代星座设计、下一代信号体制设计、地面运控和用户终端的关键技术研究。研制高性能、高稳定性的星载原子钟，扩展和完善 BDS-3 的功能，加快建设部署 BDS SBAS，建设导航增强型微纳卫星星座，突破弹性 PNT 构建技术；开发具有通用接口、可重新编程的有效载荷；促进在轨卫星智能化、模块化。提高 BDS-3 的抗干扰和抗毁伤能力、生存能力、可靠性、稳定性、系统快速修复能力和导航对抗能力，提升系统服务性能，为 BDS-3 的升级换代提供技术支撑。

（2）加快实现导航通信一体化、抗干扰能力强、自主运行的高精度导航系统，建设类似 SpaceX 的 Starlink 星链网络，利用大量低轨卫星进行导航增强，实现卫星星座通信、导航、遥感等能力的高度融合。实现基于 BDS 的多系统融合的天基综合信息网络构建，为多用户提供灵活接入能力，为其他空间飞行器提供精密测定轨、指控指令分发、信息中继分发服务，满足高精度与一般导航用户的 PNT 需求。在卫星导航系统生存方面，随着各国卫星导航系统的能力大幅提升，未来导航对抗将更加激烈，BDS 设备抗干扰能力在某些方面与 GPS 用户设备相比，仍存在一定差距，需要加紧研制体积更小、功耗更低、M 码接收/发送能力更强、抗干扰和防欺骗性能更优的芯片/模块，研制出软件定义等更高性能的新型卫星导航应用设备，推动 BDS 应用向各个级别、各个方面深入发展，满足不断增长的各种需求。

（3）加快形成全源融合导航能力，增强导航系统的可靠性和抗干扰性，积极发展不依赖 BDS 的高精度 PNT 技术与手段，以便在 BDS 无法提供满足需求的高精度 PNT 服务时，填补 BDS 的能力缺口，提供稳定、可靠的高精度 PNT 服务能力。全源融合导航可基于卫星导航、惯性、视觉、天文、重磁导航等组合导航技术，形成集无线电、惯性、视觉、天文、重力和磁力导航于一体的全源导航能力，具备在复杂对抗环境下，提供精准可靠、连续稳定的 PNT 服务能力。重点突破全源融合导航的体系架构设计和多源融合导航算法，开展深空、地面、水下、室内等导航-定位-授时体系建设，以及微型定位-导航-授时终端的建设。开展 PNT 服务关键技术攻关，在量子导航、偏振光导航技术、光流导航技术、随机信号导航技术、对抗环境下的空间时间与方向信息（Space，Time and Orientation in Confrontation，STOC）技术等先进导航技术方面取得重大突破，建成基准统一、覆盖无缝、安全可信、高效便捷的国家 PNT 体系。

3. 以单兵导航为例的智能导航时频发展趋势

在现代战争中，战场环境包括丛林、峡谷、洞穴、城市楼房、被轰炸过的废墟等，使得士兵所处的环境极为复杂。因此，士兵在不同环境下迫切需要得到导航与定位服务。单兵导航系统的主要作用是为士兵提供战场环境下的行动规划、位置、速度等导航服务信息，其主要目的是为士兵提供战场环境信息。在复杂环境下提升单兵导航系统的表现是目前单兵导航系统面临的最大挑战。其关键技术及解决方案如下：

（1）深入研究惯性导航算法，优化基于系统误差的卡尔曼滤波算法和基于零速区间的误差修正算法。设计并评估微惯性测量单元的安装方案。

（2）针对微惯性测量单元的单兵导航系统航向角不可观的问题，设计基于地磁信息的航向修正算法。通过设计地磁信息的可用性判别算法来消除单兵运动过程中可能产生的干扰，并基于磁场的稳定性设计了自适应算法，在磁场稳定环境下，单兵导航系统采用航向约束的方法提升了定位精度，增强了稳定性，见图3-3。

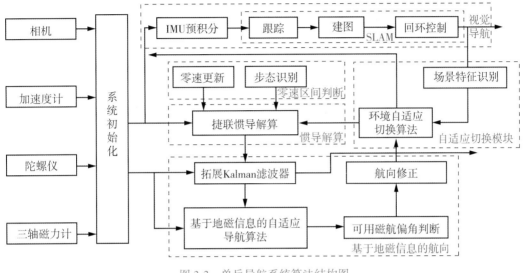

图 3-3　单兵导航系统算法结构图

（3）深入研究单兵导航系统中视觉/惯性传感器的标定原理，针对单兵导航系统中视觉/惯性传感器置于头盔上，而传感器之间位置和姿态未知的问题，研究相机标定、相机和微惯性测量单元的联合标定方法，以及影响标定精度的误差因素。

3.1.5　电磁环境探测感知方法

现代信息化战场会产生复杂的电磁环境，在特定空间内存在的无线电波的频率、功率和分布时间会呈现数量繁多、形式多样、时空密集重叠、动态更迭等特征。电磁干扰信号空间分布十分密集，分布情况不同并且受战场环境传播条件的限制，呈现复杂的空间特征，且随时间的变化，电磁干扰信号具有较强的动态性和流动性，见图3-4。

电磁辐射的频谱逐渐拓宽，存在互相挤占、管理混乱的情况，就电磁能量而言，具有不断增强的趋势。在时空、频带和能量等维度构成的复杂电磁环境对信息化战争的实施构成较强干扰。关键抗干扰技术如下：

（1）实时选频技术。实时选频技术是通过优选频率质量较好的信号，从根本上躲避干扰较强的信号，使信息在干扰较弱或者没有干扰的轨道上运行，并且在遇到

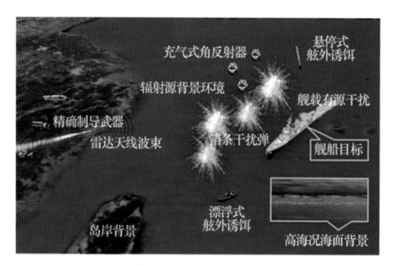

图 3-4　电磁干扰效果图

较强干扰信号时，通过自动切换通道实现对通信系统的保护。

（2）高频自适应抗干扰技术。现代化通信系统中很多设备安装具有使通信条件变化能力的通信系统，通过在高频通信系统配置频率自适应和功率自适应功能，达到实战操作中实时选频和换频的效果，提高信息传递的效率。

（3）高速跳频技术。根据无线电通信弊端开发的高速调频技术，在保留原有通信技术无线电通信速度和频率的基础上，通过载频的随机跳变来躲避干扰信号，跳频信号会呈现无规律的跳动，在现代通信设备中成为普遍应用的抗干扰技术，并且深受作战部门的认可。

（4）扩频技术。扩频技术能够将通信信号隐藏在嘈杂的噪声中，通过调整功率有效合成噪声，并利用编码和解码技术，来扩宽载频达到调整功率的目的。在战场实战演习当中，扩频技术的应用十分广泛，对通信系统进行控制，可降低敌方截获情报的概率。此外，扩频技术可以通过特殊的频带形成伪噪声，对窄带形成干扰。

（5）超宽和多入多出技术。超宽带和超宽带无线通信系统已经受到军事研究领域的高度重视。多入多出（MIMO）技术利用现代化的技术通过无线天线来传送信息。实现对复杂电磁环境的时空编码技术，提高干扰效能。

（6）虚拟智能天线技术。复杂战场环境下使用智能天线可以抵制来自不同方向的干扰信号，进而避免通信设备受到敌方信息干扰。智能天线是在特定战场环境下，通过将工作领域中的其他电子通信设备与智能天线配合使用，以增强天线接收端信干比的一种技术。

（7）智能组网技术。利用干扰通信网中的信号使通信网系统实现自动化电磁感应，精确判断侦测器对干扰的程度，实现实时调整通信系统网络结构的目的。智能组网在遇到较强干扰信号时，可以实现信息重要程的自定义判别，将重要信息以迂回的方式传输到接收端，提高信息传递的智能化。

（8）软件无线电技术。随着近几年通信技术和其他信息技术的发展，综合性的防干扰技术得到应用。软件无线电技术就是其中一种具备综合干扰能力的技术，此技术在复杂电磁环境中的适应性很强，可以利用数字终端对设备进行控制。

3.2 基于泛在感知技术的地球环境信息理解技术

3.2.1 基于传感器监测数据的环境信息理解技术

卫星侦察是空间侦察的重要方式。空间侦察利用航天信息技术对敌实施战略和战役、战术侦察。卫星侦察有三个主要优点。一是速度快。侦察卫星获取情报后数秒内即可将侦获的数据及信息发回地面接收站。二是范围广。同样的视角下卫星所能覆盖的范围大且精度准，是普通飞行器侦测范围的上万倍。三是局限小。卫星侦察不像飞机等受气流、雷雨、国界等限制，只要运行良好、技术保障到位，就可以侦测到地球的任何角落。场景目标检测是卫星侦察的关键技术之一。在基于遥感数据的场景目标检测中，高光谱图像可以根据特定目标的光谱特征曲线，分析得到对应目标组成成分，有效区分"异物同谱""同物异谱"的问题；在针对融合与场景的遮挡隐蔽类目标的检测方面，高光谱影像能够精准地从场景的自然地物中分辨出人工地物。例如，用于高度隐藏在自然环境中的坦克和地雷等目标的探测等。对于移动类目标来说，视频卫星影像和合成孔径雷达具有持续监测移动目标的能力，例如，广泛用于如舰艇等移动目标的探测和检测。

从场景目标检测方法来看，传统的机器学习方法通过人工提取目标的手工特征进行目标检测，经典的特征有 Haar-like 特征、方向梯度直方图（Histograms of Oriented Gradients，HOG）等。其流程是在检测的图像上进行窗口滑动，对窗口内的区域进行特征提取，之后使用分类器对窗口内的物体进行判断。当背景快速变化或遇到极端的天气条件，此方法的性能就会大幅度下降。之后发展出的基于运动的目标检测方法利用像素的变化进行目标检测，并将视觉视为一个时空过程来进行车辆检测。例如，基于动态背景建模方法进行目标检测，使用动态规划的方法进行场景中目标检测。基于运动的检测算法是通过变化的像素进行检测，在极端的天气中也具有较强的鲁棒性，但是在遮挡、背景变化等情况下，该类算法的性能也大受影响。近年来深度学习不断发展，使用深度卷积网络获得图像的深层特征使得目标检测的精度得到大幅度提升。深度学习算法主要可以分为一阶段与二阶段两种类型的算法，其中 RCNN、Fast RCNN、Faster RCNN 三种算法是两阶段的典型算法，RCNN产生了选择区域算法，Fast RCNN 将卷积得到的特征图共享于网络中，Faster RCNN引入了 Region Proposal Network(RPN)提高了选择框的质量，其通过不断优化改进，得到的精度和效率不断提升。YOLO 和 YOLOv2 将目标检测的位置确定和类别确定看作回归问题，将目标检测看作端到端的单阶段算法；之后，YOLOv3 改变了backbone 与损失函数，并借鉴 Feature Pyramid Network(FPN)进行多尺度目标的检测，精度得到了进一步提升，目前在商业中有广泛的应用。YOLO 系列算法又发展出 YOLOv4、YOLOv5、YOLOv7、YOLOX 等算法。另外，典型的单阶段算法包括SSD(Single Shot Detector)、RetinaNet 等算法。目前，已有多位学者将深度学习的目标检测技术应用到军事当中。例如，采用多尺度改进 Faster R-CNN 可以取得不错的检测精度，针对不同运动产生变化的战场环境目标对残差网络进行改进，可以提升对于多尺度形变的检测效果。当前从自然语言处理领域引进来的注意力机制在目标检测的应用也取得一定成功，其中 Detection Transformer(DETR)、Deformable DETR抛弃了传统的卷积形式，将网络全部设置为注意力模块，取得了与卷积网络相近的精度，但是其模型训练对于硬件的要求较高，目前其发展受到了限制。

目标跟踪算法最早应用于军事领域的侦察、制导等方面。目前应用于军事中最广泛的方式为单个摄像头下进行多目标的跟踪任务。传统单摄像头多目标跟踪算法是预测多目标的尺寸和位置等状态信息，以贝叶斯算法为框架的多目标检测模型、基于概率框架进行多目标的跟踪等方法，具有预测目标的能力。随着检测技术的发展，以检测为基础的跟踪方式成为单像头多目标跟踪的主流。以检测为基础的跟踪方式的主要思路是首先在每帧图像上进行目标检测，得到多个检测框，再将每帧检测到的目标框进行关联，最终得到多目标跟踪的结果。尤其是近年来深度学习的发展使得目标检测的精度大大提升，单摄像头多目标跟踪的效果也得到改善。例如，有研究提出的 SORT 算法使用卡尔曼滤波与贝叶斯算法将每帧之间的检测框进行关联，以及在 SORT 算法基础上引入深度学习的 Deep-Sort 算法，该算法在匹配的过程中，应用了人目标的外形特征形成的算法；轨迹平面匹配(TPM)方法通过建模和减少来自噪声或混淆目标检测的干扰来提高单摄像头多目标跟踪的性能；Tracktor 的单摄像头多目标跟踪方式，可以将检测与跟踪直接结合，能够去除检测框关联，使用检测框回归策略直接确定区域的 ID。目前，基于 TransFormer 的跟踪方法也取得了一些研究成果，如有研究将 TransFormer 引入多目标跟踪任务并提出 TrackFormer 算法。

然而，战场环境瞬息万变，战场信息链路持续性及稳健性都会受到严重的干扰。那么，融合多源传感器监测、跟踪方法与技术，利用通信、导航、遥感一体的"天基大脑"，突破对抗环境下复杂环境信息感知及态势分析与理解的关键技术，是保障场景目标精准检测、特定目标实时跟踪的核心技术。然而，不同数据源的战场环境遥感信息融合配准、快速抽取有价值信息，是实时精准感知复杂战场环境的核心。

3.2.2　基于计算机视觉信息的环境信息理解技术

基于视频信息的战场环境复杂信息分析与理解技术有两大重要作用：①机器辅助情报深度挖掘，用于应对战场情报的"信息爆炸"。未来多域联合作战延伸至全球范围及社会域，其信息空间和信息获取手段不断增加。这将导致信息种类增多、成分复杂、内容属性多样和信息量巨大等问题。海量视频信息使得指挥员较难科学、有效地作出指挥决策。②自动自主化分析研判，应对战场态势的"瞬息万变"。战场一体化作战节奏不断加快，仅凭人的能力已无法快速响应需求、发现异常情况和准确理解态势。因此，需要通过构建视频战场环境智能感知算法和视频战场环境智能感知平台，支撑智能战场感知技术实现让机器代替人脑去处理海量信息和实现庞大计算，从而实现复杂综合问题的情报信息深层次价值求解，最终缩短情报处理时间、主动发现异常目标以及识别意图，识别战场环境敏感态势情况，从而获得信息优势。

1. 视频战场环境智能感知算法

战场环境视频信息智能感知和认知技术在算法层面主要包括目标检测与识别、异常事件检测和三维建模三个方面(图 3-5)。

- 目标检测与识别。目标检测与识别是视觉感知的核心任务。基于对目标、场景的检测和识别，通过图像搜索引擎，建立起战场知识图谱，挖掘战场运行规律，提高 OODA(Observation、Orientation、Decision、Action，观察、判断、决策、执行)效率。①基于图片的检测识别。基于图片的检测识别方法能有效定位战场中高价值目标。从优化角度，提高目标识别算法的性能，采用对抗学习的思想对比相似目标各部分的局部信息，鼓励神经网络学到更具分辨力的特征，能够兼容现存多数特征学习算法。②基于视频的

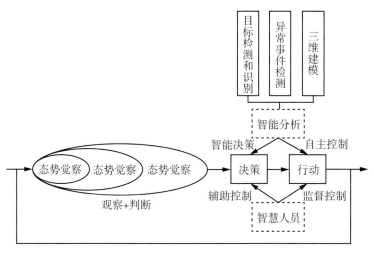

图 3-5　复杂环境视频信息智能感知和认知技术

检测识别。基于视频的检测识别方法能有效跟踪和检索战场中异常目标。从相机感知代理角度，将传统利用聚类手段实现无监督重识别方法中的聚类类别细分为多个相机代理，利用少量人工标注标签进行算法训练，使算法拥有区分差异的能力并能产生更加可信的伪标签，用于无监督学习。

■　异常事件检测。战场中存在大量异常事件，如军队移动和武器部署等，有效的异常事件检测对于快速 OODA 辅助决策至关重要。通过深度神经网络自动学习提取空间及时间维度关键特征，引入用于生成未来帧的权重衰减预测损失，增强模型对于视频中的异常目标运动特征的学习能力，实现实时检测各种场景中的异常事件，做到实时发现、防患于未然，确保安全和运营效率。在样本不均衡情况下的视频异常检测场景中，通过对偶分支异常检测方法，能够在相应的特征空间中分别刻画正常特征和异常特征分布，获得更具判别性的特征。异常类型由于其稀少性，通常处于数据分布中的长尾部分，通过因果干预方法去除动量对于训练的影响，实现稳定分类的目的。同时针对非独立同分布数据的图像分类问题，消除特征表示之间的相关性，得到更具判别力的稳定特征表示。

■　视频数据场景三维建模。三维建模可以实现战场环境的全局感知，通过无人机等设备对局部数据进行三维空间建模，并与视频数据的时间轴叠加组成四维场景。构建战场三维数字模型，需要通过三维视觉定位算法将来自 2D 视频及图片中的战场状态实时映射到三维场景中，此过程需要对给定的图像对进行特征匹配，包括手工特征提取和神经网络提取两种主流方法。通过在不同视图中的特征点提取轨迹，找出每条轨迹的 3D 位置及每个视图相机的内外部参数，经过迭代优化，使用网格重建和纹理化生成最终模型。

2. 视频战场环境智能感知平台

大规模的视频智能感知平台主要包括大规模视觉智能计算、视频数据实时计算和视频数据实时计算调度三个部分。

- 大规模视觉智能计算。智慧战场中的视频传感器每天都会产生海量非结构化视频数据，如何对其进行有效的存储、分析和利用，是战场环境信息智能保障面临的巨大挑战。利用不同大规模视觉智能计算平台对接边缘传感器数据，对资源进行统一调度、数据解析和存储，将这些数据输入战场环境信息智能保障的视觉智能算法平台中，支持海量的上层应用，如火力控制和军事指挥等任务。

- 视频数据实时计算。视频数据实时计算分析主要包含三大组件：视频接入系统、实时/离线计算系统和视觉搜索系统。其中，视频接入系统负责多媒体数据的接入、编转码与分片服务。视频的展示播放系统，能够支持任一点位的实时上线、下线的能力。计算系统依托流计算平台，实现大规模视频的并行处理，关键视频摘要、图片压缩存储与查询管理，支持上层历史/实时视频分析、第三方图片及特征量化等，并且支持分析任务的上/下线与更新配置能力。视觉搜索系统包括大规模图搜引擎、在线特征服务和搜索策略引擎三大模块。其中，图搜引擎负责实现索引压缩、实时索引和全量索引等功能，在线特征服务负责被查询图片的特征提取与索引，搜索策略引擎则负责连接在线特征服务与图搜引擎，提供目标图片搜索服务。此外，在线特征服务与搜索策略引擎还包含高并发负载均衡及后台运维管控、日志维护等功能。

◢ 视频数据实时计算调度。大规模的视频码流分发管控系统可以对码流进行分发，从而实现安全的用户接入和灵活的视频传输。视频调度承载各种调度策略，调度策略根据作战任务和作战需求决定应该提供哪些即时视频数据用于视觉计算或视频播放；支持轮询调度、搜索调度、追踪调度及编排调度等调度策略模式。大规模的视频计算资源调度管控系统实现云平台视频计算资源的管控，自动调控大规模视频计算的资源分配及动态调整。其核心功能包括单节点异构计算调度、分布式异构计算资源调度和分布式任务动态分配。①单节点异构计算调度对计算模型是否满足计算资源的需求进行评估，为计算模型分配合适的异构计算资源(CPU、GPU 等)和模型运行参数，提升单节点的资源利用率和视频处理数量。②分布式异构计算资源调度对所有运行在流计算平台上的任务进行计算资源的统计和评估，并根据异构计算资源的构成和不同任务的资源需求特点，将不同的计算任务分配到合适的计算节点上，降低整个集群的能耗。③由于时间段、场景等变化，不同的计算任务在不同时间段的资源需求也有所不同。分布式任务动态分配对任务的运行状态进行实时的统计分析，有效地重新分配任务。

3.3 以无人机为例的移动智能体地球环境感知应用

无人机是利用无线电设备遥控或由自身程序控制的不载人空中飞行器。随着材料科学和控制科学的不断成熟，低空无人机航拍技术在设计、飞行控制、数据传输、信息获取、生产制造等领域都取得了很大的进步。近年来，随着遥感、测绘技术的大力推动，低空无人机航拍技术逐渐应用于国家基础测绘、数字城市建设、道路交通管理、森林防火保护、公共安全等领域。以无人机为例的移动智能体环境感知需要结合传感器来实现威胁检测和威胁规避的职能。

对于无人机系统而言，由于无人机上并没有机组人员来承担威胁检测和威胁规避的职能，因此当无人机系统被集成到国家空域系统中时，无人机系统只能单纯地依靠无人机上所装备的一系列传感器来完成障碍规避。这一系列传感器需要实现与有人机"探测与规避"相同的功能，这个过程称为"感知与规避"，而在无人机上承担这一职能的系统称为"感知与规避系统"。感知与规避系统的定义是：可以确定潜在的碰撞危险，并且可以自动采取措施来消除碰撞危险的系统。"感知与规避系统"对无人机系统的自主飞行、确保无人机系统的安全，并且最终获得适航证，都是至关重要的。

无人机感知与规避系统包含感知系统、决策系统、航迹规划系统三个组成模块（图3-6）。感知与规避系统的工作过程是：首先通过感知系统获取外部信息；其次决策系统将根据所获得的信息作出航迹是否需要重新规划的判断；如果需要重新规划航迹，那么航迹规划系统将在考虑到无人机空气动力学因素和燃油经济性（耗电情况）因素的前提下选择最优航迹以规避碰撞。

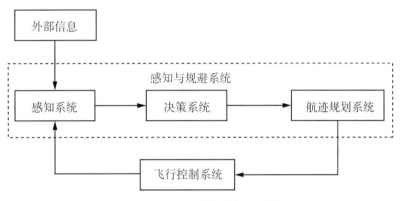

图3-6　无人机感知与规避系统

感知系统作为无人机感知与规避系统中最重要的一个部分，需要对所获取的外部信息进行有效的整合，并且根据所感知的信息准确地检测出入侵目标。而如果能尽量缩短入侵目标检测阶段时间，也可以为后续的决策与航迹规划提供更加充裕的时间。从感知与规避系统如何获取外部信息的角度进行分类，现有的感知与规避系统可以基本分为两类：协同式感知与规避系统和非协同式感知与规避系统。

3.3.1　无人机复杂环境信息感知需求

美军作为无人机实战应用的开创者，其无人系统作战理念和飞行平台作战性能都非常先进，广泛担负侦察、打击和支援类任务。美军装备的无人作战平台主要应用于指挥、控制、通信、计算机、情报、监视、目标定位、获取、侦察（C4ISTAR）

领域，MQ-9"死神"等无人机也担负火力打击任务，K-MAX 在电子战、攻击支援、网络通信中继等领域也开始投入实战部署。目前，美军地面部队使用的无人机型号虽然很多(详见表 3-1)，但是仍然不具备当前战场空间态势感知能力，例如，海军陆战队小队使用的"扫描鹰"无人机长 1.22m，翼展 3.05m，全重 15kg，续航力 15～48h，最大飞行高度 4900m，可以将机翼折叠后放入贮藏箱进行战术部署，但是不能提供真正的稳定图像，不能实现"悬停和对地持续监视"(PaS)，也不能在森林和密集街区等狭窄地形发射和降落。

表 3-1 美军无人机类型信息

类别	最大起飞重量(kg)	实用升限(m)	航速(km/h)	现役型号
1	≤9	<366	180	黄蜂、渡鸦、Puma
2	9.5～25	<1066	<460	扫描鹰、银狐、航空探测
3	<600	<5486	<460	STUAS、影子
4	>600	<5486	任意	火力侦察兵、灰鹰、捕食者
5	>600	>5486	任意	死神、全球鹰、BAMS、广域海上监视

美军正在将无人机作战从战略级、战役级向战术级延伸，研发了"多旋翼无人机"系统，用于保障排、班、火力小组和士兵的地面作战需求。多旋翼无人机的设计理念非常先进，要求作战平台在全地形、全天候条件下提供持续侦察监视能力，增强士兵在地面战斗中对所处战场空间的持续态势感知能力，从而提高作战效能和生存能力。这种作战概念强调"当前战场空间"。其中，在城市作战环境下，当前战场空间局限在半径 15m 左右的范围内，而在开放的沙漠环境下，当前战场空间可能在任何方向上都要超过 1.6km。从战术级情报信息需求来看，一名士兵在既定环境下执行战斗任务，其直接视觉态势感知限制在二维空间内，只能通过先进战术光学瞄准镜(ACOG)等装置观察战场环境；但是，士兵自己发射并操作一部小型无人机，通过全方位、可视化的能力，可以实现对当前战场空间的三维态势感知。2018 年，美军采用最小的无人机"黑蜂"(图 3-7)，机身全长仅 16.7cm、重量略多于 28.3g。"黑蜂"可以承受约 35km/h 的风速，具备在恶劣天气、没有全球定位系统的情况下降落和起飞的能力。

欧洲国家在无人机领域发展较晚，近年却展现出在这场竞赛中迎头赶上的趋势。由法国领导，瑞典、瑞士、西班牙、意大利和希腊共同参与研制的"神经元"无

图 3-7　"黑蜂"无人机

人机，于 2012 年完成首飞。该无人机可独立于指令之外进行自主飞行，并通过自身传感器在复杂环境中也能够自行校正，拥有对战场目标进行自动捕获和识别的能力，其智能化程度接近美国自主无人机，为法国无人机行业开创了一个新的纪元。英国 BAE 系统公司研制的"雷电之神"无人机是世界上最大的无人机，可实现跨洲际飞行，不但能够深入敌方战场进行情报侦察，而且可以携带用于攻击空中和地面的多种武器，实施战略打击。未来的"雷电之神"将具有自我思考大部分任务的能力，实现完全自主。俄罗斯航空巨头米格公司推出第 6 代战机——"电鳐"喷气式隐形无人机，可以悄然突破敌人严密的防空系统，发射弹仓内的精确制导弹药，对重要目标进行精确打击，既能对敌方进行危险的防空压制，又能有效打击坦克、机动导弹发射装置或军舰等移动目标和海上目标。

　　以色列是世界上除美国之外的另一无人机强国，其在无人机研制方面有着丰富的经验和丰硕的成果，早在 1982 年的黎巴嫩战场上，以色列就看到无人机作战的优势。"苍鹭"是以色列飞机工业公司马拉特子公司研制的大型高空战略长航时无人机，它可携带光电/红外雷达等设备对地面和海面目标进行搜索、检测和识别，主要用于实时侦察、电子干扰、通信中继和海上巡逻等任务。以色列飞机制造商埃尔比特公司于 2009 年推出一款名为"赫尔墨斯 900"的无人机，值得注意的是，该无人机配备了海上监视雷达、自动识别系统、光电传感器和电子侦察系统，可通过传感器成像系统对目标进行分类和识别，并且可以靠图像进行引导攻击。除此之外，以色列还研发出"侦察兵""云雀Ⅰ""云雀Ⅱ""哈比"等多款无人机。以色列不但在无人机研制方面处于全球领先，更是无人机出口大国，出口额高达 46 亿美元，位居全球无人机出口第一。

　　中国无人机虽然起步较晚，但已呈现"全方位发展"的态势，自 2011 年以来，中国已对外展示了几十种无人机，随着相关技术的日益完善，中国无人机发展迎来"井喷"期。成都飞机设计研究所研制的"翼龙"无人机，无疑成为国内外关注的焦点，该无人机与美军"捕食者"相似，可携带多种监视侦测、激光测距、电子对抗设备及对地攻击武器，还配有前视红外线传感器和合成孔径雷达，全自主平台，可执行远距离长航时侦察、电子干扰及对敌目标执行精确打击等任务。同样作为国内无人机中翘楚的"彩虹四号"无人机，于 2011 年进行首飞，被称为中国版的"死神"。该无人机属于中空长航时无人机，而且高度智能化，可以实现全自主起飞降落，能在 5000m 高空发射导弹攻击地面海面目标。在传感器方面，"彩虹四号"配有四合一稳瞄平台，集可见光、红外、激光测距和激光指示四种功能于一身，同时装载合成孔径雷达，可在云遮雾罩的情况下对目标区进行成像。"彩虹四号"续航能力出众，载弹量和升阻比等各项指标均优于美军 MQ-1"捕食者"，在同等级国际国内无人机中最先进。2013 年，中航工业沈阳飞机设计研究所研制的"利剑"隐身无人攻击机成功完成首飞，标志着我国成为继美国"X-47B"和欧洲"神经元"无人机之后世界上第三个试飞大型隐身无人机的国家。"利剑"采用全隐身设计，具备较强的突防能力，同时配有红外/激光雷达装置，可对小型目标进行自主搜索、定位，依靠精确制导弹药对目标进行打击。据相关报道，借助全方位电视和红外传感器，"利剑"还可在视频处理和人工智能系统控制下进行空中格斗。

无人机以其经济适用、控制灵活、多样化机载配置及生存力强等优势，在监视侦察、干扰诱骗、信息中继、对地攻击、战场毁伤评估等诸多军事领域发挥了巨大作用。对于无人机技术的探索，世界各国都极为重视，不甘落后，不断加大相关研发费用和制定相关规划。通过这些规划可以预测，将在以下五个方面对无人机进行深入研究。

(1)高空长时化。无人机的续航时间是其广泛应用的最大限制，短航时作业难以发挥侦察监视的作用，并且严重影响战场生存能力。出色的滞空能力不但能使无人机完成更多、更复杂的军事任务，而且还可以提升低空压制能力，是各国研究的重点。

(2)察打一体化。当前大部分无人机属于侦察探测无人机，不具备摧毁目标职能，而无人作战飞机可以针对敌方目标进行攻击，具有更高的效费比，各国针对察打一体无人机的投入都在不断提升。

(3)智能自主化。无人机大多采用人在回路或者预编程序的控制模式，存在难以处理各种突发事件和对时间敏感目标的精确打击问题。无人机智能自主化就是要无人机具备自主感知与理解，自主规划与决策及自主武器控制能力，能够快速、有效地适应战场环境，并对作战态势进行自动分析处理和对飞行姿态自动控制，以及对敌我目标的准确判断。高智能自主性是未来无人机的必然发展趋势，有利于解决通信中断、链路受限、人员操作能力等因素影响，无人机对战场环境感知和理解能力的改善，将大大提高其在战争中所能发挥的作用。

（4）机身隐身化。隐身化可以增加无人机的战场生存能力，会大大提升军事任务成功率。专家指出，未来的空战，将是具有隐身特性的无人机与防空武器之间的作战。

（5）协同作战化。无人机的不断发展，使得有人作战飞机和无人机进行协同作战成为可能，将各自发挥优势，相互补充，共同发展。从最初的靶机，到后来的无人侦察机，以及现在的无人作战飞机，无人机的每一次蜕变都在终结过去的时代，也在拉开新时代的帷幕。可以断言，在未来空战中，踊跃在最前线的将是多样化的无人机群，用不了几十年，无人机将成为空战中的主宰。

3.3.2　无人机协同式复杂环境信息感知与规避应用

协同式感知与规避系统的实现要求空中飞行的其他飞机也要携带协同式传感器，以完成目标检测过程。当前广泛应用的协同式感知与规避系统包括：空中交通防撞系统（TCAS）和自动相关监视广播系统（ADS-B）。TCAS 系统是一种在有人机上得到广泛应用的成熟技术。装备了 TCAS 系统的飞机可以与其他装备该系统的飞机进行通信，从而规避碰撞。TCAS 系统可以检测到 120km 以外的目标，并且该系统在目视气象条件与仪表气象条件下均可正常工作。然而，与有人机相比，由于无人机在载荷限制上十分苛刻，因此该系统在小型无人机上并不能直接使用。除此之外，有人机与无人机之间的通信也是一个需要克服的困难。ADS-B 系统作为下一代的监视技术在民航领域得到极大的关注。该方法同样是一种协同式的感知技术，通过向一个通用的无线电接收机播报自身飞机的身份、位置、速度和意图来完成感知与规避。ADS-B 可以提供准确和可靠的导航信息，并且结构灵活，易于操作。然而，该系统却不能有效地检出地面目标，如山丘、高塔以及输电线等。

当前无人机的研究焦点一方面在于控制理论的优化，另一方面则聚焦于多传感器融合的协同单体控制。视觉系统是无人机中重要的传感器组成部分，利用视觉导航及根据视觉辅助进行指定任务执行的研究越来越多。为了挖掘出无人机视觉图像中更深层次的信息，需要利用计算机模拟人的视觉功能，提取航拍图像中的信息进行目标感知与理解，主要涉及图像处理、计算机视觉、模式识别和信息融合等研究领域。经过几十年的发展，视频图像处理中所涉及的关键技术包括目标跟踪、测量和场景重建等难点问题的解决，对于无人机的场景目标感知具有重要的现实意义，但由于这些问题本身的复杂性与绝大多数算法所采用假设的局限性，需要进一步探索有效的理论框架和实现机制。

3.3.3　无人机非协同式复杂环境信息感知与规避应用

非协同式的感知与规避系统主要包括：合成孔径雷达(Synthetic Aperture Radar，SAR)、激光探测系统(Light-Laser Detection and Ranging，LiDAR)、光电系统及红外传感器。根据机载传感器能否向外界发送信号进行分类，非协同式感知与规避系统中所使用的传感器可以分为主动探测设备和被动探测设备。非协同式感知与规避系统则不需要其他飞行器携带同样的传感器，就可以检测出地面和空中的目标。

SAR 是一种主动探测设备，它利用多个雷达脉冲来构建一个物体的图像。无人机上所装备的合成孔径雷达一般被用作探测目标的动作，确定目标的位置、速度及地面目标的尺寸等。由于雷达脉冲可以穿透风暴，因此合成孔径雷达系统在任何天气条件下都可以正常工作。合成孔径雷达的缺点是与光电系统相比在获取图像的实时性上较差。LiDAR 系统通过用激光照射目标，并且分析反射光来测量距离。激光探测系统的优点是可以检测到不垂直的面，并且可以对小至直径为 5mm 的物体、大至楼房进行识别。激光探测系统的缺点在于其所能提供的视野较小。

光电系统通过对可见光图像进行分析来检测可能碰撞的目标。光电系统的主要优点是：较低的价格、体积、重量，以及所需能量小，因此光电系统对小型无人机而言特别合适。但是光电系统的缺点也是显而易见的：①光电传感器在能见度较低的天气状况(如烟、雾、沙尘等)下不能获得有效的视觉信息；②常常需要一组光电相机来获得较宽的视野及较高的图像分辨率。因此，光电传感器一般需要与其他传感器配合使用以获得较高的准确率。

红外传感器通过物体所辐射的红外光线来检测潜在的物体。Osborne 等(2023)提出了一种基于低分辨率红外图像的被动障碍检测系统，同时也提出了一个自适应的解决方案以滤除测量噪声。红外传感器的主要优势在于不需要可见光，因此极适合在夜间使用。其缺点在于只能在目视气象条件下正常工作。

非协同式感知与规避系统无法接收由入侵飞机发出的信号，因此必须配合检测算法完成入侵目标检测。面向非协同式感知与规避系统的检测算法一直是近年来的研究热点。由于探测方式不同，因此针对主动探测设备和被动探测设备的入侵目标检测算法也有所不同。

第 4 章

智慧地球复杂环境
多源信息融合认知技术

在泛在感知手段获取地球环境信息的基础上，本章分析了地球环境信息智能认知业务流程，介绍了以多源遥感影像为例的融合处理方法和以大气降水监测预警为例的地球环境信息认知技术，探讨了面向战场复杂环境信息态势理解的智能认知应用。

4.1 地球环境信息智能认知业务流程

认知技术作为一种全新的技术模式，包含自然语言处理、机器学习和信息分析等领域的大量技术创新，可辅助决策者从大量结构化和非结构化数据中挖掘出有价值的信息。认知技术强调的人与机器间交互，均通过学习、理解、分析、预测和反馈实现认知过程的迭代更新和螺旋上升。探索认知技术在环境信息态势感知中的应用，有利于构建复杂环境的态势认知模型、研究复杂环境信息态势发展趋势推理与预测方法及解决复杂环境态势认知困难的问题，可以满足社会活动和个人行动决策中实现关键信息的快速提取，从而更快、更全和更准确地理解环境当前状态及其发展变化趋势。

地球环境信息智能认知业务流程以地球环境信息采集感知为起点，在多源感知数据的基础上，形成战场环境信息认知业务流程。

战场环境信息表现为文本、图像、声音、视频等数据。对不同结构、不同模式的数据进行数据提取和预处理、建模与表达是进一步开展信息挖掘的前提。清洗、数据压缩、选择和变换等预处理对海量战场环境大数据进行规整化处理，提取并筛选出进一步分析的样本数据信息。战场环境信息数据具有时序特征，在海量无序的数据中，将多尖的、异构数据按照时间、空间维度进行叠加组合，建立起时空维度的数据关联映射，形成时空一致的数据集合，是进一步探索特定目标对象时间、空间维度深层次语义信息的重要步骤。数据语义分析可以驱动海量数据场景信息的智能理解，支撑建立战场环境态势要素关键数据的智能抽取。

4.2　以多源遥感监测为例的环境信息融合处理方法

近年来，随着高光谱、红外和雷达等多源遥感技术的发展，遥感在资源勘探、环境保护、灾害评估、城市规划和军事国防等应用场景中具有较大的应用前景。同一场景中多源传感器观测地物的维度也存在差异，如空间分辨率、光谱分辨率和时间分辨率等，多源遥感信息融合能够综合利用多源信息进行更全面且精确的观测，也是智慧地球宏观建设的关键核心技术。

复杂环境认知是现代化无人作战设备和自动驾驶等重大智能感知应用的关键技术，多源、异构和跨模态信息则是认知的根本。而遥感观测技术能够采集地球表面或近地空间的电磁波，作为人类认知和监测地球的重要手段，其具有快速、准确、多尺度和多时相等优势。遥感影像融合工作首先进行预处理，主要包含几何纠正、辐射定标与大气校正等。然后，将来自不同传感器的影像进行精确的几何配准，从而减小源影像中地物位置、形状及辐射量误差所带来的影响。影像配准是多源遥感影像融合必不可少的环节。常见影像配准方法包括基于影像灰度信息配准、基于影像特征配准及其他配准方法，如基于物理模型。随后对影像进行融合和质量的评估及后处理使用，流程如图 4-1 所示。

4.2.1　多源遥感影像特性

从不同源获取的遥感影像数据的成像原理不同，如观察尺度和反映的地物特性，因此不同数据的应用场景也不同。全色影像(Panchromatic Image，PAN)、多光谱影像(Multispectral Image，MS)和高光谱影像(Hyperspectral Image，HSI)由光学成像设备采集。受光学成像传感器硬件的限制，影像的空间分辨率和光谱分辨率之间相互制约。全色影像为单波段的灰度图像，其波段范围处于 $0.5 \sim 0.7 \mu m$，空间分辨率也较多光谱影像和高光谱影像高，影像中蕴含更丰富和精细的地物纹理特性，能更好地描述目标地物的大小、形状和空间等特征，从而服务于目标检测和识别任务(唐华俊等，2010)。

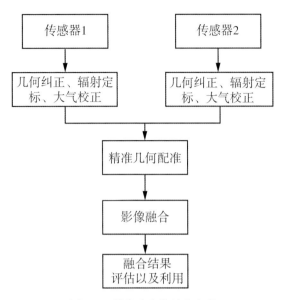

图 4-1　影像融合的基本流程

高光谱影像具有数十甚至上千个连续且细分的光谱波段，影像的信息丰富度有了极大的提升，能够有效捕获地物目标的高光谱信息。不同目标对光谱吸收程度不同，因此能反映出目标的物理结构和化学成分等差异，从而实现从内在角度描述目标，常用于精细地物分类识别和异常目标的监测任务，在精准农业、环境分析和军事监视等领域中有广泛的应用需求和前景。然而，光谱分辨率的提升也意味着空间分辨率的降低，影像的质量受限(王建成等，2010)。

高光谱影像的相邻谱带之间具有高度相关性，这也意味着信息的冗余度较高。而具有多个波段光谱信息的多光谱影像的空间分辨率和光谱分辨率介于全色影像和高光谱影像之间，可以分别与全色影像和高光谱影像融合，并提供光谱信息和空间纹理信息。且多光谱影像的波段数通常经过严格设计，按照一定的顺序进行波段组合，便于突出影像中植被、水体和海岸线等特定的目标地物(李树涛等，2021)。

合成孔径雷达(SAR)是一种主动式的成像模式，通过天线阵列间的干涉进行微波辐射，将接收的回波信息进行叠加并记录为数字化像元，从而得到合成孔径雷达影像。由于合成孔径雷达的回波信号是地物的后向散射能量，因此能反映出目标地物的表面特性和介电性质，其具有高空间分辨率、不受光照和气候等条件限制的特点，能全天时和全天候地对地观测。同时，得益于成像模式，合成孔径雷达具有穿透能力。这些特点使其在地理测绘、自然灾害和军事侦察等领域中具有独特的优势(Ma et al.，2020)。随着合成孔径雷达技术的发展，合成孔径雷达干涉测量

（Interferometric Synthetic Aperture Radar，InSAR）和极化合成孔径雷达（Polarimetric Synthetic Aperture Radar，POLSAR）等技术也逐渐成熟。其中 InSAR 技术利用相位差获取地形的高程信息，能有效监测地表形变。而 POLSAR 技术将水平和垂直方向的电磁波进行组合，能够反映目标的散射特征，丰富了对地感知的维度。

激光雷达（LiDAR）则是另一种主动成像技术，其成像原理为发射红外到紫外区间的光频波段，并进行反射光线接收，因此可以用于目标状态和位置的精确跟踪与识别，并且能推导出反射点的信息，如速度、距离、高度和反射强度等，被广泛应用于油气勘探、环境保护、自动驾驶和城市三维建模等领域，也是智慧城市的重要数据来源。

鉴于不同来源的图像之间的互补性不均衡，如合成孔径雷达影像和激光雷达之间的互补性较弱，同时夜光遥感和视频卫星影像等新兴技术获取手段相对较少，关注度也较低，因此现有的研究主要集中于全色、多光谱、高光谱影像融合，全色/多光谱与合成孔径雷达影像融合，多光谱/高光谱与激光雷达影像融合三个领域。

4.2.1.1 全色/多光谱与合成孔径雷达影像融合

合成孔径雷达影像能够反映地物的介电特性和几何特性，但由于其侧视相干成像方式，图像噪声污染较严重且目视效果不佳（Thompson，2001）。全色图像能够提供地物精细的空间结构信息。多光谱图像光谱信息较丰富，但空间分辨率通常低于全色与 SAR 图像。因此，SAR 图像与全色、多光谱图像的融合，综合利用了光学成像和主动成像的独特优势，能够生成更高质量的融合图像。将全色图像与 SAR 图像进行融合，融合图像既能够保留全色图像的空间结构信息，又能够保留 SAR 图像中目标的后向散射信息，能够更好地进行后续的图像分析与解译（Seo，Eo，2020）。此外，将低分辨率多光谱图像与高分辨率 SAR 图像进行融合可有效提升多光谱图像的空间分辨率（Chandrakanth et al.，2011）。

针对全色、多光谱与 SAR 图像的融合，国内外学者开展了大量研究。现有全色/多光谱与 SAR 图像融合方法可分为像素级、特征级和决策级融合 3 个层次（Kulkarni，Rege，2020）。在进行融合之前，通常对 SAR 图像进行去噪并对两幅源图像进行配准。对于像素级融合，配准的精度直接影响图像融合的性能。而不同去噪方法对细节信息的保留程度不同，适用于不同层次的图像融合。因此，图像融合中 SAR 图像预处理方法的选择尤为重要（孙越等，2019）。

像素级图像融合直接对图像中的像素进行融合，结果是一幅包含更多场景信息的融合图像。像素级融合的优势是能够尽可能保留全色、多光谱与 SAR 图像的原始信息。Ghassemian(2016)将像素级融合方法归纳为成分替换法、多分辨率分析法与基于成像模型的方法。成分替换法对低空间分辨率的多光谱图像进行图像变换，将其分解为空间和光谱成分，再用高空间分辨率的 SAR 图像去替代其空间成分，最后进行逆变换得到融合图像。常用的方法有主成分分析法（Principal Component Analysis，PCA）、GS 法（Gram-Schmidt）、IHS 变换法（Intensity-Hue-Saturation）、Brovey 变换法、高通滤波法（High Pass Filter，HPF）等（Gupta et al.，2013；Chen et al.，2010；Feng et al.，2019）。这类方法原理简单，计算效率高，但容易产生光谱失真。通过拉普拉斯金字塔、小波分析等多分辨率分析方法，提取 SAR 图像或全色图像的空间信息，并通过不同图像多分辨表示系数的加权融合与重建得到融合图像。代表性的方法有基于拉普拉斯金字塔的方法、基于小波变换的方法、基于 Shearlet 变换的方法、基于 Contourlet 变换的方法等（易维等，2018）。这类方法计算复杂度更高，在图像存在配准误差情况下效果更鲁棒，但易产生空间失真。基于成像模型的方法主要包括基于变分模型和稀疏表示模型的融合方法。稀疏表示模型将图像融合问题视为图像复原问题，能够有效减少融合过程中产生的空间与光谱结构失真，但其字典学习与稀疏编码是两个挑战性的难题，算法的计算复杂度较高（Ghahremani，Ghassemian，2016）。除上述 3 种方法外，研究人员还提出将前 3 种方法进行集成，以综合利用不同类型像素级融合方法的优势，减少光谱和空间失真的同时，降低方法的计算复杂度。例如，IHS 图像融合方法对空间细节保留较好，但是会引入光谱失真；多分辨率分析方法能够很好地保留图像光谱信息，但易引入光谱失真。因此，研究人员们提出了 IHS 和多分辨率分析相结合的图像融合方法（Alparone et al.，2004）。为了降低稀疏表示模型的计算复杂度，也有学者提出结合稀疏表示与 IHS 变换的图像融合方法(Liu et al.，2016；Zhang et al.，2016)。

特征级融合是从 SAR 与多光谱图像中提取显著特征，如边缘、角点、轮廓、纹理等，并将这些特征进行融合，得到辨识度更高的融合特征。例如，将 SAR 图像和多光谱图像中的边缘特征进行匹配与融合，可以得到地物更完整、更清晰的边缘特征图(李璟旭，2009)。从某种意义上来说，决策级的融合是多源图像深层语义信息的融合，它从预处理后的图像中提取地物要素信息，并对这些信息进行融合生成最终的地物分类结果(Waske et al.，2007)。特征级和决策级图像融合都不会保留图像的原始像素信息，但在实际遥感应用中，特征级与决策级融合效率更高，融合结果往往能直接服务于具体的应用需求。

SAR 图像与全色、多光谱图像的融合已成功应用于土地覆盖分类和地理环境监测等遥感应用问题(Gianinetto et al.，2015)。许璟等（2015）将 Radasat 卫星获取的

SAR 图像与 Landsat 卫星获取的多光谱图像进行融合，研究结果显示图像融合能够有效提升高原山区地形地势分析的精度。Haldar 等（2010）将 Radarsat 卫星获取的多时相 SAR 数据与星载多光谱图像进行融合，进行作物的种类识别并估算种植面积。Brunner 等（2010）融合了 QuickBird 和 WorldView-1 获取的光学图像，以及 TerraSAR-X 和 COSMO-SkyMed 获取的 SAR 图像，通过特征级的图像融合与分类，分析了汶川地震后映秀镇的灾后变化，并进行了灾害评估。Yuan 等（2020）以北京为案例，融合 Sentinel-1 卫星获取的 SAR 图像和 Landsat 8 获取的多光谱图像，实验证明融合后地物分类精度更高，地物要素信息的提取更加准确。Seo 等（2018）使用随机森林方法融合 Kompsat-5 SAR 图像的地表粗糙度特征与 Landsat 8 多光谱图像的地物光谱特征，有效提升了地物变化检测的精度。

4.2.1.2 多光谱/高光谱与激光雷达影像融合

激光雷达图像能够准确描述地物的 3 维空间结构，但难以获取地物精细的光谱信息。仅使用 LiDAR 图像这单一数据源，往往难以实现地物的精确分类和识别。多光谱和高光谱遥感图像具有丰富的光谱信息，与 LiDAR 图像具有很好的互补性（乔纪纲等，2011）。因此，综合利用 LiDAR 图像获取的 3 维结构信息与多光谱、高光谱图像获取的地物光谱信息，可极大提升遥感图像地物分类的精度和可信度，为地物的精确识别开辟了新途径。结合 LiDAR 图像的高程信息可以有效去除多光谱图像中的阴影。此外，将 LiDAR 图像和高光谱图像的分类结果进行融合，能够极大提高地物分类精度（Rasti et al.，2017）。

由于多光谱、高光谱图像与 LiDAR 图像属于异质传感器数据的融合，目前的研究多是通过特征级和决策级的方法进行融合（张良培，沈焕锋，2016），并逐渐形成了"特征提取—特征融合—图像分类—决策融合—分类后处理"的融合流程（曹琼等，2019）。特征级融合与决策级融合具有各自的优势，特征级融合能针对图像的特点提取特征来进行融合，融合的灵活性更高；决策级融合可以避免不同数据特征的不一致性，融合的鲁棒性更强（童庆禧等，2006）。也有学者研究如何将特征级和决策级融合的方法相结合，来兼顾两者的优势。曹琼等（2019）提出了多级融合的方法来综合利用高光谱图像与 LiDAR 图像进行城市地物的精细分类，具体流程是先提取两幅源图像的空间、光谱和高程信息，并对特征进行融合与分类，然后使用 LiDAR 图像生成的建筑物掩膜，进一步对分类结果进行优化，得到最终的地物分类结果。Zhong 等（2017）将高光谱图像与 LiDAR 图像融合，并通过加权投票的决策融合策略得到分类结果；Chen 等（2017）将 Landsat 8、"环境一号"卫星和 Terra 卫星获取的多光谱、高光谱和激光雷达图像进行融合，结果表明融合多源遥感成像手段获取的光谱、高度、角度等信息，能够获得比单一来源遥感图像更高的分类精度。袁鹏飞等（2018）融合 LiDAR 图像的三维特征和多光谱图像的强度、密度、平坦度等特征，实现城市复杂环境下道路中心线的精确提取。吴孟凡等（2017）将 WorldView-2 获取的多光谱图像与机载 LiDAR 数据融合，估算城市不透水层分布情况，实验表明 LiDAR 图像的引入能够更好地区分植被阴影与不透水层，进而提高不透水层的估算精度。

4.2.1.3　新型遥感源融合

除上述国内外研究人员普遍关注的遥感图像融合问题外，近年来，热红外遥感图像、夜光遥感图像、视频遥感数据和立体遥感图像的融合技术逐渐兴起。其融合的目的同样是通过综合利用不同来源遥感图像的特点和优势，获得更高质量的融合图像，或是进一步提升后续目标探测与地物分类的精度（Zhan et al.，2011）。

热红外图像主要反映了地面的温度分布信息，但空间分辨率低；相比于热红外图像，全色与多光谱图像的空间分辨率更高，将热红外图像与全色图像或多光谱图像融合能够得到更高空间分辨率的地表温度数据。例如，姚为和韩敏（2010）通过神经网络方法将 ETM+数据集中的多光谱图像与热红外图像融合，获得了扎龙湿地高空间分辨率的地表温度分布图像；Jin 等（2017）提出基于稀疏表示的图像融合方法，将 Landsat 7 的热红外图像和全色图像进行融合，显著提升了地表温度分布图的空间分辨率。

除空间和光谱分辨率外，卫星的重访频率也是遥感图像的一个重要属性。一方面，卫星传感器在图像分辨率和重访频率之间必有折中，但作为研究地表特征时空特性的关键，遥感图像的时间和空间分辨率都至关重要；另一方面，多时相遥感影像中包含海量的时空信息，对数据中时空信息的挖掘，可极大地提高遥感数据的利用率（黄波，赵涌泉，2017）。因而，不同时间与空间分辨率的遥感图像融合（时空融合）也是一种不可或缺的技术手段。近年来，多时间分辨率遥感图像融合已被成功应用于作物生长评估、城市变化监测等领域。例如，Gao 等（2015）将时间分辨率更高的 MODIS 多光谱图像和空间分辨率更高的 Landsat 多光谱图像融合，融合结果继承了 Landsat 的空间分辨率（30m）和 MODIS 的重访频率（每天），被成功应用于农作物的长势分析和监测；张猛等（2018）以长株潭城市群核心区为例，将 MODIS 与 Landsat 融合后的高时空分辨率数据用于估算植被净生产力，结果与实测值保持了较好的一致性。

其他类型的多源遥感图像融合还包括夜间灯光数据、立体图像、视频数据的融合。例如，张鹏林等(2015)以武汉市为研究对象，融合 DMSP 夜间遥感数据和 Landsat 7 获取的多光谱图像来提升城市边界提取精度。张靖宇等(2015)以西沙群岛北岛为研究对象，采用 WorldView-2 的 4 波段立体图像数据和非遥感数据(水深点和潮汐表)进行决策级融合，实现了岛屿周边水深的精确反演。

4.2.2 基于传统框架的光学影像融合方法

根据算法技术和框架的差异，基于传统算法的遥感影像融合方法主要可以划分为三类：成分替换法(Component Substitution，CS)、多尺度分解法(Multi-Resolution Analysis，MRA)和稀疏表示方法。本小节主要对上述三种方法的流程进行分析和阐述。

4.2.2.1 光学影像融合观测模型

许多地球观测卫星，如 Landsat、IKONOS、"高分一号"、QuickBird 等，都可以在同一覆盖区域内同时拍摄全色图像和多光谱图像。全色、多光谱、高光谱影像融合技术也被称为遥感空谱融合，旨在突破光学成像系统中空间分辨率和光谱分辨率之间的固有矛盾，从而获取高空间分辨率和高光谱分辨率影像，这也是遥感影像融合领域中的热点问题。

不同于传统给的图像修复任务(如超分辨率重建、去噪和去云等)，多光谱/高光谱影像会经历光谱退化和空间退化两个过程。其中，光谱退化会减少观测影像的波段数，空间分辨率则不变，如观测到的多光谱-高分影像经历光谱退化得到全色影像；而空间退化会降低观测影像的空间分辨率，光谱分辨率则不变，如观测到的多光谱-高分影像经历空间退化得到多光谱影像。而融合任务则可以视为这两个退化过程的逆问题。

以全色影像和多光谱影像融合任务为例，对于高空间分辨率(High-Resolution，HR)的全色影像 I_p，其空间分辨率为 $W*H$，波段数为 1，对应的低空间分辨率(Low-Resolution，LR)的多光谱影像 I_{MS}，其空间分辨率为 $w*h$，波段数为 C，且 $w \ll W, h \ll H$。原始观测的 HR-MS 参考影像 $I_R \in \mathbf{R}^{W \times H \times C}$，则图像的空间退化和光谱退化模型(图 4-2)分别可以表示为：

$$I_{MS} = DKI_R + N_M \tag{4-1}$$

$$I_P = I_R R + N_P \tag{4-2}$$

式中，K 表示模糊矩阵；D 表示空间退化算子；R 表示光谱响应函数；N_M 和 N_P 表示观测模型中的加性高斯噪声。

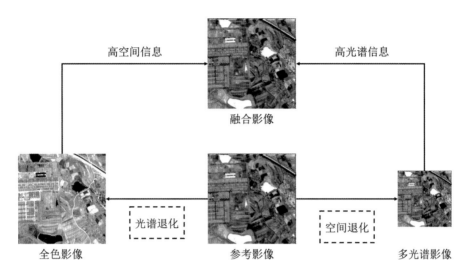

图 4-2　空谱融合任务中的观测模型

4.2.2.2　基于成分替换法

基于成分替换法遥感影像融合的核心思想：将上采样版本的多光谱影像进行空间投影，分解空间结构信息分量和光谱信息分量，并使用全色影像进行结构信息分量替换，最后还原到多光谱空间中。然而由于多光谱影像空间低频的变化，直接替换操作容易导致融合结果的频谱失真问题。为了缓解上述问题，通常先对全色影像和待替换的分量进行光谱匹配，算法示意如图 4-3 所示。上述过程可以表示为：

$$I_{\text{FS}} = \hat{I}_{\text{MS}} + G(P - I_L) \qquad (4\text{-}3)$$

式中，I_{FS} 为融合后的影像；$\hat{I}_{\text{MS}}$ 为经由双三次插值上采样后的多光谱影像；G 为增益矩阵；P 为直方图匹配后的全色影像；I_L 为多光谱影像中的强度分量，可以表示为：

$$I_L = \sum w \times \hat{I}_{\text{MS}} \qquad (4\text{-}4)$$

式中，w 为变换矩阵。常用分量替换方法包括强度-亮度饱和度（Intensity Hue Saturation，HIS）转换、主成分分析及广义 HIS（General HIS，GHIS）和自适应 HIS（Adjustable HIS，AHIS）等。

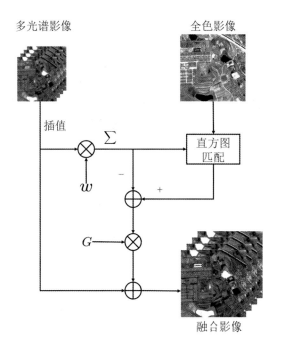

图 4-3　基于成分替换法的遥感影像融合框架示意图

4.2.2.3　多尺度分解法

基于多尺度分解法的图像融合方法主要包括三个步骤：首先对上采样版本的多光谱图像进行多尺度分解（如拉普拉斯金字塔变换、小波变换、曲波变换、第二代曲波变换、非下采样轮廓线变换等），获得不同尺度的高频和低频系数；然后在不同尺度空间进行低频信息和高频信息的融合；最后通过多尺度逆变换进行融合图像还原，算法示意如图 4-4 所示。上述过程可以表示为：

$$I_{FS} = \hat{I}_{MS} + G(P - P_L) \tag{4-5}$$

式中，I_{FS} 为融合后的影像；$\hat{I}_{MS}$ 为经由双三次插值上采样后的多光谱影像；G 为增益矩阵；P_L 为全色影像 P 的低通滤波版本。该类方法可以准确地从不同尺度的分解图像中提取特征，从而减少融合过程中的光晕和混叠现象；但是存在融合结果受到不同融合方法影响的问题。

4.2.2.4　稀疏表示方法

稀疏表示方法假定所有的图像块都是特定字典原子的线性组合。基于稀疏表示

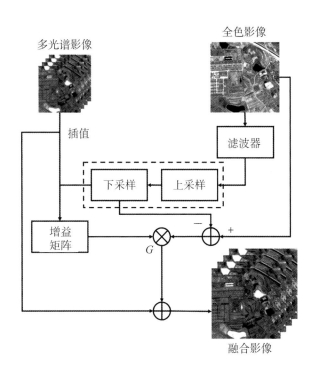

图 4-4　基于多尺度分解法的遥感影像融合框架示意图

的图像融合方法的主要步骤：首先，将源影像按照特定的滑动距离划分为块，并将图块按字典排序转化为向量；然后，通过向量化后的图块用预定义的字典上的线性表达式计算得到稀疏系数；接着，通过将不同源图像的稀疏系数按照一定的规则进行融合，如最大活度规则，可以得到融合后的稀疏表示；最后，将字典和融合系数相乘得到融合后的图像块，进而得到最终的融合结果。基于稀疏表示选择的融合策略对融合结果有很大影响。

4.2.2.5　基于传统框架的光学影像融合结果分析

为了进一步比较上述方法，本小节分析了 WorldView-2（WV）和"高分二号"（GF-2）数据集中的实验结果，其中全色影像的空间分辨率分别为 0.5m 和 0.8m，对应的四波段的多光谱影像（红、绿、蓝以及近红外）的空间分辨率为全色影像的四倍，即 2m 和 3.2m。低分辨率的多光谱影像被裁剪为 64×64×4，对应的全色影像为 256× 256 × 16。同时使用相对整体维数合成误差（Erreur Relative Globale Adimensionnelle de Synthese，ERGAS）、峰值信噪比（Peak Signal-to-Noise Ratio，

PSNR)、光谱角制图(Spectral Angle Mapper，SAM)三个图像质量评估指标从像素和光谱两个层面对融合影像的客观结果进行评估。ERGAS 计算如下：

$$\text{ERGAS} = 100 \frac{h}{l} \sqrt{\frac{1}{L} \sum_{i=1}^{L} \frac{\text{RMSE}^2(B_i)}{\mu_i^2}} \tag{4-6}$$

式中，h 为高分辨率图像的分辨率；l 为低分辨率图像的分辨率；B_i 为图像的第 i 个波段；μ_i 为第 i 个波段的平均灰度；L 为参与融合计算的通道数；RMSE（Root Mean Square Error）为融合图像经低通滤波并下采样后与原 MS 波段图像的均方根误差。ERGAS 越低，融合图像的光谱质量越高。

PSNR 计算如下：

$$\text{PSNR} = 10 \times \lg\left(\frac{(2^n - 1)^2}{\text{MSE}}\right) \tag{4-7}$$

式中，MSE（Mean Square Error）为融合图像与原 MS 波段图像的均方误差；n 为影像像素的比特数，一般光学影像的比特数为 8。峰值信噪比数值越大，图像之间的相似性也越大。

SAM 计算如下：

$$\text{SAM} = \arccos\left(\frac{I_{\text{FS}} I_{\text{MS}}}{\|I_{\text{FS}}\| \|I_{\text{MS}}\|}\right) \tag{4-8}$$

式中，SAM 主要计算了两个影像之间的余弦相似度，数值越小，图像之间的相似程度越大。

如表 4-1 所示，在 WV 数据集中，基于稀疏表示的方法和基于成分替换的方法性能优于多尺度分解法，像素指标 PSNR 提升超过 0.9dB，光谱误差指标 SAM 降低超过 0.15。在 GF 数据集中，基于成分替换法和多尺度分解法则略优于稀疏表示方法，像素指标 PSNR 提升超过 0.4dB。光谱误差指标 SAM 降低超过 0.24。如图 4-5 所示，第一行为 WV 的低分辨率多光谱影像和不同方法的融合结果，第二行为融合结果与参考图像之间的误差图，第三行为 GF 的低分辨率多光谱影像和不同方法的融合结果，第四行为融合结果与参考图像之间的误差图。WV 影像为城市区域，相较于主要为山区的 GF 影像更复杂，三种方法都取得良好的主观结果，但误差图从侧面反映出融合影像中存在显著的光谱失真。主要因为基于传统框架的方法多为无监督方法，即使是监督的基于稀疏表示方法，也无法有效利用训练样本中的先验信息，因此算法性能受限。

表 4-1　客观结果对比

数据源	方法	ERGAS	PSNR	SAM
WV	基于成分替换法	1. 5459	36. 03	2. 0222
	多尺度分解法	1. 8615	35. 10	2. 2997
	稀疏表示方法	1. 4617	36. 39	1. 8656
GF	基于成分替换法	1. 3730	38. 15	1. 5389
	多尺度分解法	1. 1886	38. 07	1. 2460
	稀疏表示方法	1. 4732	37. 63	1. 5844

注：总结自 Wang 等(2021)。

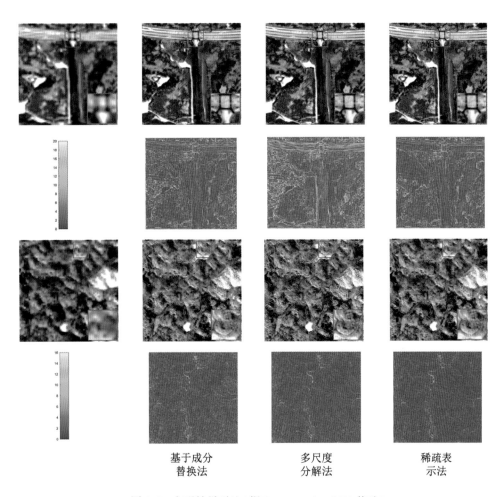

基于成分　　　　　　多尺度　　　　　　稀疏表
替换法　　　　　　分解法　　　　　　示法

图 4-5　主观结果对比(据 Wang et al., 2021 修改)

4.2.3 基于深度学习的光学影像融合方法

随着机器学习理论和硬件设备的发展，卷积神经网络（Convolutional Neural Network，CNN）通过构建前馈神经网络进行特征提取，并使用反向传播对网络参数进行优化，在如目标检测、语义分割与场景分类等计算机视觉顶层任务中取得了卓越的性能。近年来，各种深度学习方法也逐渐被应用于解决全色、多光谱、高光谱影像问题。不同于基于传统算法的融合方法，基于深度学习方法的性能依赖大量的高质量训练样本，然而原始的多光谱-高空间分辨率的参考影像不可得。因此，基于深度学习的框架中首先将全色影像下采样到多光谱的空间尺度，将多光谱影像视为参考影像，下采样版本的多光谱影像视为获取的低分辨率多光谱影像，从而构建用于卷积神经网络训练的全色-多光谱影像对，框架示意如图4-6所示。

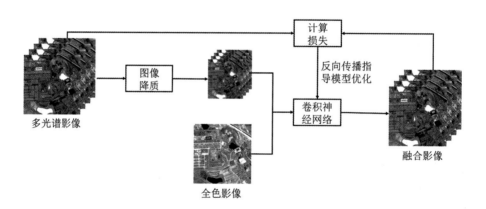

图 4-6　基于深度学习的遥感影像融合框架

4.2.3.1 基于卷积神经网络的融合方法

Masi 等（2016）首次仿造稀疏编码的思路，将卷积神经网络引入全色-多光谱影像融合任务中用于学习低分辨率多光谱影像和高分辨率参考图像之间的非线性映射函数。考虑到全色影像和多光谱影像之间存在空间尺度的差异，因此该模型首先使用双三次插值函数直接将低分辨率的多光谱影像插值到全色影像大小，并通过特征连接的形式将两者联立输入卷积神经网络模型。其中，模型主要由三个卷积层组成，模型框架示意如图4-7所示。第一个卷积层由 48 个大小为 9×9、步长为 1、填充为 4 的卷积组成，其作用为对连接后的输入图像进行特征提取，投影到低分辨率字典中；第二个卷积层由 32 个大小为 5×5、步长为 1、填充为 2 的卷积组成，其作用为建立低分辨率字典和高分辨率字典间的非线性映射关系；第三个卷积层由 4 个大小为 5×5、步长为 1、填充为 2 的卷积组成，其作用为将高分辨率字典重建为影像。上述过程可以表述为：

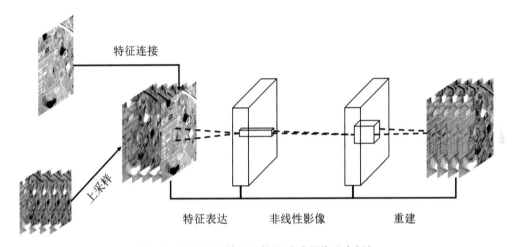

特征连接

上采样

特征表达　　　　非线性影像　　　　重建

图 4-7　基于卷积神经网络的遥感影像融合框架

$$I_{FS} = f(\hat{I}_{MS}, I_P) \, I_{FS} = f(\hat{I}_{MS}, I_P) \tag{4-9}$$

式中，I_{FS} 为融合后的影像；$\hat{I}_{MS}$ 为经由双三次插值上采样后的多光谱影像；I_P 为全色影像；f 为学习所得的映射函数。

此方法构建了融合影像与参考影像之间的均方误差函数，并使用随机梯度下降法优化模型中的参数，上述过程可以表示为：

$$l(W) = \frac{1}{N} \sum_{1}^{N} \| I_{FS} - I_R \|_2^2 \tag{4-10}$$

$$W_{i+1} = W_i + \Delta W_i = W_i + \mu \cdot \Delta W_{i-1} - \alpha \cdot \nabla L_i \tag{4-11}$$

式中，W 为模型中的参数；N 为输入数据的批大小；i 为迭代次数；μ 为动量，用于替代梯度，初始值为 0.9；α 为学习率，初始值为 10^{-4}。

4.2.3.2　基于残差网络的融合方法

上述传统的卷积神经网络需要从全色影像和低分辨率多光谱影像得到完整融合

结果的特征，并且中间处理过程需要保留完整的信息，导致模型的学习难度和时间成本较大。同时，随着网络层的增加，在链式求导的过程中多段连乘会使得网络的收敛变慢甚至无法收敛（He et al.，2016）。不同于顶层任务，融合任务中低分辨率的多光谱影像和参考的多光谱影像之间存在信息共享，即图像中的低频信息，因此使用残差学习策略直接学习信息量相对较小的高频信息，可以有效降低学习难度，同时缓解梯度消失和梯度爆炸问题。基于残差网络的融合方法（Yang et al.，2017）在基于卷积神经网络的融合方法基础上加入跳跃连接（Skip Connection），即将卷积神经网络重建结果与上采样版本的多光谱影像进行相加，框架示意如图 4-8 所示。上述过程可以表述为：

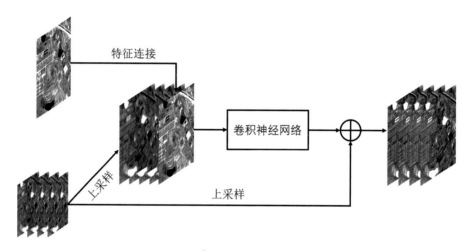

图 4-8　基于残差网络的遥感影像融合框架

$$I_{FS} = f(\hat{I}_{MS}, I_P) + \hat{I}_{MS} \tag{4-12}$$

式中，I_{FS} 为融合后的影像；$\hat{I}_{MS}$ 为经由双三次插值上采样后的多光谱影像；I_P 为全色影像；f 为学习所得的映射函数。

4.2.3.3　基于双路径网络的融合方法

基于深度学习的遥感影像主要包括两种思路，第一种将全色影像视为一个额外的波段与全色影像直接进行连接来作为模型输入，如基于卷积神经网络和基于残差网络的方法；第二种直接在特征层面对全色影像和多光谱影像进行融合（Jiang et al.，2020），从而充分挖掘全色影像中的高频信息。然而上述两种策略会导致融合结果中光谱失真和纹理模糊(Wang et al.，2021)。为了解决上述问题，基于双路径网络的融合方法(Wang et al.，2021)使用了一种多尺度框架，框架示意如图4-9所示。

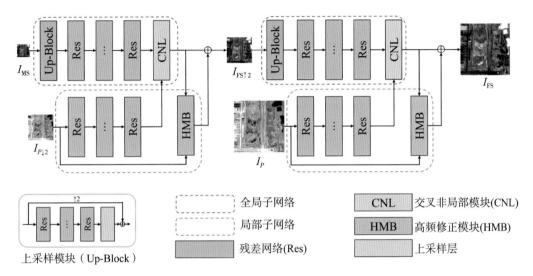

图 4-9　基于双路径网络的遥感影像融合框架

与标准的非局部结构(Wang et al.，2018)不同，交叉非局部模块(Cross Non-Local Block，CNL)挖掘全色影像和多光谱影像的长空间距离相关性，即在全色特征空间中进行流行结构的搜索，并在全色空间和多光谱空间中联合嵌入。具体而言，对于 $W \times H \times C$ 大小的输入多光谱特征 f_{MS} 和 f_{PAN}，使用 $k \times k$(设置为3)大小的卷积模拟滑动窗口进行图像块的搜索(图 4-10(a) 中的 ϕ，θ 和 δ)，特征被缩放为 $\left(\dfrac{W}{k}\right) \times \left(\dfrac{H}{k}\right) \times C$，并分别在多光谱特征空间以及多光谱-全色特征空间中计算特征相关性。随后为了便于计算，对特征相关性矩阵进行缩放，以此相似性为依据进行特征嵌入(图 4-10(a) 中的 φ 和 ϑ)，并将不同空间嵌入的结果进行融合为 I_{NN}，以此表示为：

$$w_{MS}(f_{MS}^i,\ f_{MS}^j) = e^{\theta(f_{MS}^i)(\delta(f_{MS}^j))^{\mathrm{T}}} \tag{4-13}$$

$$w_{PAN}(f_{MS}^i,\ f_{PAN}^j) = e^{\theta(f_{MS}^i)(\phi(f_{PAN}^j))^{\mathrm{T}}} \tag{4-14}$$

$$y_{MS}^i = \sum_{\forall j} \mathrm{up}(w_{MS}(f_{MS}^i,\ f_{MS}^j))(\varphi(f_{MS}^j))^{\mathrm{T}} \tag{4-15}$$

$$y_{PAN}^i = \sum_{\forall j} \mathrm{up}(w_{PAN}(f_{MS}^i,\ f_{PAN}^j))(\vartheta(f_{PAN}^j))^{\mathrm{T}} \tag{4-16}$$

$$I_{NN} = f_F(\mathrm{concat}(y_{MS},\ y_{PAN})) \tag{4-17}$$

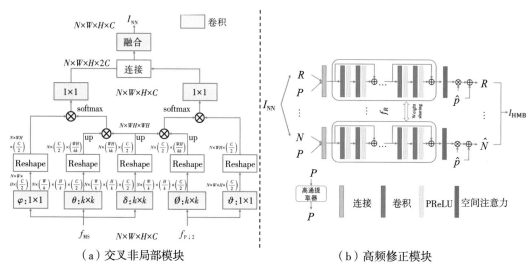

（a）交叉非局部模块　　　　　（b）高频修正模块

图 4-10　交叉非局部模块和高配修正模块示意图

（"softmax"为归一化指数函数，"reshape"为重塑函数）

式中，up 为最近邻插值函数；e 为自然底数；i 和 j 为图像块序列；T 为转置操作；w_{MS} 为多光谱特征空间的特征相关性；w_{PAN} 为全色-多光谱特征空间的特征相关性；concat 为特征连接操作；f_F 由 4 个大小 1×1、步长为 0、填充为 0 的卷积组成。标准的非局部模块中计算复杂度为 $(WH)^2$，交叉非局部模块的计算复杂度为 $2\dfrac{(WH)^2}{k^2}$，当 $k = 3$ 时，标准非局部模块的计算复杂度为交叉非局部模块的 4.5 倍。

考虑到不同地物在不同波段的特性不同，同时为了避免光谱失真，基于双路径网络的融合方法提出了高频修正模块（High-pass Modification Block，HMB），如图 4-10（b）所示，将四个波段的多光谱影像划分为单一波段，即 $X \in \{R, G, B, B_{NIR}\}$，分别为红绿蓝和近红外，并逐波段进行空间自适应学习，学习不同波段下的纹理。上述过程可以表述为：

$$l_1 = \frac{1}{N}\sum_{1}^{N}\|I_{FS} - I_R\|_2^2 \tag{4-18}$$

$$\hat{P} = P - D(P) \tag{4-19}$$

$$\hat{X} = (f_{SA}(F_{X,1}) + 1)\hat{P} \tag{4-20}$$

式中，f_R 为 12 个残差模块组成的特征提取网络，其中 X 所提取特征为 $F_{X,1}$；D 为双三次插值函数；$\hat{P}$ 为全色影像中的高频信息；f_{SA} 为权值共享的空间注意力机制模块（Zhang et al.，2018）。

　　单一像素域的损失函数能有效提升融合结果的客观性能，但是会促使网络生成平滑的图像纹理和边缘。同时考虑到近红外波段的光谱波长更大，因此相较于其他波段，近红外波段中纹理也更丰富且完整。为了进一步增强融合影像的感知质量，基于双路径网络的融合方法还提出了一种近红外损失函数，将近红外波段和全色影像投影到 VGG（Simonyan et al.，2014）的高语义特征空间，计算特征维度的误差。上述过程可以表达为：

$$l_1 = \frac{1}{N} \sum_1^N \ \| I_{FS} - I_R \|_2^2 \tag{4-21}$$

$$l_{NIR} = \frac{1}{N} \sum_1^N \ \| v(\,NIR(\,I_R\,)\,) \ - v(\,NIR(\,I_{FS}\,)\,) \|_2^2 + \frac{1}{N} \sum_1^N \ \| v(\,NIR(\,I_R\,)\,) \ - v(\,I_P\,) \|_2^2 \tag{4-22}$$

$$l_{total} = l_1 + \alpha \, l_{NIR} \tag{4-23}$$

式中，l_1 为像素域损失函数；l_{NIR} 为近红外域损失函数；I_{FS} 为融合后的影像；NIR 为近红外波段提取函数；v 为 VGG 特征提取器；α 为像素域和近红外域损失的平衡参数。

4.2.3.4　基于深度展开模型的融合方法

　　基于卷积神经网络融合方法和基于残差网络的融合方法较传统方法取得了显著的主客观性能提升。然而，卷积神经网络因其不可解释性，饱受"黑盒"问题的诟病，算法的自主性越高，潜在的不可控风险也越大，这也极大地限制了算法的实际应用，尤其是在金融和军事等对模型可审计性和可解释性要求较高的场景中（成科扬等，2020）。

　　基于深度展开模型的融合方法（Xu et al.，2021）将最大后验概率理论融入深度学习建模，即将遥感影像融合问题转换为一个最优化问题，通过构建卷积神经网络来模拟最优化求解过程，其过程可以用如下式表达：

$$\min_{I_R} f(I_{MS},\ I_R) \ + g(I_{MS},\ I_R) \ + \lambda h(I_R) \tag{4-24}$$

式中，$f(I_{MS},\ I_R)$ 和 $g(I_{MS},\ I_R)$ 分别为低分辨率多光谱影像和全色影像的数据保真项；h 为先验项，如变分约束和核范式约束（Liu et al.，2017），此处为由卷积神经网络实现的深度先验项。为了对式（4-24）进行求解，将其分解为如下多光谱影像求解和全色影像求解子问题：

$$\min_{I_R} \frac{1}{2} \| I_{\mathrm{MS}} - DKI_R \|_2^2 + \lambda h_1(I_{\mathrm{MS}}) \tag{4-25a}$$

$$\min_{I_R} \frac{1}{2} \| I_P - I_R R \|_2^2 + \lambda h_2(I_{\mathrm{MS}}) \tag{4-25b}$$

式中，h_1 和 h_2 分别代表低分辨率多光谱影像和全色影像的深度先验项。

为了对式（4-25a）进行求解，引入了梯度投影策略（Gradient Projection Method），则多光谱求解任务的更新策略为：

$$I_R^{(t)} = \mathrm{pro}\, x_{h_1}(I_R^{(t-1)} - \rho \nabla f(I_R^{(t-1)})) \tag{4-26}$$

式中，ρ 为求解的下降步长；在 $I_R^{(t-1)}$ 处的可行下降方向可以表示为 $-\rho \nabla f(I_R^{(t-1)})$，其中数据保真项为 $\nabla f(I_R^{(t-1)}) = -(DK)^{\mathrm{T}}(I_{\mathrm{MS}} - DKI_R)$；$\mathrm{pro}\, x_{h_1}$ 为 h_1 的近端算子。为了进一步指导展开模块的构建，式（4-26）被分解为如下四个子阶段：

$$\widetilde{I}_{\mathrm{MS}}^{(t)} = DKI_R^{(t-1)} = \mathrm{conv}(I_R^{(t-1)}) \tag{4-27a}$$

$$R_l^{(t)} = I_{\mathrm{MS}} - \widetilde{I}_{\mathrm{MS}}^{(t)} \tag{4-27b}$$

$$R_h^{(t)} = \rho(DK)^{\mathrm{T}} R_l^{(t)} = \rho \cdot \mathrm{conv}(R_l^{(t)}) \tag{4-27c}$$

$$I_{\mathrm{MS}}^{(t)} = \mathrm{pro}\, x_{h_1}(I_{\mathrm{MS}}^{(t-1)} + R_h^{(t)}) = \mathrm{conv}(I_R^{(t-1)} + R_h^{(t)}) \tag{4-27d}$$

其中，conv 为残差模块，由 32 个大小为 3 × 3、步长为 1、填充为 1 的卷积组成；T 为转置操作。具体设计模式如图 4-11 中的"MS 模块"所示。

同理，全色影像求解任务的更新策略为：

$$I_R^{(t)} = \mathrm{pro}\, x_{h_2}(I_R^{(t-1)} - \rho \nabla g(I_R^{(t-1)})) \tag{4-28}$$

其中，ρ 为求解的下降步长；在 $I_R^{(t-1)}$ 处的可行下降方向可以表示为 $-\rho \nabla g(I_R^{(t-1)})$，其中数据保真项为 $\nabla g(I_R^{(t-1)}) = -(I_P - I_R S)S^{\mathrm{T}}$；$\mathrm{pro}\, x_{h_2}$ 为 h_2 的近端算子。为了进一步指导展开模块的构建，式（4-28）被分解为如下四个子阶段：

$$\widetilde{I}_P^{(t)} = I_R^{(t-1)} S = \mathrm{conv}(I_R^{(t-1)}) \tag{4-29a}$$

$$R_p^{(t)} = I_P - \widetilde{I}_P^{(t)} \tag{4-29b}$$

$$R_h^{(t)} = \rho R_p^{(t)} S^{\mathrm{T}} = \rho \cdot \mathrm{conv}(R_p^{(t)}) \tag{4-29c}$$

$$I_R^{(t)} = \mathrm{pro}\, x_{h_1}(I_{\mathrm{MS}}^{(t-1)} + R_h^{(t)}) = \mathrm{conv}(I_R^{(t-1)} + R_h^{(t)}) \tag{4-29d}$$

其中，conv 为残差模块，由 32 个大小为 3×3、步长为 1、填充为 1 的卷积组成。具体设计模式如图 4-11 中的"PAN 模块"所示。通过堆叠"MS 模块"和"PAN 模块"

来模拟最大后验概率模型迭代求解的过程。

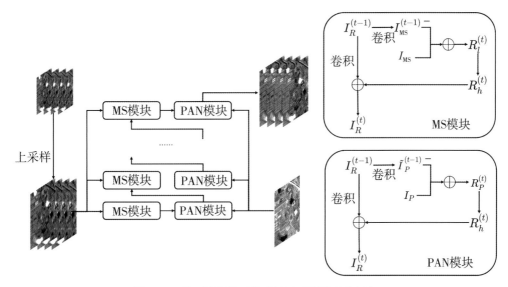

图 4-11　基于深度展开模型的遥感影像融合框架

4.2.3.5　基于深度学习的光学影像融合结果分析

为了进一步比较上述方法，本小节分析了 WordView-2 和 GF 数据集中的实验结果，其中全色影像的空间分辨率分别为 0.5m 和 0.8m，对应的四波段的多光谱影像（红、绿、蓝以及近红外）的空间分辨率为全色影像的 4 倍，即 2m 和 3.2m。原始的多光谱影像大小为 3，848×4，096×4 和 7，260×6，864×4，原始全色影像的大小为多光谱影像的 4 倍。为了便于计算，低分辨率的多光谱影像被裁剪为 64×64×4，对应的全色影像为 256×256×1。

如表 4-2 所示，在 WV 数据集和 GF 数据集中，基于双路径网络的融合方法均取得了最优的客观算法性能，像素指标 PSNR 提升超过 2.0dB 和 1.2dB，光谱误差指标 SAM 降低超过了 0.3 和 0.15。基于卷积神经网络的方法层数较少，因此性能受限。而残差学习的引入，有效地降低了学习的难度，提升了算法的融合性能。基于深度展开网络的方法虽然获得了可解释性，但是模型较简单，对于影像中所有的像素一视同仁，而基于双路径网络的融合方法使用的多尺度框架同时引入注意力机制，能关注到影像中的纹理部分，因此获得了显著的性能提升。

表 4-2 客观结果对比

数据源	方　　法	ERGAS	PSNR	SAM
WV	基于卷积神经网络方法	1.9399	35.21	7.7268
	基于残差网络的方法	1.3243	37.99	1.9270
	基于双路径网络	1.0131	40.12	1.4469
	基于深度展开网络	1.2594	38.31	1.7385
GF	基于卷积神经网络方法	0.7924	42.46	0.9273
	基于残差网络的方法	0.6697	43.87	0.7446
	基于双路径网络	0.5110	45.21	0.5890
	基于深度展开网络	0.6467	44.07	0.7263

注：总结自 Wang 等(2022)。

为了进一步对比上述基于深度学习的光学遥感影像融合方法，图 4-12 为不同算

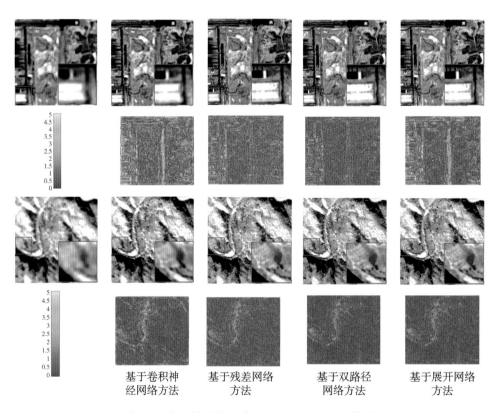

图 4-12 主观结果对比(据 Wang et al.，2022 修改)

法的主观结果，第一行为 WV 的低分辨率多光谱影像和不同方法的融合结果，第二行为融合结果与参考图像之间的误差图，第三行为 GF 的低分辨率多光谱影像和不同方法的融合结果，第四行为融合结果与参考图像之间的误差图。由图 4-12 可以明显看出，基于双路径网络的融合方法取得最好的主观结果，具有丰富和清晰的纹理信息，同时误差最小，这与客观结果相同。而影像融合作为遥感语义感知任务的预处理流程，在图 4-13 中展示了融合影像下的无监督语义分割结果，所采用的方法为迭代自组织数据分析，类别和迭代次数都设置为 5。低分辨率影像中存在振铃效应，纹理模糊，无法生成精细的分割结果。由于基于双路径网络恢复出更多的纹理和细节，因此在黑色矩形区域获得更优的分割效果。

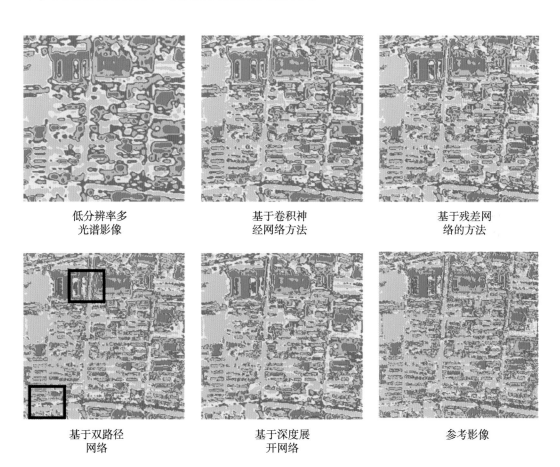

低分辨率多　　　　　　基于卷积神　　　　　　基于残差网
光谱影像　　　　　　经网络方法　　　　　　络的方法

基于双路径　　　　　　基于深度展　　　　　　参考影像
网络　　　　　　　　开网络

图 4-13　语义分割结果对比(据 Wang et al.，2022 修改)

4.3 以非合作场景为例的复杂环境态势理解认知技术

大数据挖掘分析通常包括挖掘工具集、主题挖掘能力和支撑模式。战场态势信息将以时空大数据集合的方式进行存储管理。其中，时空大数据平台是集成与管理各类结构化和非结构化数据的中心。主要包括整理统一格式、统一时空基准和空间化的多源异构信息，支撑时空数据挖掘技术实现数据的动态获取、管理和分析。以地理空间大数据的时空挖掘认知为例，主要包括地图综合、资源汇聚、时空大数据集成管理、大数据挖掘分析及大数据挖掘结果应用场景等内容。例如，美国海军通过对海洋物理学的理解，建立数值模式，同化观测数据，可以增强在复杂海洋环境中执行多样化任务能力。美国海军耦合海洋数据同化（NCODA）版本是一个全三维、多变量、变分的海洋数据同化方案，三维海洋分析变量包括温度、盐度、位势和矢量速度分量，进而支撑海军作战任务过程中基于战场环境信息的知识决策服务应用。

4.3.1 基于深度学习的环境态势理解智能认知方法

数据分析是为了获得对事物和目标更好的认识，大数据分析技术强调以数据为中心，数据量的大小对于分析结果影响较大。而认知技术强调以人为中心，重视人在认知循环中的作用，它依赖数据但又能突破数据局限，结合深度学习和增强学习等方法，借鉴人类的思维和理解能力，实现对已有信息的全新解读或诠释。

深度学习方法借鉴了人脑的认知机理，通过深度学习模型对战场态势信息进行深度挖掘和规律分析，利用认知计算进行事件主体行为模式分析，将挖掘到的客观规律转化为态势认知规律，并进一步转化为可执行的智能认知系统模型，实现目标数据到目标行为、趋势和意图等高层特征的映射。与传统的浅层学习方法相比，深度学习具有更好的非线性表示能力，可随数据快速变化自动调整。基于深度学习的战场态势理解框架如图 4-14 所示。

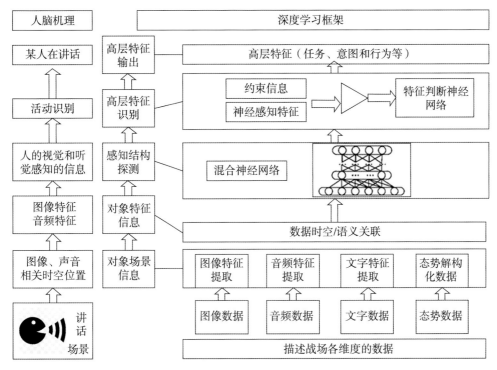

图 4-14　基于深度学习的战场态势理解技术应用模式

4.3.2　基于复杂网络理论的地球环境态势认知构建模式

认知技术应用于战场态势感知，既能突破人的主观认知局限，弥补认知不足，又能提升对战场态势的认知理解和决策能力。将认知技术应用于战场态势感知，有利于解决大数据背景下的信息过载问题，降低指挥人员的任务负担和认知负荷。

合理描述战场态势网络模型是从根本上理解和预测战场态势的基础。该模型将各作战要素(如传感器、指挥控制节点和打击节点等)作为网络节点，将节点之间的信息交互关系和行为作用关系作为网络的边，建立起基于真实战场抽象的复杂网络模型，并用该复杂网络模型推演并计算模拟演化态势(图 4-15)。另外，该模型基于专家经验和历史战场态势数据信息建立一套推理规则和推理策略，结合战场复杂网络模型动力学的演化，利用模糊集理论处理输入输出信息的表达及节点之间的信息交互和行为作用，实现对战场态势推理演化及认知系统的自学习。

战场态势预测主要包含敌方、我方、友方行动估计和趋势预测等内容。其中，模糊推理是建立在模糊数学基础上的一种推理方法，可以解决具有不确定性和模糊

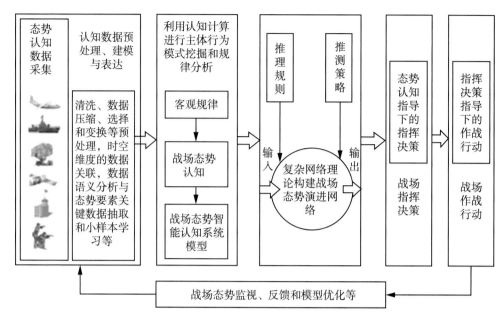

图 4-15　基于复杂网络理论的战场态势认知应用模式

性的问题。战场包含了敌方、我方和友方的众多行为个体，个体之间在战场环境下通过信息交互和行为作用，共同推动战场态势的演变发展。在战场环境感知智能保障中，在通-导-遥一体化的智能传感器观测信息融合监测的基础上，可以实现基于多源传感器组网的观测对象信息的一致性解释或描述，支撑战场环境感知服务逐渐走向即时服务与预报。通过云计算、人工智能和大数据分析技术构建战场环境态势察觉、理解、预测及态势演化认知学习模型，可以为指挥人员提供指挥决策或军事行动等的辅助信息保障，形成具有深度学习能力、迭代进化能力和虚实交融能力的战场环境智能感知和认知体系与服务系统。

4.4　以暴雨及其次生灾害监测为例的复杂环境风险认知应用

4.4.1　复杂环境暴雨监测与风险认知应用

全球气候变化背景下，中国年降水量长期变化总体上呈增加趋势，但暴雨日数明显增多，极端降水事件有增多趋势。自 20 世纪 80 年代以来，东亚夏季风减弱带来的南涝北旱降水格局，是夏季风年代际主雨带移动的自然气候变化。人类活动造成的温室气体排放增强引起的全球变暖，使主雨带北移。同时，城市化进程导致热岛效应影响城市热平衡、气流场和大气稳定度，增加城市降水强度和集中程度，使得超大城市群暴雨时空特征发生明显变化。

4.4.1.1　空间遥感与暴雨监测发展情况

空间遥感从光学影像开始，经过对水汽特别敏感的多光谱红外辐射遥感，发展到全天时、全天候的微波被动与主动遥感。被动遥感获取电磁辐射值，主动遥感获取电磁回波。遥感数据与图像获得这些测量值，并依据这些测量值，反演重构数据图像中包含的天地海目标多类、多尺度、多维度的特征信息，进而形成科学知识与应用。

二十世纪七八十年代，中国微波遥感最早的微波辐射计研制、雷达技术观测应用开始，从而开展了大气与地表的微波遥感研究。1992 年，我国第一个具有微波遥感能力的"风云三号"卫星 A 星开始前期预研，多通道微波遥感信息获取的基础研究也已经开始。自 2000 年之后，中国空间遥感技术发展十分迅速。中国的风云气象卫星、海洋遥感卫星、环境遥感卫星等微波遥感技术相继发展，覆盖了可见光、红外、微波多个频段通道，包括星载光谱成像仪、微波辐射计、散射计、高度计、高分辨率合成孔径雷达等被动与主动遥感星载有效载荷。

我国气象与海洋卫星近期发展的包括星载新型降水测量与风场测量雷达、新型多通道微波辐射计等多种主被动新一代微波遥感载荷，具有更精细的通道与精细时空分辨率，多极化综合、连续地获取大气、海洋及自然灾害监测、大气水圈动力过程等遥感数据信息，以及全球变化的多维遥感信息。中国高分辨率米级与亚米级多极化多模式合成孔径成像雷达 SAR 也在迅速地发展，干涉、多星、宽幅、全极化、高分辨率 SAR 等都在持续发展。我国正在建成陆地、海洋、大气三大卫星系列，实现多种观测技术优化组合的高效全球观测和数据信息获取能力。

在大气微波遥感方面，20 世纪 90 年代以来，卫星遥感中尺度暴雨主要开始强调多种遥感信息的综合应用，其基础是卫星综合遥感能力的进步和星载微波遥感探测技术的完善。大量微波遥感数据用于我国的气象业务，改善了对暴雨系统降雨率的估计和预报。当中尺度暴雨系统内嵌在大尺度云系中时，从可见光和红外云图中很难识别出大范围云系中的强对流系统，尤其是在对流初生阶段。但是在 SSM/I、美国先进微波探测仪器（AMSU）等微波遥感图像上，可以清晰地从大范围云系中透过卷云云顶识别出可造成灾害的中尺度强暴雨降水云系，分析得到大气热力不稳定区域，为灾害性天气预警提供遥感监测信息。

星载微波遥感载荷同时也对陆地上空暴雨云系降水信息反演提供了新的技术手段，提高了降雨强度和降雨量的星载探测精度。在 AMSU 上天后，Grody 等(1999)提出了基于散射指数的算法识别由于对流水中大的冰粒子和大水滴对 AMSU 仪器探测下垫面微波向上辐射产生的散射，进而确定暴雨云体范围并反演降雨率。通过实际观测的多频率、多通道亮温和模式结合，反演出暴雨云系的降水廓线。"风云三号"气象卫星上的微波成像仪、微波温度计和微波湿度计联合大气探测技术，使得星载被动微波探测成为目前我国大气科学业务获取大气参数的重要技术手段。对于天气预报支柱性技术的数值天气预报，风云气象卫星微波探测资料在世界顶级天气预报中心 ECMWF 和中国气象局数值天气预报中心都已得到成功的业务同化应用，为改进预报时效、提高预报精度发挥着显著作用。

4.4.1.2　大气降水反演方法

对云雨过程的研究是大气科学的重要组成部分。由于降水的时空分布和强度变化极不均匀，常规观测手段难以获取其三维时变信息，遥感便是监测降水的有力工具。星载微波辐射计遥感降水观测方法主要有被动方法和主被动结合方法。被动方法就是利用微波辐射计观测的亮温进行降水反演。这种方法根据微波辐射计类型的不同，又可以分为微波成像仪降水反演方法和微波探测仪降水反演方法。前者主要进行降水总量的反演，后者既可以进行降水总量反演，也可以进行廓线反演，即反演降水随着高度变化而变化的情况。主被动结合的方法是利用微波辐射计和同时观测的降水雷达数据，通过降水雷达测量的降水参数，建立亮温与降水率的关系，实现宽频幅降水反演的方法。

1. 微波降水检测

以 AMSU 降水检测为例，利用 AMSU-A 或 AMSU-B 数据计算散射指数，主要是为了判断观测视场 FOV 内是否有云或降水云。首先，利用 AMSU-A 通道1(23.8GHz)、2(31.4GHz)和3(50.3GHz)的亮度温度(假定没有散射的水汽凝结体存在)估算通道15(89GHz)的亮度温度，然后利用估算的通道15的亮度温度去观测通道15的亮度温度，来确定散射指数 SI。如果 SI>10K 或 SI<-10K，则认为 FOV 有散射场存在。SI 计算方法为：

$$SI = ETB_{15} - TB_{15} \tag{4-30}$$

式中，TB_{15}为观测的 AMSU-A 通道15的亮度温度；ETB_{15}为利用 AMSU-A 通道1、2和3估算的 AMSU-A 通道15的亮度温度，即

$$\mathrm{ETB}_{15}=a+b\cdot\mathrm{TB}_1+c\cdot\mathrm{TB}_2+d\cdot\mathrm{TB}_3 \tag{4-31}$$

式中，TB_1、TB_2 和 TB_3 分别 AMSU-A 通道 1、2、3 的观测亮度；系数 a、b、c 和 d 为扫描角正切的三次多项式。

2. 微波遥感降水方法

星载微波辐射计反演降水的方法主要有三种（Buettner，1963）：统计算法、物理算法和物理统计算法。

统计算法是根据微波亮温与降水参数之间的数值关系，直接将降水参数与微波亮温建立函数关系。统计反演算法直观地显示了微波亮温与降水之间的关系，有助于直接认识、探索亮温和降水之间的关系。这种方法的不足之处是物理意义较差，由于亮温和降水的关系随地域和季节的变化而变化，统计算法在大范围反演及业务应用中还存在许多问题；统计原理在弱降水反演时具有优势，而在强降水反演时，由于个例太少，很难正确建立统计关系。此外，由于统计样本的差异及分析区域的不同，统计反演的效果差异较大，具有一定的局限性（李娜，2019）。

物理算法是通过建立地表和水凝物的发射、吸收和散射辐射传输过程的物理模型来反演降水。物理模式法以理论计算为基础，物理意义较明确，反演降水不受降水强度的限制，但对降水云体的微物理结构特别敏感，而这一物理结构是未知的。大部分微物理模式都做了许多假设或者简化。例如，在模拟亮温与降水关系时采用了均匀地表的假设，然而实际上地表是多变的；除此之外，将云中水的相态简单地分为降水和非降水，也会带来较大的误差。

物理统计法是物理和统计两种方法结合运用。Adler 等（1994）通过利用三维云模式模拟降水，并模拟了 85GHz 的垂直极化亮温和地面雨强，从而建立了模拟亮温和地面水强的统计关系。最后通过地面雨量统计资料的订正得到亮温与降雨量的最终关系，由此提出了降水反演算法。物理统计反演算法吸收了统计算法和物理算法的优点，使降水反演方法有了很大的进步，但还存在一些无法解决的问题。

3. 微波遥感降水廓线反演技术方法

物理廓线法不仅可以反演陆表和海表面降水，还可以反演其他水凝物廓线。该算法在物理反演算法基础上发展而来，利用星载微波传感器观测的表面大气参数和水凝物廓线作为前向辐射模型的初始输入，并计算其上行辐射亮温，构造大气观测参数-模拟亮温的数据库；再利用星载微波传感器观测亮温，从该数据库中匹配与观测亮温相匹配的数据，以反演对应观测点的大气参数和水凝物廓线；通过物理廓线算法可以同时反演表面参数和大气水凝物廓线。

4.4.2 复杂环境暴雨次生灾害监测与风险认知应用

暴雨作为诱发洪涝、滑坡、泥石流并导致灾害的重要因素，山区地形地貌复杂多样、时空异质性强，精准降水预报成为自然灾害预警研究的难点和关键。2022 年 4 月 8 日国务院办公厅发布的《气象高质量发展纲要（2022—2035 年）》也提出要坚持创新驱动发展、需求牵引发展，构建监测精密、预报精准、服务精细等现代气象体系。大气降水监测与风险预警的主要对象是监测预警暴雨及其次生灾害。应急管理部国家自然灾害防治研究院、水利部成都山地灾害与环境研究所等机构在山地灾害防治理论与关键技术领域开展了大量系统性工作。随着计算能力的提升，各气象强国开始更新同化预报预警系统，显著提高了降水预报的时空分辨率和精度。

1. 暴雨次生灾害风险预警研究情况

在全球气候变化背景下，未来灾害性天气将表现出更多极端性特征，出现频率和强度可能发生显著变化，高空大气环流和空间天气也会出现较大幅度调整。以全球海温升温为主要特征的变暖现象及厄尔尼诺、拉尼娜等海温空间分布异常事件，通过海气相互作用，不仅导致大气环流异常，而且大气异常又会正反馈到海洋洋流，导致洋流异常，以及热带气旋、台风等海洋极端天气的发生，这将直接影响到未来陆海空天战场环境气象信息安全保障。国内外较多学者开展暴雨及其次生灾害的风险评估研究。例如：

▼ 日本名古屋大学开展的多参数相控阵天气雷达对于暴雨和龙卷风风险早期发现、预测，研究了包括积雨云观测和预警技术与铁路系统暴雨预报应用在内的六种应用场景，并在地球科学和灾害韧性研究院、日本天气协会、铁路技术研究院开展铁路暴雨预报应用研究。

- 英国普利茅斯大学研究沿海设施应对洪水的方法，重点研究了洪水和海浪侵袭影响下的沿海设施保护方法，并以黎明铁路海堤崩溃为例，提出超载压迫特殊变量对铁路设施的影响。

- 意大利拉阿奎拉大学研究极其缓慢山体滑坡与高山冰川运输设施的相互作用，分析了地面位移和孔隙压力对于滑坡演化影响机制，并分析了其于交通运输的作用，相关研究成果应用于 Isarco 山谷缓慢滑坡对意大利连接欧洲中部交通设施的影响监测评估。

- 荷兰代尔夫特理工大学开展三角洲地区洪水风险、水资源模拟及水生态系统保护研究，形成了三角洲防洪理论与工程技术，基于三角洲特点开发了 Delft3D 系列软件，并在尼罗河与莱茵河三角洲等地区水动力-水环境变化-雨洪风险分析中进行推广应用。

2. 以暴雨次生洪涝灾害为例的洪涝水文过程模拟方法

极端降雨作为引起洪涝灾害的直接诱因，降雨过程中，下垫面的降雨产流量远远超过本地水系统以及排水网络的调蓄能力时，就会出现流域性洪水或者洪涝灾害现象。对于流域性洪涝灾害来说，江河湖库的水体的调蓄能力具有一定承载阈值；对于城市来说，城市排水系统也具有相应的蓄排能力阈值。通过水文模型或水文水动力模型(比如 SWAT)可以模拟出流域由降雨到流域产流和汇流的水文过程，是进一步评估并分析洪涝灾害风险的重要工具。

SWAT(Soil and Water Assessment Tool)是由美国农业部的农业研究中心 Jeff Arnold 博士 1994 年开发的水文模型，主要用于进行较大尺度的水文运动模拟。SWAT 模型以日为时间单位进行流域水文过程的连续计算，是一种基于 GIS 的分布式流域水文模型。SWAT 主要包括水文模块、土壤侵蚀与泥沙运输模块、营养物质运输模块、植物生长经营模块。其中，流域的水循环可以分为陆面水循环及河道的水文过程。陆面水文过程控制每个子流域向河道内输送的水、泥沙及营养物的数量，而河道的水文过程决定流域内主河道向流域出口输送的水、泥沙及营养物量。

陆面水循环主要涉及降水、下渗及蒸发等多个步骤，可以使用以下公式来表示。

$$SW_t = SW_0 + \sum_{i=1}^{i} (R_{\text{day}} - Q_{\text{sruf}} - E_a - W_{\text{seep}} + Q_{\text{lat}} - Q_{\text{gw}}) \tag{4-32}$$

式中，SW_t 为土壤水最终含量；SW_0 为土壤水初始含量；R_{day} 为第 i 天的降水量；Q_{sruf} 为第 i 天的地表径流量；E_a 为第 i 天的蒸发量；W_{seep} 为第 i 天的下渗量；Q_{lat} 为第 i 天壤中流量；Q_{gw} 为第 i 天的基流量。

在河道的水文过程中，流量及流速主要通过曼宁方程来计算，水流则使用马斯京根方程来模拟。其中，河道水文过程流量、流速计算方程为：

$$\begin{cases} q = \dfrac{A \cdot R^{\frac{2}{3}} \cdot \text{slp}^{\frac{1}{2}}}{n} \\ v = \dfrac{R^{\frac{2}{3}} \cdot \text{slp}^{\frac{1}{2}}}{n} \end{cases} \tag{4-33}$$

式中，q 为流道流量，m^3/s；A 为过水断面面积，m^2；R 为水力半径，m；slp 为底面坡度；n 为河道曼宁系数；v 为流速，m/s。

SWMM(Storm Water Management Model)是一个动态模拟主城区降雨径量单次长时间序列水量及水质的模型。该模型由美国环境保护局(United States Environmental Protection Agency，EPA)开发，属于经典且开源的城市雨洪管理的模型。其中，SWMM 模型的降雨径流模块以汇水区为计算单元，计算降雨量对应的产流量和产污量，主要计算方法如下：

SWMM 蒸发率采用 Hargreaves 方法(Hargreaves，Samani，1985)，根据日最大-最小温度及研究区域纬度进行计算。采用的公式如下：

$$E = 0.0023 \left(\frac{R_a}{\lambda} \right) T_r^{\frac{1}{2}} (T_a + 17.8) \tag{4-34}$$

式中，E 为蒸发率，mm/天；R_a 为水体相当的入射通量，$\text{MJ}/(\text{m}^2\text{d})$；$T_r$ 为一段天数对应的平均温差范围，℃；T_a 为一段时间的日平均温度，℃；λ 为蒸发潜热，MJ/kg，$\lambda = 2.50 - 0.002361 T_a$。需要注意的是，$T_a$ 和 T_r 需采用不少于 5 日的气温进行计算。因此，SWMM 根据 7 日最大-最小温度来推算相应变量的平均值。另外，R_a 的计算方法如下：

$$R_a = 37.6 d_r (\omega_s \sin\varphi \sin\delta + \cos\varphi \cos\delta \sin\omega_s) \tag{4-35}$$

式中，d_r 为相对日地距离，$d_r = 1 + 0.033 \cos\left(\frac{2\pi J}{365} \right)$，$J$ 为儒略日，取值为 1 ~ 365；

ω_s 为太阳时照入射角，弧度，$\omega_s = \arccos(-\tan\varphi\tan\delta)$，$\varphi$ 为纬度（单位为弧度），为太阳辐射角（单位为弧度），$\delta = 0.4093\sin\left(\dfrac{2\pi(284 + J)}{365}\right)$。

SWMM 采用非线性水库法模拟汇水区的降雨径流量。根据质量平衡方程，子汇水区之间单位时间 t 内径流深度 d 的变化 $\dfrac{\partial d}{\partial t}$ 的计算方式为：

$$\frac{\partial d}{\partial t} = i - e - f - q \tag{4-36}$$

式中，i 为降雨量，ft/s；e 为地表蒸发率，ft/s；f 为下渗率，ft/s；q 为地表产流率，ft/s。假设汇水区径流是宽度为 W、高度为 $d - d_s$ 的规则渠道的稳定平衡流，则计算方式为：

$$q = \frac{1.49WS^{\frac{1}{2}}}{An}(d - d_s)^{\frac{5}{3}} \tag{4-37}$$

式中，S 为子汇水区的表面坡度；A 为子汇水区径流的过流截面；n 为表面水力粗糙系数。因此，降雨径流量非线性方程记为：

$$\begin{cases} \dfrac{\partial d}{\partial t} = i - e - f - \alpha(d - d_s)^{\frac{5}{3}} \\ \alpha = \dfrac{1.49WS^{\frac{1}{2}}}{An} \end{cases} \tag{4-38}$$

SWMM 水动力过程模型提供动力波或者运动波两种求解方法：①动力波求解的是圣维南方程组的完整格式，可以处理管网容积、回水效应、流入/出损失量、反向流和带压流等情况；②运动波求解的是对管渠内部连续方程作了简化的模型。

3. 洪涝灾害风险评估方法

层次分析法（AHP）具有算法原理简单、计算速度快、使用范围较广的优点。AHP 方法广泛用在洪涝灾害风险评估研究中。然而，基于 AHP 的洪涝灾害风险评估方法常以像素为基本单元，存在不能考虑来自地理空间邻近单元高风险威胁的问题。汇水区是一种表达同一片区域具有相似"汇"区域的单元。以像素为单元的评估方法，往往存在不能考虑来自邻近像元的潜在风险的问题。针对传统基于像素研究方法依赖评估准则且存在对 AHP 设置权值敏感的问题，一种基于汇水区的洪涝灾害评估方法采用最大值统计方法的汇水区基本单元开展洪涝灾害风险评估，可以稳定地提升洪涝灾害风险评估结果的稳定性。

第 5 章　面向智能决策的智慧地球推演预测技术

智慧地球辅助决策系统是在物理世界映射到智慧地球的数字空间后，结合智慧地球中对于地球实体环境的信息采集、获取、更新的基础上，通过面向领域需求的智能分析、模拟预测及专家分析等辅助决策支撑技术，在数字化场景空间中，对物理世界的演化趋势进行预测并进行数字化表达，进而有效支撑决策管理人员在数字世界中预知当前决策可能对物理世界下一步发展产生的影响，从而提升决策科学性，支撑决策结果的有效性。

智慧地球辅助决策依赖对现实世界的建模运行及从先前的经验中获取的知识，从而对决策提供意见，达到辅助决策的效果。其中涉及系统数字仿真、大数据等多种技术。本章将结合地理信息系统(Geographic Information System，GIS)、大数据、平行系统三种技术，讲述智慧地球中的辅助决策。

5.1　辅助决策概述

决策是人类社会发展中人们在为实现某一目的而决定策略或办法时，时刻存在的一种社会现象。任何行动都是相关决策的一种结果。正是由于这种需求的普遍性，人们一直致力于开发一种决策支持系统，来辅助或支持人们在实际行动中进行决策，以便促进提高决策的效率与质量。尤其是现代信息技术和人工智能技术的发展和普及应用，更有力地推动了决策支持系统(Decision Support System，DSS)的发展。

在辅助决策系统中，随着人工智能技术的引入，使得传统的决策支持系统正在向着智能决策系统(Intelligent Decision Support System，IDSS)发展。辅助决策在医疗、军事、交通等领域均有大量的研究与应用，当前正在发展的精准医疗、智慧军事、智慧交通等典型应用，更是需要智能决策系统的支撑。

5.1.1　决策支持系统发展历程

决策支持系统最早由 Gorry 和 Scott Morton（1971）在整合了 Anthony 对管理行为的分类和 Simon 对决策类型的描述的基础上提出，发展到如今可以分为 4 个阶段，如图 5-1 所示。分别是：①20 世纪 60 至 70 年代是萌芽发展期，在这一时期，现代决策理论与模型得到初步的发展，并推动了支持决策系统的诞生；②20 世纪 80 年代是快速发展期，决策支持系统研究进入高速发展阶段，这一时期诞生了许多重要的决策支持类型；③20 世纪 90 年代是优化发展期，通过引入新的技术促使决策支持系统优化、转型；④21 世纪至今是稳定发展期，决策支持系统发展速度较慢。

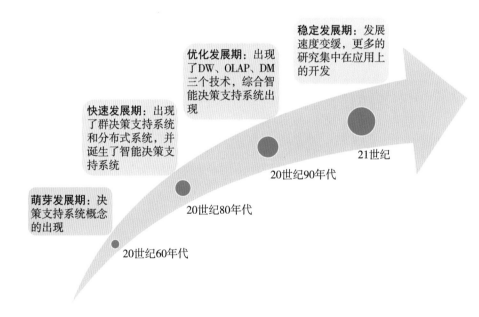

图 5-1　决策支持系统发展阶段

1. 萌芽发展期

Simon（1960）提出了决策的 3 个阶段：情报、设计、选择。它被称为 Simon 决策模型。Simon 将组织的决策行为划分为程序化决策和非程序化决策，并由此奠定了决策支持系统最初提出的理论基础。

Gorry 和 Scott Morton（1971）依托 Simon 的决策理论，提出了决策支持系统的概念，并将决策支持系统描述为"遵循 Simon 决策模型，支持结构化与半结构化决策的信息系统"。随后便出现了功能简单、以模型为导向的个人决策支持系统(Personal Decision Support System，PDSS)(Arnott，Pervan，2015)。

2. 快速发展期

20 纪世 80 年代初期与中期，出现了群决策支持系统(Group Decision Support System，GDSS)(Huber，1984)和分布式决策支持系统(Distributed Decision Support System，DDSS)(Swanson，1990)。GDSS 主要是为了弥补之前的 PDSS 对多人决策支持的不足，它为多人协同决策提供了可能性。DDSS 强调的是将决策者与 DSS 系统物理位置分离的功能，通过大型主机同时为多个远程的用户终端提供服务。

20 纪世 80 年代末期，诞生了智能决策支持系统(IDSS)(Wriggers et al.，2014)，弥补了以往 DSS 在处理复杂决策问题上的不足，它比过去的 DSS 能够更好地解决半结构化问题和复杂逻辑问题。IDSS 从其诞生开始一直是 DSS 领域的研究热点。

3. 优化发展期

20 世纪 90 年代初期，诞生了新决策支持系统。这一时期出现了 3 个强有力的技术：数据仓库(Data Warehouse，DW)、联机分析处理(Online Analytical Processing，OLAP)和数据挖掘(Data Mining，DM)。DSS 开始与 DW、OLAP 和 DM 进行结合，诞生了许多基于 DW+OLAP+DM 的 DSS，这些 DSS 被称为新决策支持系统，而以往的 DSS 被称为传统决策支持系统(陈文伟，2014)。新决策支持系统从数据中获取信息和知识，而传统决策支持系统主要是利用模型驱动和知识辅助决策。

20 世纪 90 年代中期，综合决策支持系统(Synthetic Decision Support System，SDSS)(Yin et al.，2013)开始出现。当时很多研究者认为仅用某个单一特点的 DSS 已经无法满足实际的需求，因此开始注重各种 DSS 及其技术的融合，并认为将新决策支持系统与传统决策支持系统结合起来的综合决策支持系统是其后多年的发展方向。

20 世纪 90 年代末期，DSS 的重要发展是在人机交互方式的改变下诞生了基于 Web 的 DSS(WDSS)(Bhargava et al.，2007)。WDSS 使用 B/S(浏览器/服务器)架构为不同的用户提供远程服务，用户无须额外安装软件，大大提升了用户使用的方便程度。

4. 稳定发展期

21 世纪至今，DSS 的发展速度缓慢。对 DSS 的研究更多地集中在具体应用的开发上，而不是对基础支撑理论、模型与算法的探讨，且大多数 DSS 使用的还是 20 世纪 90 年代初期就引入的 DW 与 OLAP 等技术。在 2002 年左右出现了基于 SOA(面向服务的体系结构)的 DSS(SOADSS)(Xu et al.，2011)。研究者以服务化、模块化的思想设计 DSS 应用或对已有的 DSS 进行改造。SOADSS 的可扩展性更强，并且能够更加方便地与其他系统进行集成。

5.1.2　决策支持系统的支撑技术

DSS 所依托的支撑技术是在不断发展和扩充的。从 DSS 的发展历程中不难看出，无论处于哪个阶段，始终都有新的 DSS 产生，而其中大多数 DSS 的诞生是由于引入了当时的某些新技术。图 5-2 展示了部分主要的 DSS 类型与其诞生所依托的关键技术。

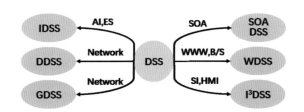

图 5-2　部分 DSS 与所依托的技术

其中在 DSS 的发展过程中，主要类型的 DSS 所依托的技术有以下 6 种。

(1)计算机网络和 Web 技术。GDSS 和 DDSS 都是伴随计算机网络的发展而产生的，计算机网络已经是当前大部分 DSS 实现所依托的最基础的技术。而 20 世纪 90 年代初期的 Web 相关技术为 DSS 提供了更加灵活的通信和操控方式。

(2)人工智能(AI)和专家系统(Expert System，ES)。IDSS 最初是因引入了人工智能技术而产生的，依靠人工智能与专家系统来处理复杂的决策问题。人工智能的目标是让机器能够像人一样解决复杂的问题。而专家系统是一种模拟人类专家解决领域问题的计算机程序系统。

(3)Agent 技术。Agent 技术产生于 20 世纪 90 年代初，它是指具有智能性的任何实体，包括硬件和软件，并具有自治性、社会性、反应性和主动性这 4 个特征。与 Agent 技术结合也是 IDSS 的一个重要研究方向(Dong et al.，2013)。

(4)计算机仿真(Computer Simulation，CS)。它在 DSS 中主要用来对未来可能产生的条件进行预测和对决策结果进行优化。通过引入计算机仿真技术，诞生了基于计算机仿真的 DSS(CSDSS)(Heilala et al.，2010)，这类 DSS 在交通管理和制造业计划制定方面有很广泛的应用。

（5）系统集成（System Integration，SI）和人机交互（Human－Machine Interaction，HMI）。系统集成通过对系统中的各个成分进行有机连接，以构建一个能够适应业务和技术变化的应用，且尽可能合理地保留原先遗留下来的应用程序和技术。而人机交互关注的是如何让用户的操作更加友好。

（6）DW、DM 和 OLAP（Berson et al. 1997）。这 3 个技术的引入是 DSS 发展史上的一个里程碑，自 20 世纪 90 年代初以来，基于这 3 个技术诞生了大量的数据驱动的 DSS，目前大多数的 DSS 应用在不同程度上使用了这 3 个技术。

5.1.3　辅助决策与新技术结合的展望

在大数据、云计算时代，决策场景与过去相比有很大不同，决策环境变得异常复杂，这为 DSS 的发展提出了许多新的要求。本节将新时期所产生的需求与问题进行归纳，并结合云计算和大数据技术对 DSS 今后的发展进行展望。

5.1.3.1　新需求与新问题

新的历史时期为 DSS 提出了许多新的需求。但当前大多数的 DSS 并无法适应新形势所带来的巨大变革，无力满足这些新需求，并由此产生了诸多方面的问题。

1. 新决策驱动方式的需求及问题

DSS 需要新的决策驱动方式。在大数据时代，人们决策思维的方式发生了转变：大数据时代一切皆可量化，人们应该放弃因果关系而探求相关关系（Dumbill et al.，2013）；在大数据时代，决策分析的是所有数据，而不是少量样本数据。这些都要求 DSS 改变已有的决策支持过程与方法，使其所提供的决策支持依托于海量的数据。而目前的 DSS 的决策支持过程还停留在小数据时代的思想，无法和新的决策思维相适应。

2. 实时决策场景的需求及问题

DSS 需要能够面对越发普遍的实时决策场景。以往大多数的 DSS 所面临的是事后决策的场景，当用户需要对某事务进行分析时 DSS 才会执行具体的操作，且所需的时间往往较长。在大数据环境下，数据更新速度极快，数据的价值会随时间的推移而急速流失。这就要求 DSS 应近乎实时地对这些数据进行处理，帮助决策者进行实时决策。因此，实时决策或准实时决策已经不再是某些专用 DSS 的特例。但当前大多数的 DSS 对实时决策这一场景的支持明显不足，即便是那些具备实时决策功能的 DSS，其由于采用的技术较传统，也很难满足当前严苛的实时性要求。

3. 组成结构革新的需求及问题

DSS 需要组成结构上的更新换代。新时期，数据在"量"上的变化足以引发 DSS 组成结构在"质"上的变化。杜敏等（2014）认为医院现有的 DSS 结构已经很难在医疗大数据环境中有效地工作。Vera-Baquero 等（2014）认为目前大企业的业务过程 DSS 在大数据时代也很难起到应有的作用。这说明许多行业的 DSS 的发展已经滞后于时代的发展，传统的组成结构已经无法适应大数据时代的现实需求了。

4. 提供全局决策支持的需求及问题

DSS 需要更强的全局决策支持能力。在数据环境异常复杂的大数据时代，需要 DSS 能够提供更加全局、更加综合、更加快速的决策支持功能。以往的 DSS 更强调对单项决策任务的处理能力，在其提供决策支持的过程中所涉及的信息检索技术较单一，且使用的数据源类型也较少。而在复杂的大数据环境下，功能较单一的决策能力已不适用，无法满足全局性事项预测的实时性与准确性，因此无法为高层次的决策者提供有力的支持。

5. 海量数据与多源、异构数据处理的需求及问题

数据量巨大、数据增长速度极快是新时期的两个典型特点。DSS 需要具有存储并处理海量、多源、异构数据的能力。而在大数据时代，人们决策时所依赖的信息来源越来越多，因此决策过程中所使用的数据来源与数据类型比以往复杂得多。这加剧了 DSS 所一直面临的半结构化、非结构化数据表示及存储与检索等方面的问题。而 DSS 在过去很长一段时间内所依托的 DW、RDBMS 等技术，在面对海量、多源、异构的数据时已经力不从心。

6. 组成结构革新的需求及问题

DSS 需要降低成本并提高灵活性。在新时期，复杂多变的外部环境迫使企业需要更加低成本、更加灵活的 DSS，而目前大多数 DSS 所能提供的决策支持的方式较传统，用户的使用方式过于单一、不够灵活且成本较高，这也使得 DSS 无法充分地实现其本身所具有的价值。

5.1.3.2　新发展期望

不断发展和完善的大数据、云计算技术能够为 DSS 的发展注入新的动力，能够从不同层面去满足新时期 DSS 所面临的新需求。表 5-1 从理论与模型、结构和采用的技术 3 个方面对今后 DSS 的发展进行了展望。

表 5-1 从三个方面对 DSS 的发展进行展望

方面	发展期望	可满足需求 （对于 5.1.3.1 小节）
理论与模型	"大数据驱动"的 DSS； 新的动态决策模型	第 1、2、4、5、6 个问题 （4）（5）（6）
结构	基于实时和历史大数据的双模组成结构； 云环境下的 DSS 功能层次结构	第 3、5、6 个问题
采用的技术	内存计算、流式数据处理、分布式计算； 资源虚拟化、资源整合管理、NoSQL	第 4、5 个问题

1. 理论与模型

用大数据驱动决策，构建"大数据驱动"的 DSS。决策驱动方式研究的是 DSS 内部基于什么来完成一个完整的决策过程。以往的"数据驱动"基于对数据的计算与统计来完成决策，它使用的是不全面的样本数据，且基本上已知样本数据间存在的关系模式。而"大数据驱动"与"数据驱动"最本质的区别有两点：①使用的是近乎全部的数据，不是少量样本数据；②很多数据之间的关系是未知的，需要想办法发现庞大数据集内部、数据集之间隐晦的关联，从而提供决策支持。把大数据在海量数据挖掘、复杂数据建模与表示方面的理论应用到 DSS 中来构建"大数据驱动"的 DSS，能够满足新时期在决策驱动方式上的需求。

研究新的动态决策模型。传统的决策模型大多是静态的，建立好之后一般不需要调整，也很难调整。大数据时代，外部的数据环境变化极快，需要能灵活调整决策过程与决策模式的动态的决策模型。动态决策模型更灵活、更个性化且更复杂，它需要同时满足实时决策和事后决策场景的需求，能够让事后决策和实时决策协同工作，且能够提供更多样的决策组合来满足多类用户的需求。动态决策模型的建立需要依赖决策流程管理、决策任务分解、任务动态优化等关键技术，因此这些方面也是新决策模型研究道路上需要重点攻克的难题。

2. 结构

基于实时和历史大数据的双模 DSS 组成结构。双模是指具有实时决策和事后决策两种工作模式，其中包含高速流式大数据分析决策功能、海量历史数据挖掘功能。这种新的组成结构需要把过去 DB 部件的概念和功能进行扩展与强化，并添加实时数据融合处理、决策模式控制、集群资源控制等部件，以此来适应不同决策场景的动态切换，让不同的工作模式协调运行。而在其实现上，需要将过去 DSS 中的

DW、DM、OLAP 与大数据在集群管理、资源调度、分布式存储与计算方面的技术结合起来。基于大数据的双模 DSS 组成结构是适应大数据环境、满足大数据时代各种决策需求的基础,能够突破许多行业的 DSS 在结构上的瓶颈。

以决策即服务(DaaS)的形式,将 DSS 功能层次结构置入"云"中,如图 5-3 所示。传统的 DSS 功能层次结构无论使用 SDSS 进行决策,还是使用 DSSG 与 DSST 去构建 SDSS,都显得不够灵活,且使用成本较高。而结合云计算中 IaaS、PaaS 和 SaaS 相关概念(Peng et al.,2009),将 DSS 功能层次结构放入"决策支持服务云"中,以 DaaS 的方式提供灵活的决策支持软件服务(SDSS)、决策支持平台服务(DSPS)和决策支持基础设施服务(DSIS),能够极大地满足 DSS 在低成本和灵活性上的需求,使用者只需要交付一定的费用即可从"云"中获取相应的服务。

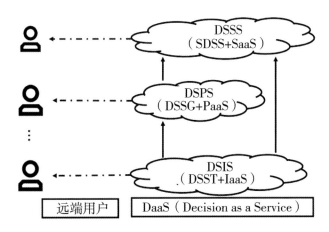

图 5-3　云计算的功能层次结构

3. 采用的技术

DSS 需要使用大数据、云计算相关技术来满足实时决策,以及海量、多源、异构数据存储与处理等方面的需求。将这些技术运用到 DSS 中是未来 DSS 发展的重要方向。大数据的内存计算技术(Hahn et al.,2015)能够极大提升数据的处理速度,从而缩短决策所需时间;流式数据处理技术能为实时决策提供有力支撑(孙大为等,2014),并使 DSS 具备实时监控、主动决策的能力;分布式计算技术是进行大数据处理的基本手段,能让 DSS 拥有分析全部数据的能力,是构建"大数据驱动"的 DSS 的基础。

云计算中的资源虚拟化技术、资源整合管理技术、海量数据分布存储技术及大数据相关的 NoSQL 等技术能够为 DSS 在海量、多源、异构数据的融合、存储、挖掘与检索等方面提供强有力的支持，弥补过去 DSS 中的 RDBMS、DW、DM 和 OLAP 在新时期暴露出的不足。

5.2 基于空间智能计算的智慧地球辅助决策

5.2.1 空间信息智能计算技术概述

地理信息系统（GIS）是一个创建、管理、分析和绘制所有类型数据的系统。其最早萌芽于 20 世纪 60 年代的北美洲，同时地理科学的计量在欧洲完成巨大变革。法国人 Matheron 以前人研究为基础，首次提出了"地统计学"这一概念。一开始，GIS 主要是定量分析，运用统计方法分析点、线、面的空间分布规则，后来则注重地理空间数据本身的特性、空间分析决策过程及复杂空间系统的演变过程，并形成了空间分析的理论与技术方法。同一时期，加拿大土地调查局开发出加拿大地理信息系统(CGIS)并投入使用，使应用型地理信息系统进一步发展。

陈述彭等(2003)将 GIS 定义为一种搜集、存储、管理、分析、显示和应用地理信息的计算机系统，是分析和处理海量地理数据的通用技术。目前理论与实务界众多专家学者都普遍接受这一定义。该定义明确指出：GIS 的功能是分析和处理海量地理数据。可见，分析数据是 GIS 的主要功能之一。从另一个角度来讲，GIS 处理地理数据，其最终目的也是分析数据。因此，GIS 有别于一般信息系统、CAD 或电子地图系统的主要功能特征就是空间分析，而评价一个 GIS 的主要指标也是空间分析(郭仁忠，2004)。从长远来看，空间分析是 GIS 的核心，则 GIS 的最终目标就是支持地理决策，GIS 的空间信息空间分析的理想价值也是为决策者提供有效参考信息。

长期以来，对 GIS 空间分析技术的研究较空间数据库的理论与技术而言，有些落后。其原因在于，人们在研究 GIS 时，往往将精力集中用于建立庞大的空间数据库，并试图建立各种相关数据与空间位置或二、三维的坐标建立的连接关系。在今天，数字地球、数字城市已经成为研究热点，这些属于信息技术应用高级阶段的热门话题，为信息时代人们的日常生活描绘了一幅精彩画卷。但遗憾的是，地理信息系统并没有像 20 年前人们期待的那样，其现阶段的功能还停留在对空间数据的管理。GIS 如果缺乏强大的空间数据分析处理功能，我们只能将其称为"地理数据库"。

Goodchild 等（1997）提出，地理信息系统真正的功能在于它利用空间分析技术对空间数据的分析，而不仅仅是停留在数据库型的 GIS 层面上。在今后的研究中，我们需要逐渐把重点转移到空间分析和空间分析建模上，不再局限于建立数据库和系统研发建设。深入开发对科学决策有指导价值的信息，以此来解决地理学在应用中出现的问题，需要 GIS 具备高效的空间分析功能，如缓冲区分析、空间统计分析、网络分析等，以满足各个用户不同层面的需求。

空间分析将空间数据和空间模型进行整合分析，以此来发掘空间对象的潜在有效信息，分析目标的空间位置对分析结果有决定性作用，分析的结果随目标空间位置的改变而发生变化。通过空间分析可以发掘空间数据背后潜在的、有价值的信息，进一步发现空间问题的一般性规律。可以说，空间分析是一个发现知识、寻求真知的过程。人们对于空间数据的理解与解译能力在空间分析的过程中得以反映，空间分析能力同时决定着人们利用空间数据的深度和广度。在将来，空间分析技术的不断进步，必将导致 GIS 从一般的空间事务处理转向提供分析型的空间决策支持。可见，研究空间分析在 GIS 中的应用意义重大。

21 世纪以来，计算机与信息技术迅猛发展，GIS 得到了更加普及的应用。尤其是 GIS 与空间分析相互结合，发展空间广阔。基于空间分析强大的决策支持作用，美国 UCGIS 把空间分析作为当前 GIS 界十大重点问题之一，并将空间分析研究作为 21 世纪 GIS 的 19 个研究方向之一，主要包括地理数据的空间计算分析、地理边界和地图比例尺在空间数据体系中的作用、空间数据的采样和内插、GIS 数据结构和空间统计计算之间的关系等。

5.2.2　空间信息智能计算辅助决策原理

GIS 在本质上是一种决策支持型的信息系统。但是由于其本身设计是为解决结构化问题，对于半结构化和非结构化问题的解决效果并不理想，以及 GIS 缺少直接对决策过程进行支持的工具，早期的 GIS 并不适用于空间决策问题的解决。20 世纪 80 年代以来，空间决策支持系统作为一个新兴科学技术领域，在国内得到越来越广泛的关注和重视，在理论方法研究和应用实践两个方面都开展了很多工作，并且得到了一些很有意义的研究成果。目前，GIS 的技术的应用已经从数据存储管理和查询检索，演进到以时空分析为主体，走向支持区域空间结构演化的预测、动态模拟及其空间格局的优化发展新阶段。科学预测、动态模拟和辅助决策是 GIS 应用的高层次阶段，构建区域空间动力学应用模型是区域可持续化发展研究和 GIS 应用向纵向深发展的交汇点，在辅助决策中，有效信息的获取与组织及空间模型的构建是关键，而 GIS 将充分发挥其强大的信息集成优势、空间模拟及分析处理功能。

基于 GIS 的辅助决策系统包括三个部分：地理信息子系统，专题数据库管理系统和模型库管理系统。其中地理信息子系统是关键，是联系专题统计信息与空间模型库的桥梁，提供辅助决策中需要的空间信息并进行分析，并通过与专题数据库管理系统的交互实现对统计辅助信息的总体控制。专题数据管理系统用于管理各个专题信息数据库，负责对各数据库的管理维护和提供基本的对数据对象的定义和操作，及时准确地为系统提供可用信息，支持模型计算和统计分析，为知识库提供元素，在决策推理中提供各种基本事实等。

系统中的数据可以分为空间数据和属性数据两类。考虑到系统所需要的数据量巨大，数据采集和更新采用的是静态采集更新和动态采集更新两种方式。通过数据库将若干模型连接起来的模型库管理子系统，负责进行快速简便的新模型的构造，对模型进行分类和维护，以方便实现对模型的建立、修改、维护、连接和使用。整个系统由人机接口和总控制模块提供友好的界面和菜单驱动，由决策者进行人工干预，接受来自决策者的主观判断和经验信息，产生更能满足决策者需要的信息。最终结果要以空间信息的方式给出。基于 GIS 的辅助决策总体框架如图 5-4 所示。

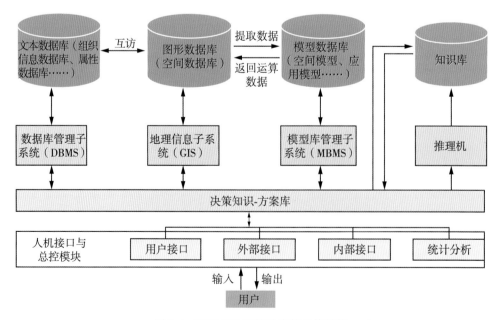

图 5-4　基于 GIS 的辅助决策总体结构

基于 GIS 的辅助决策中，地理空间信息在多源统计信息融合中发挥着重要作用。在总体结构下，GIS 在辅助决策的信息流程中扮演重要角色。对于辅助决策中的数据请求，通过建立的空间数据库和统计专题数据在地理空间基础上实现信息融合，抽取辅助决策中的相关信息构成中间专题库，集成模型库中的知识、规则及空间模型，结合 GIS 的空间检索、分析与可视化表达，完成 GIS 环境下的辅助决策过程。GIS 环境下的辅助决策信息流程如图 5-5 所示。

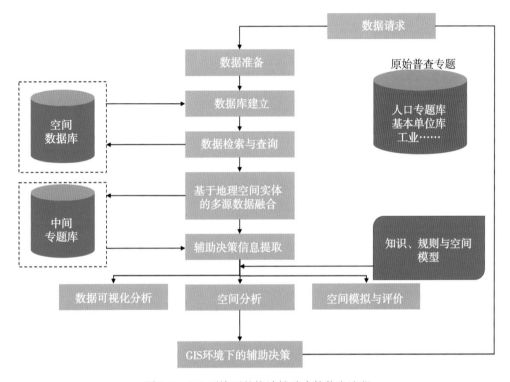

图 5-5　GIS 环境下的统计辅助决策信息流程

5.2.3　基于空间信息智能计算的辅助决策应用

选址和规划属于空间规划利用的典型案例。本节从选址辅助决策、规划辅助决策两个方面，介绍基于 GIS 的辅助决策应用。

5.2.3.1　智能选址应用

科学、合理的区位选择与空间布局是场所发挥作用的基础。规划建设城市应急避难场所是保障灾时人们的生命和财产安全，最大限度地减少突发事件给城市带来的损失和破坏，维护城市公共秩序和正常运营的最有效措施之一；同时，"基本公共服务均等化"理念的提出，意味着政府着力强调全体社会成员享有基本公共服务的公平与公正。例如，超市和商场位置的选择则是商业发展的基础，超市的位置也是决定经营方针的主要依据，企业要考虑整体网点布局的位置不能太过密集或稀疏，即现在的选址将会影响以后的竞争战略和商业布局。选址的不同意味着目标市场和目标群体的不同，影响本超市在消费者心目中的形象和定位。如处于中心商务区和城乡接合部的大型综合超市给消费者的直观感受是不同的。

对于应急避难的场所的选址尤其重要，吴健宏等(2011)通过疏散的总费用，即所有人的疏散距离之和最小；确保各个避难场所的供求比相对平均，这个目标可以等效于避难场所利用率的最大值最小化，即使得所有避难场所中利用率最大的场所的利用率值最小；同时满足避难场所的总个数最小三个条件的约束。此外，在约束条件中加入了一个强制距离限制值，使得所求得的方案在满足覆盖范围最大的同时，所有居民点的疏散距离都在一定范围之内，建立了场所选址的多目标优化模型，用于避难场所的选择。陈泓冰等(2014)以接近就近市场、实现居民"混居"、公共服务配套设施完善、经济合理为原则建立了基于 GIS 的保障性住房选址模型，保证被保障人群的生活质量和社会发展。姜传旭(2021)根据土地规划信息、交通信息、人口信息及现有商圈情况，利用 GIS 技术及 GIS 软件进行了大型商超位置的辅助选择。

5.2.3.2　智能规划应用

城市规划是为了实现一定时期内城市的经济和社会发展目标，确定城市性质、规模和发展方向，合理利用城市土地，协调城市空间布局和各项建设所做的综合部署和具体安排。城市规划是建设城市和管理城市的基本依据，在确保城市空间资源的有效配置和土地合理利用的基础上，是实现城市经济和社会发展目标的重要手段之一。城市规划涵盖了土地利用规划、交通规划、城市建筑布局规划、产业布局规划等各个方面，需要综合利用相关技术提供辅助决策。利用 GIS 的特点和功能，能够实现土地利用规划、城区建筑规划、交通规划的辅助决策功能。

黄梦龙等(2015)使用数字高程模型和以高精度 DEM 数据为数据平台的框架，利用包括土地利用现状等的决策支持专用数据，建立了三维 GIS 辅助决策系统，能够辅助决策人员从整体上把握土地利用现状和土地利用的总体规划，实现了拆迁分析、规划方案对比、光照分析、控高分析、视域分析等功能；帮助决策人员实现了建筑规划辅助的决策功能。将高速公路规划设计在三维地图上自动建模展示，并可模拟车辆沿规划道路行驶，直观地查看规划高速经过的地形地貌，包括需要建设的桥梁、隧道等，以检查高速设计的效果，评估施工的工作量等，能够有效实现交通规划的辅助决策功能。

5.3　基于大数据智能挖掘的智慧地球辅助决策

5.3.1　大数据智能挖掘概述

近年来，大数据中心已成为国家经济发展的重要命脉。正因其重要的地位，无论是政府、企业，还是网络运营商、互联网、金融等行业，都大力投资建设大数据中心，通过信息化改革，促进自身业务的发展。由于不同领域的大数据在特性上存在差异，并且人们分析大数据的背景和应用大数据的目的不同，因此不同的领域专家对大数据的定义也各不相同。高德纳咨询公司、维基百科、美国国家科学基金会分别从不同的角度给出了大数据的定义。我国的《工业大数据白皮书(2019 版)》还对工业大数据进行了定义。简言之，大数据就是无法在合理时间内利用现有的数据处理手段进行诸如存储、管理、抓取等分析和处理的数据集合。

有关大数据的特性，业界普遍将其归纳为 4V 特性：一是数据体量(Volume)大，如一些电商企业日常处理 PB 级别的数据已经常态化；二是数据类型多样(Variety)，如在工业大数据中数据类型包含了数值、文本、图片、音频、视频及传感器信号等；三是大数据的价值(Value)巨大，但价值密度稀疏，需要通过分析和挖掘来获取数据当中有价值的信息；四是大数据的高通量(Velocity)，它除了指数据高速产生以外，还意味着数据的采集与分析过程必须迅速、及时，以满足用户"及时、实时"的决策需求。

在特定领域，大数据还有着特有的性质，如在工业领域，人们还强调大数据的实时性、闭环性、强关联性、多层面不规则采样性、多时空时间序列性等；在管理与商业领域，人们更关注大数据的商用价值，并提出大数据应用的 5R 模型，即相关性(Rel-evant)、实时性(Real-time)、真实性(Realistic)、可靠性(Reliable)、投资回报(ROI)。在科研领域，Wang 等(2016)着重分析了大数据的不确定性特征。Wu 等(2014)则从大数据的异构(Heterogeneous)、自治(Au-tonomous)、复杂(Complex)、演化(Evolving)四个角度提出了描述大数据特性的 HACE 定理。

随着大数据应用越来越多地服务于人们的日常生活,基于大数据的决策方式将形成其固有的特性和潜在的趋势,在此我们将它们一并归纳为大数据决策的特点。在固有特性方面:大数据的实时产生及动态变化决定了大数据决策的动态性;大数据的多方位感知意味着通过多源数据的整合可以实现更加全面的决策;大数据潜在的不确定性也使得决策问题的求解过程呈现不确定性特征。在潜在趋势方面:相关分析或将代替因果分析,成为获取大数据隐含知识更有效的手段;用户的兴趣偏好在大数据时代将更受关注,更多的商业决策向满足个性化需求转变。大数据决策具有如下 5 个特点。

1. 大数据决策的动态特性

大数据是对事物客观表象和演化规律的抽象表达,其动态性和增量性是对事物状态的持续反映。不可否认的是,人们在决策过程中的每一步行动都将影响事物的发展进程,并全程由大数据所反映。此时决策问题的描述及决策求解的策略都需要跟随动态数据给予及时调整,通过面向大数据的增量式学习方法实现知识的动态演化与有效积累,进而反馈到决策执行中。大数据决策的动态特性决定了问题的求解过程应该是一个集描述、预测、引导于一体的迭代过程,该过程需形成一个完整的、闭环的、动态的体系结构。简要来说,大数据环境下的决策模型将是一种具备实时反馈的闭环模型,决策模式将更多地由相对静态的模式或多步骤模式转变为对决策问题动态描述的渐进式求解模式。

2. 大数据决策的全局特性

截至目前,人们已经开发出多种多样的决策支持系统,但多数是面向具体领域中的单一生产环节或特定目标下的局部决策问题。往往无法较好地实现全局决策优化与多目标任务协同。在信息开放与交互的大数据时代,大数据的跨视角、跨媒介、跨行业等多源特性创造了信息的交叉、互补与综合运用的条件,这促使人们进一步提升问题求解的关联意识和全局意识。在大数据环境下决策分析会更加注重数据的全方位性、生产流程的系统性、业务各环节的交互性、多目标问题的协同性。通过多源异构信息的融合分析,可以实现不同信源信息对全局决策问题求解的有效协同。基于大数据的决策系统,对每个单一问题的决策,都将以优先考虑整体决策的优化作为前提,进而为决策者提供企业级、全局性的决策支持。

3. 大数据决策的不确定性特征

一般,决策的不确定性来源于三个方面:一是决策信息不完整、不确定而导致的决策不确定性;二是决策信息分析能力不足而导致的决策不确定性;三是决策问题过于复杂而难以建模导致的不确定性。大数据决策的不确定性不外乎以上三个方面。在信息不完整和不确定方面，首先，大数据具有来源和分布广泛、关联关系复杂等特性，对于多数企业而言，即便借助各种先进的数据收集手段尽可能地将各种信源数据进行整合，仍难以保证信息的全面性和完整性；其次，大数据固有的动态特性决定了大数据的分布存在随时间变化的不确定性；另外，大数据中普遍存在的噪声与数据缺失现象决定了大数据的不完备、不精确性。在大数据分析能力方面，显然现有的大数据分析处理技术还存在不足，诸如多源异构数据融合分析、不确定性知识发现及大数据关联分析等方面仍是当前颇具挑战的研究方向。在决策问题建模方面，在一些非稳态、强耦合的系统环境下，建立精确的动态决策模型往往异常困难，比如流程工业中的操作优化决策。现阶段面向大数据的决策问题求解，人们通常使用满意近似解代替精确解，以此保证问题求解的经济性和高效性。这种近似求解方式实际上也反映了大数据决策的不确定性特征。

4. 从因果分析向相关分析转变

在过往的数据分析中，人们往往假设数据的精确性，并通过反复试验的手段探索事物之间的因果关系。但在大数据环境下，数据的精确性难以保证，数据总体对价值获取的完备性异常重要，此时用于发现因果关系的反复尝试方法变得异常困难。从统计学角度看，变量之间的关系大体可以分两种类型：函数关系和相关关系。一般情况下，数据很难严格地满足函数关系，而相关关系的要求较宽松，大数据环境下更加容易被接受，能满足人类的众多决策需求。面向大数据智能化分析的决策应用中，分析技术可为正确数据的选择提供必要的判定与依据，将其与其他智能分析方法相结合，有效避免对数据独立同分布的假设，提高数据分析的合理性和认可度。

5. 大数决策向满足个性化需求转变

在商业和制造业领域，对用户进行精准营销，满足用户的个性化需求是提升客户价值和实现企业竞争力的经营准则。在大数据背景下，产品和服务的提供及价值的创造有望更加贴近社会大众的个性化需求。以互联网大数据为基础，企业通过舆情分析、情感挖掘等以用户为中心的数据驱动方法，可以精准挖掘消费者的兴趣与偏好，作出有针对性的个性化需求预测，进而为消费者提供专属的个性化产品与服务。宏观上讲，大数据可以打通企业和消费者之间的信息主动反馈机制。社会大众通过意见的表达可以迅速转化为商业经营的决策依据，反向指导产品的设计和制造环节，实现生产与市场需求的有效对接。随着社会化媒体应用的深入，多元主体参与决策有了更多的便捷性和可能性，决策过程中价值多元的作用更加明显，由此传统自上而下的精英决策模型将会改变，并逐渐形成面向公众与满足用户个性化需求的决策模式。

通过以上有关大数据决策特点的总结，我们不难发现大数据决策有着相较于传统基于小数据分析决策的诸多不同之处。更进一步，大数据决策的特点反映了当前大数据智能决策的研究重点与需求。大数据决策的不确定性、动态性、全局性及向相关性分析的转变，决定了面向大数据的关联分析、不确定性分析、对增量与多源数据的有效利用都将是大数据智能决策研究中的关键内容。

5.3.2 大数据智能挖掘辅助决策原理

1. 大数据在辅助决策过程中的应用

大数据在辅助决策过程中的应用主要体现在三个阶段，分别是事前预测、事中感知及事后反馈。在事件预测过程中，大数据增强了对决策活动的预测功能，在决策活动未开展之前，事先对决策活动的未来进行预测和模拟。在事中感知过程中，大数据可以准确模拟活动的进展情况，从而把握活动进展细节，有助于制定行动计划和政策。在事后反馈过程中，大数据具有实时监测能力，可以及时了解政策和行动计划的时效性，并作出相应调整。

2. 大数据在辅助决策环节的体现

大数据在辅助决策环节体现在四个方面：①决策思维方法由因果关系的分析转向相关关系，接受数据关系的复杂性和数据结构的多样性，而不再过于追求数据的精确性；②决策参与主体从"专家和精英"转向拥有数据的"普通大众"，表现为决策参与主体的扩大，决策参与主体下移；③决策过程促使决策驱动方式从"业务经验驱动"向"数据量化驱动"转型，使决策从定性决策转变为定量决策；④决策模式对过去和现在的数据进行整合，对组织内外部数据进行分析，对海量数据进行挖掘，形成非线性的、面向不确定性的、自下而上的决策模式。

3. 大数据辅助决策总体架构的作用

大数据决策支持的总体架构(王传启等，2015)主要体现在三个层面：①数据存储，大数据辅助决策系统框架能够实现多源异构数据的存储；②数据处理，大数据辅助决策系统框架对数据进行清洗，采用一定的计算机技术按照目标要求进行处理；③数据分析，大数据辅助决策系统框架将处理后的数据进行可视化分析来挖掘知识。

5.3.3　基于大数据的辅助决策应用

目前我们处于"大数据"时代，信息技术的发展使得各行各业都积累了大量、完整的数据。通过数据挖掘能够分析各个行业的发展经验，以宝贵的经验为基础进行辅助决策，能够让行业更加健康、高速地发展。基于大数据的辅助决策在铁路、电网等相关领域都有广泛的应用。

5.3.3.1　智能铁路客票预测

黄丽燕(2017)通过对贵广高铁一周的客票数据进行分析，得到贵广高铁客流的时空分布特征、旅客出行行为等信息，从客流时空分布、出行行为、客流量预测等角度，分析贵广高铁的客流特征。基于平均移动法，对车站客流发送量与列车发送量进行匹配度分析，并通过客流推算列车发送量的优化方法，详细阐述了如何使车站的列车发送量与客流发送量的变化规律相适应。

5.3.3.2　智能电网规划建设

褚大可等(2017)基于大数据分析技术研究了一种新的电网建设辅助决策支持系统，能够在短时间内作出有效的决策支持，而且花费成本较低，对于电网建设有重要的指导意义。梁哲辉(2018)分析大数据的特征和大数据的关键技术，设计大数据技术下的电力客户服务辅助决策系统，大大提高了电网企业的客户服务水平。刘峰博(2016)从城市轨道交通网络化运营条件出发，针对应急辅助决策系统将要应对越来越复杂的异构大数据问题，探讨大数据技术在系统中的应用，能够为城市轨道交通应急管理提供技术参考。

5.4　基于平行系统推演预测的智慧地球辅助决策

5.4.1　平行系统概述

"平行系统"，最早由王飞跃研究员于 2004 年在《平行系统方法与复杂系统的管理与控制》一文中提出，目的是应对复杂系统难以建模与实验不足等问题。平行系统是指由某一个自然的现实系统和对应的一个或多个虚拟或理想的人工系统所组成的共同系统。首次提出了集人工系统（Artificial systems，A）、计算实验（Computational experiments，C）、平行执行（Parallel execution，P）于一体的平行系统技术体系（ACP），它通过实际系统与人工系统之间的虚实互动，对二者的行为进行对比、分析和预测，相应地调整实际系统和人工系统的管理和控制方式，实现对实际系统的优化管理与控制、对相关行为和决策的实验与评估、对有关人员和系统的学习与培训。

平行系统的核心是 ACP 方法，其框架如图 5-6 所示（杨林瑶等，2019），主要由人工系统（A）、计算实验（C）及平行执行（P）三部分组成。其中，人工系统由实际系统的小数据驱动，借助知识表示与知识学习等手段，针对实际系统中的各类元素和问题，基于多智能体方法构建可计算、可重构、可编程的软件定义的对象、软件定义的流程、软件定义的关系等，进而将这些对象、关系、流程等组合成软件所定义的人工系统。人工系统的作用是对复杂系统问题进行建模；基于人工系统的设计实验负责设计各类智能体的组合及交互规则，产生各类场景，运行产生完备的场景数据，并借助机器学习、数据挖掘等手段，对数据进行分析，求得各类场景下的最优策略；最后将人工系统与实际系统同时并举，通过一定的方式进行虚实互动，以平行执行引导和管理实际系统。

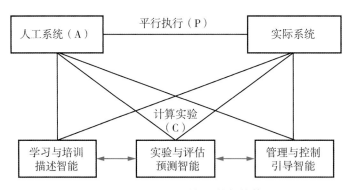

图 5-6　基于 ACP 的平行系统架构体系

对流程而言，平行系统通过开源数据获取、人工系统建模、计算实验场景推演、实验解析与预测、管控决策优化与实施、虚实系统实时反馈、实施效果实时评估的闭环处理过程，实现从实际系统的"小数据"输入人工系统，基于博弈、对抗、演化等方式生成人工系统"大数据"，再通过学习与分析获取针对具体场景的"小知识"，并通过虚实交互反馈逐步精细化。针对当前场景的"精准知识"的过程，平行系统的主要目的是通过实际系统与人工系统的相互连接，对二者之间的行为进行对比和分析，完成对各自未来状况的"借鉴"和"预估"，相应地调节各自的管理与控制方式，达到实施有效解决方案及学习和培训的目的。主要实现流程有以下 3 个步骤。

（1）实验与评估：人工系统被用作进行各种由于成本、安全等原因无法进行的重要破坏性实验和创新性实验，分析系统的行为和反应，并对不同的解决方案的效果进行评估，从而为量化评估系统要素、实现控制方案创新提供依据。

（2）学习与培训：人工系统被用作学习和培训复杂系统的管理与控制。通过实际系统与人工系统的适当连接组合，以安全、灵活、低成本的方式使相关人员在人工系统中快速掌握复杂系统的各项操作及其可能的结果，并量化考核学习与培训的实际效果。以与实际相当的管理与控制方法运行人工系统，使有关人员学习预判系统的可能状况及对应的行动。同时，人工系统的管理与控制方案也可以作为实际系统的预案，增强其运行的可靠性和应变能力。

（3）管理与控制：这种方式的目标是以虚实互动的方式实现复杂系统的管理与控制。一方面，通过测量实际系统与人工系统评估状态之间的差别，产生误差反馈信号，对人工系统的参数进行修正，减少差别，通过循环往复的交互尽可能地使人工系统模拟实际系统；另一方面，实际系统中的新问题、新需求和新趋势可以实时导入人工系统，通过在人工系统中的实验、测评和完善，获得优化的新解决方案，并据此引导实际系统的发展和演变，从而以"实际逼近人工"的方式实现复杂系统的"创新"功能。

5.4.2　平行系统推演预测关键技术

平行系统的 ACP 方法针对复杂系统的管理与控制实现了从数据采集到自适应优化控制的一套完整流程。平行系统的关键技术涉及复杂系统的感知、建模、决策、控制、测试等全过程，从而实现有关人员的学习与培训、决策方案的实验与评估、虚实系统的管理与控制。平行系统的数学模型能够帮助从整体理解平行系统结构与动态过程，从而能够进一步优化系统理论发展。

1. 平行感知

场景数据是构建平行系统的基础，经常通过各种传感器与摄像头采集数据。如今，计算机视觉的飞速发展，图像分类、目标检测等计算机视觉方法已经成为复杂环境感知与理解的主要方法。基于深度学习的计算机视觉技术需要基于大量的数据进行训练，且只能在单一的场景下进行使用，想要适用于其他场景，就需要使用模型或者新的数据进行训练。而大量的数据获取需要耗费许多人力物力，另一方面，对大规模多样性数据进行标注比较困难，在一些特定的场景下，比如对交通场景中恶劣天气下的数据标注工作较困难，而且无法保证数据集的有用性。

针对平行系统数据感知遇到的困难，解决传统计算机视觉感知数据样本复杂性和多样性不足的问题，提升视觉感知系统的泛化能力，孟祥冰等（2018）提出平行感知理论方法，其框架如图 5-7 所示。平行感知基于真实场景的数据训练扩展大量的人工场景，将大量人工场景的数据和真实场景的数据结合训练不同结构和参数的视觉算法，基于统计评估获得对应场景下最佳的视觉认知算法，增强传统视觉感知算法对复杂环境的适应能力和视觉算法的准确性、鲁棒性。王坤峰等（2016）提出了平行视觉的概念、框架和关键技术，利用人工场景模拟和表示复杂的真实场景，包括光照时段（白天、夜间、黎明、黄昏）、天气（晴、多云、雨、雪、雾等）、目标类型（行人、车辆、道路、建筑物、植物等），并且基于真实场景的数据训练神经网络等模型自动标注生成的人工场景数据，使采集和标注大规模多样性数据集成为可能。基于平行视觉的基本框架，相关研究者建立了开源的平行视觉研究平台 OpenPV（Open source parallel vision platform）（Li et al.，2019），发布了一批虚拟图像集，帮助实现对复杂环境的智能感知与理解。

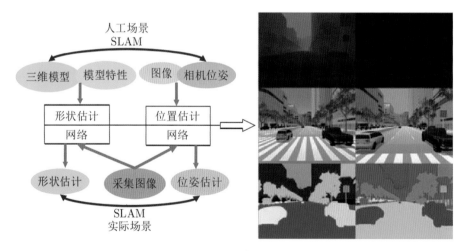

图 5-7　平行感知架构

2. 平行学习

强化学习是一种通过主动寻求数据、主动学习进行优化决策的机器学习方法。强化学习不需要标签数据，而是通过不断地与环境交互更新数据标签，对于在线系统优化是一种非常重要的方法，近年来受到了广泛的关注。但是，它的学习效率不高，需要与环境进行大量的交互反馈以更新模型，当面临复杂系统大数据处理时，过高的系统状态维数使算法收敛变得十分困难。

为了提高强化学习的学习能力，加快收敛速率，李力等（2017）提出了由数据处理和行动学习组成的平行学习理论框架（图 5-8）。在数据处理阶段，基于对复杂环境的智能感知和数据采样构建软件定义的人工系统，形成在线、有序的训练环境；在行动学习阶段，平行学习可以在人工系统环境中同时训练多个智能体。另外，与传统的强化学习不同，平行学习允许获取数据和完成行动采用不同的频次和发生顺序，并且基于相互竞争的对抗学习或迭代演进的对偶学习方法提高学习的效率。最后，基于对不同时序组合、不同迭代策略的智能体学习效果的评估，选择学习效率最高、效果最好的智能体进行决策。为解决深度强化学习方法存在的缺乏对新目标的泛化能力、数据匮乏及数据分布和联系不明显等问题，Liu 等（2018）基于平行学习框架提出了平行增强学习的理论方法，通过将迁移学习、预测学习和深度学习与强化学习融合，用于处理数据获取和行动选择过程，同时表征获得的知识。它通过人工系统与实际系统的结合，学习系统的一般特征，同时降低对数据的依赖度；通过迁移学习将解决某一问题的知识转化并扩展，在一定程度上解决缺乏泛化能力的问题；通过预测学习预测系统未来的状况，其生成的数据可以指导实际系统的学

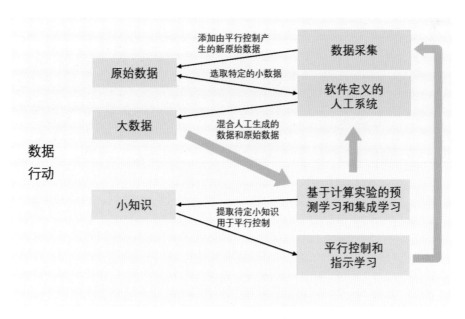

图 5-8　平行学习理论框架图

习，从而解决数据匮乏和数据分布不确定的问题；最后，结合强化学习实现对系统的优化控制。

3. 平行控制

控制的基本目标是根据被控对象的有限信息作出高水平的决策，使系统性能达到最优化。近年来，计算机智能控制技术的迅猛发展，为解决复杂非线性动态系统的优化问题提供了新思路。例如，自适应动态规划（Adaptive Dynamic Programming，ADP）算法采用自学习优化的方式，通过系统从环境到行为映射的学习实现目标的函数值最大，成为一类解决复杂系统优化控制的有力工具。但是，很多复杂系统的整体行为无法通过对其部分行为的独立分析完全确定，此时，ADP 等控制方法便无法取得良好的效果。此外，ADP 等智能控制方法一般要求系统数据的完备性，否则便无法获得全局最优。

为了弥补上述的不足，王飞跃等（2018）提出平行动态控制方法。其主要思想是基于实际系统的信号，收集状态—执行—奖惩信号，建立人工系统，产生人工数据；基于不同的人工系统训练多组优化控制策略，并基于动态规划的最优性原理，训练评判网络对优化策略进行评判，择优对实际系统进行控制和优化。此外，刘志杰等（2017）将平行控制方法应用于柔性弦分布式参数系统的控制，实现了数据驱动平行控制，取得良好的效果。

4. 平行测试

复杂的工业产品往往需要大量的验证和测试才能保证其可靠性。在自动驾驶领域，英特尔（Intel）的自动驾驶首席架构师 Jack Weast 曾指出，如果要达到无人驾驶安全上路的要求，大概需要进行 480 亿千米的道路测试，这十分不利于企业在激烈的行业竞争中取得优势（杨林瑶等，2019）。为了在保证系统鲁棒性的同时提升系统测试和验证的效率，赵祥模等（2019）提出了以计算机仿真技术为基础的虚拟测试技术，使测试系统能够在短时间内处理数千个任务的定量测试。但是，基于仿真的测试高度依赖人类专家们的知识来正确地设计场景，同时，通过仿真测试的某些场景也需要在现场测试中重新评估和验证，以验证测试系统的可靠性。Li 等（2019）提出了一种人在回路的平行测试系统，通过融合人类专家与计算机系统的优势，使系统具有在人类专家指导下自动升级的认知机制，同时引入对抗式学习模型，以自动生成新的任务实例，进一步提升其自动测试验证能力。该系统成功应用于中国智能汽车未来挑战赛，为这一世界上规模最大、连续举办时间最长的自动驾驶比赛提供了有效的测试支持。

5.4.3　基于平行系统推演预测的辅助决策原理

随着决策支持系统(DSS)的发展和各项技术的支持,辅助决策在社会与军事领域中都有大量的需求。社会与军事系统中的辅助决策研究从物理域、信息域向认知域、社会域延伸而变得异常复杂,以致传统的研究方法无法发挥有效作用。诸如突发事件应急管理中的应对决策和现代作战中的指挥决策,由于存在大量的非程序化因素、面临严重的决策时间和决策后果压力、需要多决策主体协作等问题,其任务的复杂性和决策者的认识能力有限性之间的矛盾非常突出。在这样的矛盾情况下,要进行有效的决策,不但要获得有效的决策信息,而且要增强对信息处理的智能(邱晓刚等,2016)。

基于平行系统的理论思想,就是针对问题域建立一个虚拟空间来集成问题域已有的知识,把这个虚拟空间和真实空间耦合在一起形成一个平行空间,有助于解决问题复杂性和能力有限性之间的矛盾。这个平行空间可称为智能空间。对于复杂的现实场景,例如战场,现代作战节奏日益加快、协同日渐精准、指挥日趋复杂、数据日益庞大,涉及的是一个复杂系统,精确计划型战争复杂性与认识能力有限性的矛盾更加突出。在决策时间、责任等压力下,决策者需要辅助工具来帮助透视战争"迷雾"。根据王飞跃等(2018)的平行系统理论,这个辅助工具,即人工系统应能够形成虚拟战场空间。它与物理战场空间平行化后形成智能空间,帮助决策者应对复杂的决策问题。

人工系统中融合模型、数据与规则,通过计算实验产生各种条件下动态演化的复杂系统,其中包含的全维、多角度情景数据可帮助决策人员作出有量化依据的决策。也就是虚拟系统提供的复杂系统态势变化情景,能够对关键事件进行跟踪分析,对多方案、多样本进行统计评估,对单方案诊断与优化分析,对多方案进行对比分析。这样一方面可以研究战场变化的规律,再通过规律来预测未来战争变化趋势;另一方面可对方案计划的风险、可行性和效益作出评估,进而优化方案计划。

平行系统的思想拓展且超越了传统仿真。但从建模技术角度,目前的平行系统是计算机仿真的扩展与升华。构建上述要求的人工系统需要建模与仿真环境的支持,理想的环境应满足以下 5 个方面的要求。

(1)支持多样化的仿真运行方式,如能够提供在线与离线运行方式、人在回路与人不在回路运行方式,以及大样本并发运行、克隆运行等方式。

(2)能够对多方面的成果进行综合集成。构建平行系统时,环境能够支持多个领域的知识、模型和数据的综合，包括经验知识与数据。应用实验结果时，由于复杂问题辅助决策并不是单次计算实验就能够完成的，往往要通过人工系统做多层次、多方案的实验，因此，平行系统应能够把多次多种计算实验的结果综合起来，提供决策者所需要的信息。

（3）能够提供领域问题与实验技术衔接的桥梁。即能够将辅助决策问题转化为可人工系统计算实验的问题。对于最终用户而言，这是目前仿真系统或者平行系统在辅助决策应用中遇到的一个比较大的瓶颈。缺乏这种转换支持，领域人员难以使用人工系统手段和工具。

（4）具有灵活方便仿真实验环境。不同类型、不同层次、不同用途的用户都能够按自己的需求方便使用环境构建人工系统和进行计算实验。

（5）能够提供高效的计算实验方法。辅助决策的计算实验要多批次、多样本大量地运行，没有高效的实验方法支持，决策时间压力就难以解决。

同时，还期望这个环境能够提供多种运用模式。下面以一个特定的作战辅助决策应用为例，说明期望环境能提供的运用模式。

（1）如环境中已经建立了特定的人工系统，这时的计算实验只需要军事人员参加。军事人员使用环境工具将问题转化为想定，再通过想定加载工具在人工系统上加载作战方案计划，然后用实验设计与管理工具进行实验设计后，启动计算实验引擎运行，多次运行的结果综合分析后通过可视化工具向军事人员展现。

（2）如环境中没有建立相应的人工系统，那么需要作战实验人员采集相应的数据，再调用相应的模型来生成人工系统，然后按前述方式应用。在经过验证和确认后，相关数据和该人工系统可以保存在环境里作为资源，在今后类似的计算实验中重用。

（3）如果环境中还缺乏一些生成特定人工系统所需要的模型，那么需要在军事人员的协助下，由作战实验人员和仿真人员利用环境提供的元模型来构建相关的模型。如果构建模型的元模型也缺乏，那么需要仿真人员设计和编程实现新的元模型。

构建成功这样的环境后，在人工系统构建和环境完善之间形成良性循环：在环境支撑下可以高效构建一系列的人工系统，而在人工系统构建和应用中形成的元模型、模型和人工系统自身，可以补充到环境中，增强环境的能力。广义地讲，这可以看成一个学习的过程。目前，在作战和应急管理领域，这种学习还必须有人的介入，必须人机结合才能完成这样的"学习"任务。

5.4.4　基于平行系统推演预测的辅助决策应用

本节从交通辅助决策、医疗辅助决策及军事辅助决策三个方面，简要介绍基于平行系统辅助决策面向行业的应用案例。

5.4.4.1　交通控制管理应用

平行系统技术最早被用于智能交通领域，在城市交通、轨道交通等领域得到广泛应用，并取得了很好的社会与经济效益。基于平行系统理论技术，以青岛为试点，中国致力打造包括城市交通、公共运输、物流交通、社会交通等的平行交通系统，来缓解交通拥堵，保障交通安全，提升交通体验。

在理论方面，目前提出了并行交通系统模型，发展了基于 Agent 的交通网络控制理论和方法，提出了数据驱动的人工交通系统构建方法，能够有效分析交通控制的工程复杂性和社会复杂性；提出了一种基于云的无人混合智能解决方案，通过构建无人并行系统对实际无人系统进行预测和引导。其中，Dong 等（2017）和 Xiong 等（2017）研究了基于 ACP 方法的快速公交平行运输管理与控制系统；Kong 等（2013）研究了一种特殊的用于城市运输体系的平行交通管理控制系统；Lv 等（2015）研究了基于计算实验的交通疏散管理；Yang 等（2015）研究了平行停车系统。

在实践方面，已经构建了青岛市平行交通控制与管理系统，包括青岛市人工交通系统，并利用青岛市平行交通控制与管理系统研究了交通控制与管理方案的优化与评价，并且设计并实现了基于移动代理和云计算技术的智能流量云架构，实现了基于代理的网络流量控制系统。青岛市平行交通控制与管理系统于 2014 年获得 IEEE SMCS 最佳工程实践奖，并在 2015 年获得了 IEEE ITSS 杰出应用奖。

5.4.4.2　医疗诊疗应用

平行系统在医疗中的应用已有大量研究，将平行系统引入医疗中能够解决传统医疗方法效率低、过分依赖医生经验及 AI 辅助诊疗样本不足、个性化定制差的问题。通过构建人工诊疗系统模拟和表示实际诊疗系统，运用计算实验进行各种诊疗模型的训练与评估，基于人工诊疗系统生成的完备大数据学习各种罕见病例的知识经验，借助平行执行对实际诊疗系统进行管理决策与实时优化，帮助医生减少误诊误治，提高效率，提升水平，同时也能帮助患者做好慢病管理，远离疾病，实现诊疗过程的自动化与智能化。

平行医疗的典型案例包括平行眼（王飞跃等，2018）、平行手术（王飞跃等，2017）、平行高特（土飞跃等，2017）、平行皮肤（王飞跃等，2019）等，相关疾病常伴发其他慢性疾病并相互影响，其治疗需要综合考虑各个疾病之间的相互影响，同时还需要加强对病人的教育，养治结合，才能达到更好的治疗效果。因此，其诊疗系统也是一类复杂的社会系统。平行医疗系统引入 CPSS（Cyber-Physical-Social Systems，社会物理信息系统），通过研究诊疗系统这一社会系统与物理系统、信息系统之间的交互作用，利用信息系统中无限的数据和信息资源，突破物理系统资源有限的约束和时空的限制，达到更好的诊疗效果。

5.4.4.3　军事指挥控制应用

随着科学技术和军事理论的发展，联合物理域、网络域与感知域的跨域作战成为现实，其主要表现是以常规武器为核心的"明战"、以网络武器为主导的"暗战"及以社会媒体为手段的"观战"的有机战略组合。如何结合明战、暗战、观战等形式（王飞跃等，2019），以实时和常态化的方式综合在物理域、网络域、感知域（阳东升等，2018）中的军事行动，是国防建设的重要任务。未来，必须要建设面向社会物理信息系统的军事体系，以应对更加复杂的战争环境。

王飞跃等（2012）基于 ACP 方法提出一种平行军事体系，该体系是一种面向网络化、大数据，以深度计算为主要手段的管理与控制复杂军事过程与系统的方法。平行军事体系由实际军事组织及系统和相应人工军事组织及系统组成，其特点是以数据为驱动，通过实际军事组织及系统的数据构建人工军事组织及系统，在此基础上，利用计算实验对各类复杂军事问题、行为及决策不断进行分析、预测和评估，提升作战能力与军事水平（葛承垄等，2017），最后，通过实际与人工虚实互动的执行方式来完成特定军事任务及目标。在平行军事的体系下，阳东升等（2018）、邢阳等（2018）提出了平行航母和平行坦克的指挥与控制架构，通过相应作战装备的人工系统与实际系统的虚实互动，提升其作战水平和智能化水平。

第 6 章 智慧地球感知认知决策行动互馈模式

人类在给地球装备上传感器、控制器，建立并保障"地球大脑"持续感知、计算、决策控制模式，"智慧地球"就可以启动自适应学习模式。其中，依据知识规则推理出最适宜的认知，进而为人类行为决策提供适宜的辅助决策信息，这属于初级"智慧"。通过人类为地球物质系统、社会系统建立起信息采集、知识挖掘、规则推理、决策控制等，地球本身实现自主学习、自主决策，实现自治式的"智慧地球"运行模式，这就属于高级"智慧"。

从这个角度来看，什么样的感知-认知-决策-行动互馈应用模式，可以构建起支撑人类辅助决策的初级"智慧"？怎样构建感知-认知-决策-行动互馈应用模式，智慧地球能够进化出高级"智慧"？构建出什么样的保障模式，才可以使处于持续进化的智慧地球，始终如一地忠于其服务人类的目标？这些问题，是本章拟讨论的问题。

6.1 智慧地球感知认知决策行动互馈场景

地球人类生存环境对应的物理空间，是智慧地球研究的重要空间，也是智慧地球感知-认知-决策-互馈场景研究最关注的空间环境。1989 年，"国际航空联合会"将人类生存环境分为四类：第一环境为陆地，第二环境为海洋，第三环境为空中，第四环境为外层空间。这种划分方法比较直观，侧重从地理空间位置视角，对人类生存环境进行划分。按照地球科学基本理论，人类生存在地球表层对应的物理空间，可以划分为大气圈、生物圈、水圈、岩石圈，各个圈层的物质对象、状态及运动系统，构成了智慧地球感知到决策行动互馈的基本物理环境。

依托面向行业的科学技术进步和信息化技术，感知-认知-决策行为互馈应用模式使基于智慧地球的行业应用系统成为一个具备自我感知、判断、分析、选择、行动、创新和自适应能力的系统，让业务、服务、管理全过程都充满智慧(见图6-1)。在赖以生存的物理空间环境中，我们更需要科学地认知物质系统当前状态，并预测出短期、中期乃至长期其物质环境特征。这为人类更准确地认知共同生存的地球环境上形成的无数个体活动、社会系统及带来的创新行业形态等提供了基础。这不仅是为了节省和效率，同样重要的是为人类提供了更美好的生活。由于这些技术的进步，世界变得更小，变得更加"扁平"，也变得更加"智慧"。

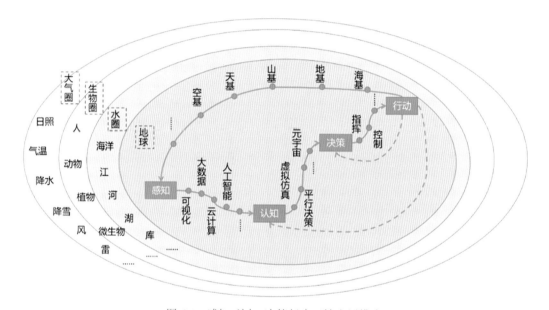

图6-1　感知-认知-决策行为互馈应用模式

从感知、认知、决策、行动的反馈闭环来看，海基、地基、山基、天基、空基是基础感知设施获取的地球环境以及水圈、生物圈、大气圈动态对象的行动信息，是智慧地球重要数据信息；可视化技术、大数据、云计算及人工智能等，是从感知到认知的核心技术；虚拟仿真、平行决策及元宇宙，是根据信息的提取认知，到智能化信息决策的重要技术支撑；指挥、控制及评估，组成了决策到行动的重要步骤。

6.1.1　大气圈场景

大气圈与大气层为同义词，是地球最外部的气体圈层，包围着海洋和陆地。大气圈厚度在1000km以上，但没有明显界限。在离地表2000~16000km的高空，仍然

有稀薄的大气粒子。在地下、土壤和某些岩石中，也会有少量气体，它们也可以认
为是大气圈的一个组成部分。大气圈的气体具有自然流动性。在地球自转、地球重
力作用等的影响下，大气圈的空气和水汽等具有特定的运移及能量交换规律。

　　根据大气在垂直方向上的温度状况、密度状况、运动状况，大气圈垂直分布又
可以划分为对流层、平流层、中间层、热层和外层大气①（见图 6-2）。

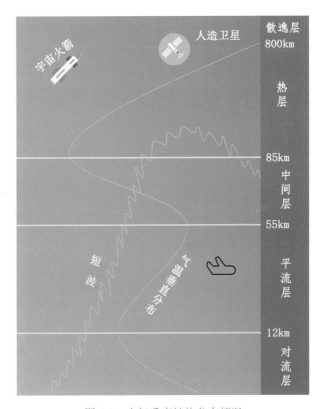

图 6-2　大气垂直结构分布情况

　　对流层底界是地球表面，顶界随着地球纬度、季节等情况而变化。对流层的顶
界，在赤道区平均为 17~18km，在中纬度地区平均为 10~12km，在南北极地区平均
为 8~9km。就季节而言，对流层顶界的高度，在夏季高于冬季。对流层的气温主要
靠地物红外辐射的热能加热，该层温度随着高度升高而降低。在对流层内，平均每
升高 100m，气温下降 0.65℃。

————————————

　　① 大气层的结构，见川东在线（yunbaoriji.com）发表的文章《大气的结构》，发表时间为 2022 年
3 月 29 日，网址：https://yunbaoriji.com/post/94367.html，访问时间为 2022 年 8 月 10 日。

平流层中聚集了几乎地面所有蒸发的水汽。因此，由于对流层不同温差，大气运动及水汽与不同高度气温的能量交换过程，就会形成云、雨、雾、雪、雹等天气现象。大气运动还会受到地球表面地表下垫面环境（指大气层以下地表覆盖及地表人工构筑物等附着物）的影响，不仅受自然下垫面（海洋、沙漠、城市等），还受下垫面中的人类社会不同强度的社会活动的影响，如城市地区的工业、制造业等，城郊地区的农业、林业，城乡之间的交通运输等，人类大量燃烧或者化石燃料产生的二氧化碳排放到空气后，会影响大气温度的变化。

人类生产生活形成的颗粒物、地面扬尘等，会随着水汽蒸发进而以悬浮颗粒或者游离态元素存在于大气中，影响以大气成分、能见度等为代表的空气质量，影响大气组分及密度，进而影响不同组成物质对地面辐射的吸收特征，可能引起温室效应等问题。因此，人类活动对于大气圈成分、温度的影响，会对大气运动过程产生一定影响，最终可能影响水汽输送过程，进而影响全球水汽交换系统、陆地系统与海洋系统的水汽交换系统、陆地之间、海洋内部的水汽能量交换系统。本书以大气圈的气象要素识别、天气系统监测、灾害性天气预警为例，阐述智慧地球大气圈感知、认知、决策、行动互馈需求。

1. 气象要素识别

随着空间遥感技术发展，大气圈中的水汽运动以及水汽含量等特征，可以采用高空大气探测技术，地面水汽监测技术，空、天、地联合的遥感监测技术等进行定量观测或者监测（表6-1）。

表 6-1　中国气象站性能要求

气象要素	测量范围	准确度	分辨率	采样速度	平均时间
气温	−50~+50℃	0.2℃	0.1℃	6 次/min	1 分钟
相对湿度	5%~100%	4%（≤80%时） 5%（>80%时）	1%	6 次/min	1 分钟
气压	500~1100hPa	0.3hPa	0.1hPa	6 次/min	1 分钟
风向	0°~360°	5°	3°	60 次/min	1 分钟
风速	0~60m/s	$(0.5+0.03V)$ m/s	0.1m/s	60 次/min	2 分钟
降水量	0~4mm/min	0.4mm（≤10mm） 4%（>10mm）	0.1mm	1 次/min	累计
能见度	20~20000m	10%（≤1000m） 20%（>1000m）	1m	6 次/min	1 分钟

（1）气象要素的特点：卫星微波成像仪的遥感监测信息，可以反演到地表温度、土壤湿度、洋面温度、洋面风速、海冰、积雪、云水、液水、降水、大气柱水汽总量等多种地球物理参数。气象要素具有动态特性，同时也具有可监测性。

（2）气象要素识别的基本流程：随着空间遥感技术发展，大气圈中的水汽运动及水汽含量等特征，可以采用高空大气探测技术，地面水汽监测技术，空、天、地联合的遥感监测技术等进行定量观测或者监测。

①气象要素探测：包括低空气象要素、中空气象要素、高空气象要素、深空气象要素。

②气象要素产品：包括大气产品（包括降水、云水含量、大气可降水等产品）、海表产品（海温、海冰、海面风等产品）、陆面产品（包括土壤水分、积雪深度、陆表温度等产品）等。

2. 天气系统监测

（1）天气系统的特点：天气系统具有典型的尺度效应。大尺度天气系统水平尺度可达到 10000km，热带气旋的水平尺度也能达到 2000km。在这些大的天气系统背景中，多尺度扰动相互作用的结果经常产生局地致灾性强对流系统。

（2）天气系统监测的流程：首先使用气象卫星、雷达、地面站等多种设备，实时监测气温、湿度、降水、风速、气压等气象要素。数据来源包括全球、区域和本地观测网络，以确保信息全面。然后对数据进行分析与处理，包括对收集的原始数据进行清洗和格式化，排除异常值和误差。以及应用数值分析技术将各地的数据整合，为建模和预测做好准备。接着进行建模与预测，利用数值天气预报模型，模拟未来天气系统的演变，同时可以使用深度学习和人工智能技术也逐渐用于提高预测的准确性。对极端天气事件（如台风、暴雨、强降温等）进行及时识别，向公众和相关机构发布预警，通过多渠道传播（如电视、广播、手机应用和网站），确保信息覆盖广泛。最后进行评估与反馈，对实际天气与预测结果进行比较，评估模型的准确性和可靠性并根据反馈持续优化预测模型和数据处理流程。"

图 6-3 展示了在 2022 年 7 月 19 日对之后两周全球部分地球天气的预测情况。

3. 灾害天气预警

大气圈出现的大风、暴雨、雷电等灾害天气，可能威胁着人们的生命财产安全，给社会经济发展造成极为深远的影响。灾害性天气代表着地球空间环境中的水汽运动及能量转换，代表着自然能量中的风能、水能、太阳能、潮汐能等自然能量的波动。灾害性天气往往是大气层冷热气团剧烈的能量交换过程。然而，虽然通过空-天-地协同监测可以发现强对流天气系统现象是出现风、雨、雷暴等灾害性天气

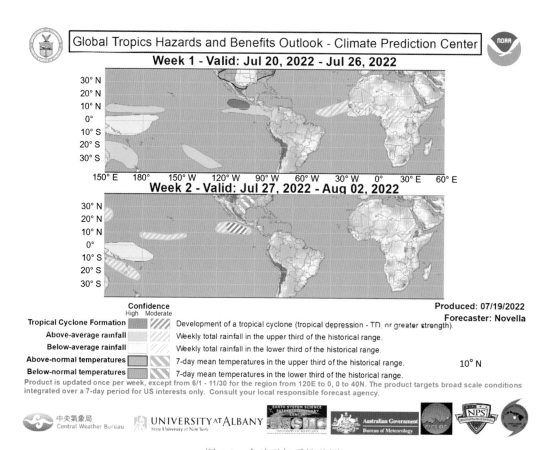

图 6-3 全球天气系统监测

的必要性征兆，然而，灾害性天气预警，尤其是早期预警预报的准确性，仍然面临较大的挑战。

（1）灾害性天气往往具有以下特征：

①观测网有限性。自动气象站、天气雷达、卫星云图等具有探测多尺度气象要素的能力，但主要监测中小尺度天气系统的演化过程，不能有效捕捉突发性、小尺度的强对流天气特征，大部分灾害性天气的时空尺度小，气象观测存在"大网捕小鱼"的现象。

②预警预报性不确定性。灾害性天气成灾机理复杂，大风、暴雨等短临时预警预报可以提前 3~6h；但短时强对流天气的风暴体等预报准确性有限，一般只能提前 5~10min 不等。

③突发性。灾害性天气往往发生突然、时效快、生命史短，如龙卷风、飑线风、雷暴大风往往只有数小时甚至分钟级的生命史。

④破坏性。灾害性天气都会具有一定的破坏性，可能是直接引发气象灾害(比如龙卷风、飑线大风能快速摧毁房屋、刮翻船舶，冰雹砸伤人畜，大雾引起交通事故等)，也可能本身不引发气象灾害，但其次生灾害(比如暴雨对应的次生灾害有洪涝、滑坡、泥石流等灾害)的破坏性却可能极强。

全球气候变化背景下，未来灾害性天气将出现更多极端性特征，发生频率和强度会发生显著变化，高空大气环流和空间天气也会出现较大幅度调整；以全球海温升温为主要特征的变暖现象及厄尔尼诺、拉尼娜等海温空间分布异常事件，通过海气相互作用，不仅导致大气环流异常，大气异常又会正反馈到海洋洋流，导致洋流异常，并带来热带气旋、台风等海洋极端天气的发生，直接影响到未来陆海空天战场环境的安全保障。

(2)灾害性天气预警基本流程。

对于灾害性天气预警来说，其典型流程包括：

①灾害性天气特征的识别；

②致灾临界气象条件的确定；

③灾害性天气风险评估。

6.1.2　生物圈场景

生物圈的概念是由奥地利地质学家休斯(E. Suess)在 1375 年首次提出的，是指地球上有生命活动的领域及其居住环境的整体。生物圈是指地球上所有生态系统的统合整体，是地球的一个外层圈。它包括海平面以上约 10000m 至海平面以下 11000m 处，其中包括大气圈的下层，岩石圈的上层，整个土壤圈和水圈。但绝大多数生物通常生存于地球陆地之上和海洋表面之下各约 100m 厚的范围内。生物圈是地球上最大的生态系统，是一个封闭且能自我调控的系统，广义上包括生物与岩石圈、水圈和空气的相互作用。

生态圈由生活在陆地、海洋、土壤、大气中的有生命或者生命活性的物质组成。不同物种、不同生命体与其赖以生存的环境共同组成的系统，构成了不同的生态系统。按照生态系统属于陆域还是水域环境，可以将生态系统划分为陆域生态系统、水域生态系统两个大类(见图 6-4)。

水域生态系统可以分为海洋生态系统、淡水生态系统。海洋生态系统是指在海洋中由生物群落及其环境相互作用所构成的自然系统。整个海洋是一个大生态系统，包括很多不同等级(或水平)的海洋生态系统，每个海洋生态系统都占据一定的空间，包含有相互作用的生物和非生物组分，通过能量流动和物质循环构成具有一定结构和功能的统一体。淡水生态系统，是指在淡水中由生物群落及其环境相互作用所构成的自然系统。淡水生态系统分为静水的和流动水的两种类型。前者指淡水湖泊、沼泽、池塘和水库等；后者指河流、溪流和水渠等。淡水生态系统具有易被破坏、难以恢复的特征。

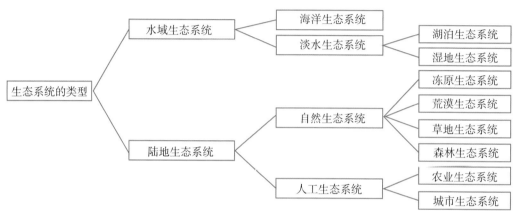

图 6-4　生态系统分类示例

陆地生态系统又可以划分为自然生态系统、人工生态系统。自然生态系统是指在一定时间和空间范围内，依靠自然调节能力维持的相对稳定的生态系统，如原始森林、海洋等。自然生态系统为人类提供食物、木材、燃料、纤维及药物等社会经济发展的重要组成成分。人工生态系统，是指经过人类干预和改造后形成的生态系统。它决定于人类活动、自然生态和社会经济条件的良性循环。人类对于自然生态的作用，主要表现在人类对自然的开发、改造上。农业生产就不仅改变了动植物的品种和习性，也引起气候、地貌等的变化。

冻原生态系统、荒漠生态系统、草地生态系统、森林生态系统是典型的自然生态系统。其中，冻原生态系统又称苔原生态系统(Polar Ecosystem)，是由极地平原和高山苔原的生物群落与其生存环境所组合成的综合体。根据分布区域的不同，又分为极地(苔原)生态系统和高山(苔原)生态系统。主要特征是低温、生物种类贫乏、生长期短、降水量少。全球苔原面积约 800 万平方千米，约占陆地总面积的5.3%。苔原生态环境极为恶劣。荒漠生态系统是指分布于干旱地区，极端耐旱植物占优势的生态系统。由于水分缺乏，植被极其稀疏，甚至有大片的裸露土地，植物种类单调，生物生产量很低，能量流动和物质循环缓慢。草地生态系统是指在中纬度地带大陆性半湿润和半干旱气候条件下，由多年生耐旱、耐低温、以禾草占优势的植物群落的总称，以多年生草本植物为主要生产者的陆地生态系统。草地生态系统具有防风、固沙、保土、调节气候、净化空气、涵养水源等生态功能。草地生态系统是自然生态系统的重要组成部分，对维系生态平衡、地区经济、人文历史具有重要地理价值。森林生态系统是森林生物与环境之间、森林生物之间相互作用，并产生能量转换和物质循环的统一体系，可分为天然林生态系统和人工林生态系统。与陆地上其他生态系统相比，森林生态系统有以下特征：生物种类丰富、层次结构较多、食物链较复杂、光合生产率较高，所以生物生产能力也较高，在陆地生态系统中具有调节气候、涵养水源、保持水土、防风固沙等方面的功能。

　　人工生态系统则包括农业生态系统、城市生态系统等。农业生态系统是指农业生物种群与农业生态环境构成的生态整体。农业生物包括农业植物、农业动物和农业微生物；农业生态环境包括有机与无机环境。农业生态环境以人类为主体，其环境成分还包括人工建造的客体，如村庄、建筑物等。从宏观上看，农业生态系统是由农田生态系统、草原放牧生态系统、从事捕捞的水域生态系统、森林生态系统、居民点及饲养业生态系统等构成的复杂的多层次、多功能的生态系统，在各业系统之间行使着物质循环和能量交换职能。城市生态系统是一个综合系统，由自然环境、社会经济和文化科学技术共同组成。它包括作为城市发展基础的房屋建筑和其他设施，以及作为城市主体的居民及其活动。城市在更大程度上属于人工系统，它需要从外界获得空气、水、食品及燃料和其他物质。

　　生物圈是自然灾害主要发生地。自然灾害会对生态系统生存环境产生直接或者间接改变，进而影响生态系统原有平衡，甚至可能打破已有平衡，衍生出环境生态灾害。例如，气象灾害属于重要的自然灾害之一。气象灾害(如大风、暴雨、干旱、冰雪、冷冻等)是大气层天气系统剧烈变化引发的灾害。气象灾害的孕灾环境、成灾过程主要是发生在大气圈的对流层，直接会对活动在平流层的人类、动物、植物等产生影响。气象灾害极易次生其他灾害。以暴雨灾害为例，其易次生洪涝灾害。洪涝灾害属于水文灾害(如洪水、涝灾、凌汛等灾害)的一种。强降水或者持续降水过程是触发洪涝灾害的直接原因。随着全球气候变化及人类活动等因素的影响，未来出现极端强降水等事件的频率可能增高、强度可能增大。在城市生态系统、海洋生态系统、森林生态系统、草原生态系统等典型生态系统中都可以感知到植被的存在。植被的空间分布特征、植被的生物量状况等特征，直接影响着以植被作为资源进行利用的效能；同时，以植被生物量在一定程度上反映出的物理空间上植被覆盖浓密性，可以从宏观尺度上对下垫面自然遮挡特性进行总体性掌握。

以下介绍植被及植被生物量监测的遥感技术。激光雷达技术(LiDAR)属于目前对地观测领域的前沿技术,优势主要在于其很强的穿透力,从而能够得到与生物量密切相关的植被垂直结构信息。水平 LiDAR 变量用来描述水平维度的冠层结构特征,主要包括冠层覆盖度变量:植被冠层在地面的垂直投影面积占统计区总面积的百分比。当基于点云计算 LiDAR 变量时,冠层覆盖度为冠层点云占总激光点云的百分比;如果基于 CHM 提取 LiDAR 变量,冠层覆盖度可以表达为大于某一高度值的所有 CHM 像元所占百分比。垂直 LiDAR 变量用来描述垂直维度的冠层结构特征,并且同样可以基于点云或者 CHM 进行计算。典型的统计变量包括最大值、平均值、标准差、方差、高度分位数等。几乎所有的 LiDAR 变量均能够从点云或 CHM 中计算得到。

光学数据能够提供丰富的冠层光谱及纹理信息,并已广泛用于森林生物量的估测研究,但许多研究表明光学数据存在信号饱和问题,这一现象在生物量较高的森林区域尤为明显,从而制约了生物量反演精度的提高。另一方面,光学影像在实际应用中会受到天气现象的严重影响。总体而言,光学遥感数据更适用于植被类型和覆盖度等水平结构属性的估测,而对于垂直结构参数的反演则存在一定局限性,例如作为生物量估测关键参数之一的冠层高度。通过植被指数计算、图像变换(如主成分分析 PCA,缨帽变换 Tasseled Cap Transform,TCT)、纹理测度及混合像元分解(Spectral Mixture Analysis,SMA)等技术能够提取多种光学变量。

光学、雷达及 LiDAR 数据具有各自的优缺点,采用适当的方法将它们结合起来对于生物量估测精度的提高具有重要意义。LiDAR 数据能够有效估测森林结构参数,但由于大多数 LiDAR 系统仅具有单一波段,因此无法提供充分的植被光谱信息。光学数据能够提供丰富的光谱信息,但是光学反射率与冠层结构属性之间不存在强烈的相关性。因此,LiDAR 与光学数据是高度互补的。

6.1.3 水圈场景

水圈是指地球上以固态、液态、气态水体吸附的圈层。水圈中大部分水以液态形式分布在海洋、内陆水域(江、河、湖、库等)以及土壤之中;部分水体以固态形式,储存在于冰川、积雪和冻土之中;气态水,则主要分布在大气中。水体的液态、固态、气态三种形态,经由温度差异形成的热量交换过程,进行三种形态之间的相互转化。

水滋养孕育万物,水资源储量是重要的自然资源,也是制约社会经济发展的重要战略资源。地球上的水资源主要划分为淡水资源和海水（咸水）资源。其中，海洋水体的比例占 96.5%；淡水资源极其有限，只占全球水资源的 2.5%，其他内陆非淡水占 0.9%。对于淡水资源，其主要包括三大类：①储存在冰川或冻土淡水资源，占 68.7%；②储存在地下的地下水资源，占 30.1%；③储存在河流、湖泊、水库等地表水或其他形式的淡水资源，只占 1.2%（图 6-5）。

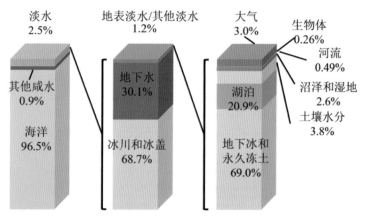

图 6-5　全球水资源组成以及水资源短缺情况分布图

　　水是万物之源，人类生存、生产及发展都离不开水。其中，尤以江、河、湖、库、海等储存液态水的环节，对人类社会发展及生态环境的繁荣具有重要影响。工业、农业以及生活用水是水资源的重要消费者。水资源作为宝贵的自然资源，影响着人口聚集度及区域经济的发展潜力。赋存在江河湖海的内陆淡水、储存在全球的地下水资源，以及固定储存在冰川、冻土中水资源，本身在空间分布上不具有均质性。

　　然而，这个不均匀性属于平均状态。地球水资源之间，存在着固、液、气三种状态的转化。地球上海洋水、内陆水、土壤水之间，通过降水、蒸发和径流三个环节，形成一个持续运动的水循环（见图 6-6）。其中，地球水圈的水资源，通过蒸散发，由液态蒸发或者由固体气化为水汽，升腾并游离在大气圈的对流层中。随着地球自转及季节性气温变化等大气运动过程，水汽在全球尺度上进行输送。气态水资源在天气系统作用过程中，会受到下垫面环境影响，进而在地球某些区域呈现出季节性较强的降雨、降雪水文气象特征。

　　以地形为特征的自然流域，具有汇聚流域内部雨水的能力，并通过河流、湖泊、水库等水系，最后以地表河流水系汇流、地表土壤渗流及地下水汇流等方

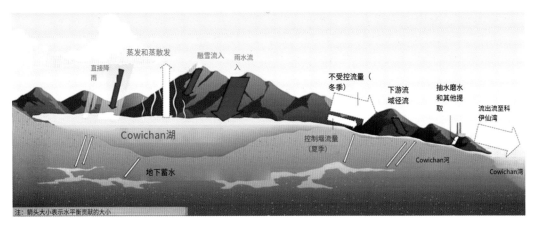

图 6-6　内陆水系统与海洋水系统水汽循环过程示意图

式，最后汇向海洋。全球水系统的降水、蒸发和径流，这三个环节构成的固、液、气三种状态转化、水汽运移以及水休循环等物理过程，最终在地形以及水体重力的作用下，经由降雨、下渗、产流、汇流，降水、融雪等一方面直接下渗到土壤，或者再下渗到地下水储层中；另一方面，土壤蓄满或者地下水位补齐后的自由水，将会随同地表汇流的雨水，在陆地地面一道汇向低洼区域。汇流雨水或者融雪水等，最后通过河网径流，以及通过地下汇流等状态，最终实现内陆水经由江河湖库自然水系向海洋循环的完整过程。因此，降水、蒸发和径流，不仅直接影响一个地区的水资源总量，也会决定着全球水量的平衡。

　　洪涝灾害可以划分为融雪洪涝灾害、暴雨洪涝灾害等；按照成灾区域不同，可以分为山洪灾害、流域洪涝灾害、城市洪涝灾害等；也可以划分为平原型、沿海风暴潮型、山地丘陵型、冰凌洪水灾害。我国洪涝灾害形势严峻，大约 62% 的城市面临不同程度的洪涝灾害。

　　我国洪涝灾害主要分布在东、南沿海地区，在西北地区呈现出逐渐减少的趋势。河网水系发达地区、地势低洼地区或者是排水能力不足的地区，发生洪涝灾害的风险显著较大。洪涝灾害不仅会引起河流水位猛涨、流速加快，进而导致河流中的鱼类被带离原有生活的河段；还会引起地面重金属等营养物质冲刷沉淀、土壤泥沙侵蚀搬运，导致沉淀的泥沙淤积河道；洪水过后沉淀出的营养元素，可能会引起水质富营养化，出现诸如蓝藻暴发等影响河湖水质、破坏生态系统的现象。人类活动将会直接导致水生态环境遭到剧烈的破坏。科学家发现了 400 多个"死区"（dead zones），这些区域水体的含氧量极少，生物无法生存（图 6-7）。

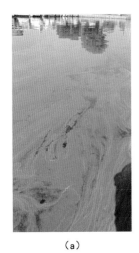
（a）

（b）

图 6-7　藻类的大量繁殖图

（图（a）为相机视角拍摄的湖面藻类暴发的情景；图（b）为美国宇航局地球天文
台拍摄的藻类暴发遥感影像，显示了 2015 年在美国密歇根州和加拿大安大略省之间
的圣克莱尔湖"死区"的形成）

6.1.4　岩石圈场景

　　岩石圈是地球球体固有的一个组成环境。岩石圈，包含地球球体表层空间，该
空间代表的地表环境，是生物生存和发展的重要空间。岩石圈是地球上部相对于软
流圈而言的坚硬的岩石圈层，厚 60～120km，为地震高波速带，包括地壳的全部和
上地幔的顶部，由花岗质岩、玄武质岩和超基性岩组成。其下为地震波低速带、部
分熔融层和厚度 100km 的软流圈。众人对岩石圈的认识分歧很大，有人认为岩石圈
与地壳是同义词，而与下部软流圈即上地幔有区别，但岩石圈与上地幔为过渡关系
而无明显界面；有人认为岩石圈至少应包括地壳和地幔上层。

　　岩石圈是巴雷尔在 1914 年根据板块理论提出的地球圈层概念。岩石圈可分为
6 大板块：欧亚板块、太平洋板块、美洲板块、非洲板块、印度洋板块、南极洲
板块。岩石圈包括地壳和上地幔的上部（见图 6-8（a））。岩石圈厚度不均，大洋部
分在洋中脊的最新部分只有 6～8km，在最老部分则有 100km；大陆岩石圈厚一
些，大多在 100～400km 之间。岩石圈厚度和地球的半径比较，几乎可以忽略不
计。由于地壳和上地幔顶部都是由岩石组成的，所以地质学家把它们统称为岩石
圈。岩石圈地球板块处于活动状态，尤其受风力搬运、雨雪下渗、浸入等影响，

岩石层的地震、滑坡、断层、火山喷发等地质活动，也处在运动状态之中。岩石圈陆地地表部分发生的地质灾害(见图 6-8(b))，主要包括滑坡(旋转滑动、水平滑动)、岩石滑坡、落石、崩塌、泥石流、岩屑崩落、坍方、地裂缝、边坡滑动等典型的地表地质灾害。

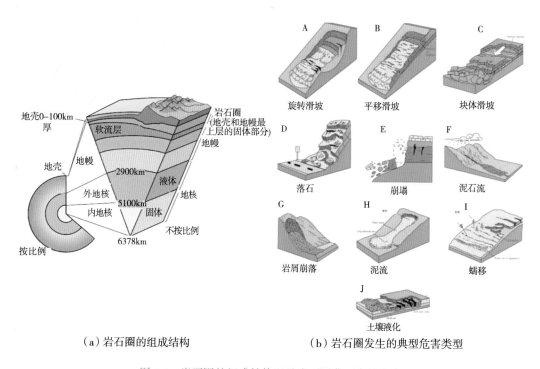

<table>
<tr><td>(a)岩石圈的组成结构</td><td>(b)岩石圈发生的典型危害类型</td></tr>
</table>

图 6-8　岩石圈的组成结构以及岩石图典型自然灾害

　　对于人类来说，岩石圈也是人类生产生活的基本空间。地球表层之上，人类具有生存条件的空间环境，以地表空间为中心，陆、海、空一体化环境，是人类通行以及从事社会经济活动的重要空间范围。随着航海技术、航空技术及地下空间利用等技术的长足发展，人类活动范围也逐渐由陆、海、空、天，延拓到深海、深地、深空环境。然而，对于日常生活来说，人们主要还是在以岩石圈为核心的地球表层空间地上、地下、水下活动。作为地球系统人居环境的重要载体之一，城市地下空间的重要战略地位早在 20 世纪末—21 世纪初就被国内学者预见。

　　近年来，城市地下空间及地下基础设施已成为我国新型城镇化的重要拓展方向，而在地球系统维度上，将地下环境、城市地下空间与地球系统多圈层研究相结合是走向人类与地球和谐发展的一种新体现。作为基础技术手段，城市地下空间的测绘与规划也正从数字化向智能化过渡。在地球系统中，冰冻圈对全球气候变化响应迅速，但其非线性演变过程仍难以被准确预测。地球三极、全球高原山区和大型城市地下空间等关键区域的关键过程主要包括：南北极冰层加速融化导致全球海平面上升；极地冰盖边缘和冰架崩解及冰盖底部融化加速导致冰盖的不稳定性增加；全球气候变暖导致南北极海冰面积减少；全球冻土退化、山地冰川退化、热熔湖面积扩增等现象造成山地滑坡、水土流失等地质灾害；规划不合理的城市地下基础设施工程致使城市发生城市道路塌陷、内涝等灾害。

目前，上述关键过程的探测大多采用了遥感观测技术和地球物理勘探等手段，按照传感器类型可分为可见光、热红外、微波、雷达、激光和重力等。同时，遥感观测可以根据实际要求实现对极地环境变化和城市区域形变不同时间和空间多尺度下的动态监测。需要指出的是，在冰冻圈关键区域和关键过程的观测研究中，遥感技术的使用并不能完全取代实地观测。因此，遥感数据与实地观测数据的智能融合与同化，有助于实现上述观测手段与技术从数字化向智能化过渡。

1. 冰川融化与海平面上升

极地冰川对全球气候变化非常敏感，观测结果表明全球变暖导致冰盖物质流失、北极冰川范围减少、厚度减薄和流速加快等。因此，加强对极地冰川变化过程的持续观测能够为全球变暖监测提供有力的数据支撑。冰川融化是目前仅次于海水热膨胀之外，对全球海平面变化贡献最大的因素。过去 20 年，格陵兰和南极冰盖一直在损失冰量，几乎全球范围内的冰川均在持续退缩。第 5 次 IPCC 评估报告中提到，近百年全球海平面已升高 0.19m，目前海平面升高速率还在继续加快，预计到 21 世纪末有可能再升高 0.18~0.59m，这将导致一系列的社会和环境问题。目前用于大范围冰川物质变化的定量研究主要采取的观测技术手段有卫星测高法、重力测量法、分量法(也称输入输出法)。另外，InSAR 和高分辨率航空机载多源观测技术也可用于提取冰盖表面流场、表面形态异常信息及变化时间序列。

2. 极地冰盖稳定性及底部结构

在极地冰盖稳定性方面，定量评估未来海平面变化的最大不确定性是对极地冰盖稳定性和快速变化(季节内、年际和年代际)动态过程的机制缺乏实际认识。为了监测极地冰盖稳定性，需要重点关注冰盖整体变化、冰架前缘和冰盖底部，包括冰架崩解、接地线退缩、冰流增速、冰层减薄、冰面升降突变、冰面融水下浸，以及冰下湖泊活动和冰盖底部滑动等具体过程。实现对极地冰盖三维立体观测需要结合中国极地冰盖考察支撑平台，在冰面采用探冰雷达、高精度 DGPS、LiDAR、物质平衡标杆网阵和冰流网阵等技术手段，辅以机载 InSAR、LiDAR、航空影像，对冰盖表面、内部结构和底部环境进行综合协同观测；针对冰盖快速变化(季节/年际尺度)的突变活动，对冰盖表面、内部和底部过程开展现场智能强化观测，为数值模式模拟和遥感分析研究提供关键性数据资料。目前，对极地冰盖的系统性观测仍存在不足，导致对其未来的稳定性和变化过程预估存在较大的不确定性，迫切需要建立卫星-航空-地面(科考站)集成的智能多源遥感/现场观测体系，实现对极地冰盖整体和底部关键过程的系统性智能强化观测。

3. 南北极海冰变化与极端气候

极地海冰是极地环境的重要组成部分，也是影响船舶航行安全和科学考察进行的主要因素之一。针对南北极海冰长时间序列的持续观测及南北极海冰的联动机制的探究，需要重点关注海冰密集度、范围和面积、海冰厚度、海冰类型及海冰反照率等关键参数。北极海冰的减少既加剧了北极地区的增暖速率，还影响着中纬度地区的天气情况。受北极秋季海冰减少的影响，东亚和北极地区冬季气温呈"跷跷板"结构，冬季极区冷空气更容易入侵东亚，造成严寒等极端气候，而夏季趋向变热且夏季温差变大，容易出现酷暑等极端天气事件。因此，传统利用单一遥感数据的观测手段已无法满足对海冰全球联动效应的分析需求，需要协同卫星测高、光学影像、主被动微波、航空测量(机载多传感器)和地面观测技术(如船测、浮标)，这将有利于构建极地海冰空-天-地立体遥感监测体系，如图 6-9 所示，形成多源遥感数据处理的新理论和新方法，为研制南北极海冰关键参数产品提供多源多角度的海冰智能化观测方案。

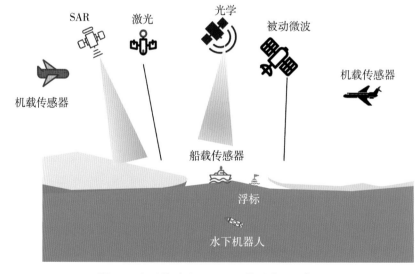

图 6-9　极地海冰空-天-地立体遥感监测体系

4. 冻土退化与地质灾害

青藏高原区域的冻土是研究全球气候变化的重要指标之一。冻土的冻融循环和退化对生态环境和人类工程活动影响巨大，需要重点关注冻土冻结期缩短、冻土退化、冻土范围减少与冻土厚度变薄等冻土对气候变化的响应过程。同时，地质灾害的多尺度关键过程是智能化测绘的重要应用场景。传统方法难以建立起完善的评价指标体系，尤其缺乏系统、完备的定量评价方法。基于多源遥感数据融合的智能观测，可以提取与建立影响多年冻土和季节冻土的综合影响因素和指标体系。在此基础上，基于多因素综合分析，可以进一步实现全球冻土空间分布识别和时空演变规律分析。例如，合成孔径雷达干涉技术可以有效反演青藏高原冻土区域地表形变，具有范围大、精度高的高效性。联合光学遥感技术和 InSAR 形变监测的智能处理技术可以探究湖泊急速扩张与冻土退化潜在的因果联系。因此，在观测手段上需要突破单源(单类)遥感数据对冻土分布分类识别的局限，发展多源遥感数据融合技术，协同利用多源遥感数据的互补优势，提高冻土空间分布识别精度。图 6-10 为基于 InSAR 技术的冻土活动层反演思路与研究区域。

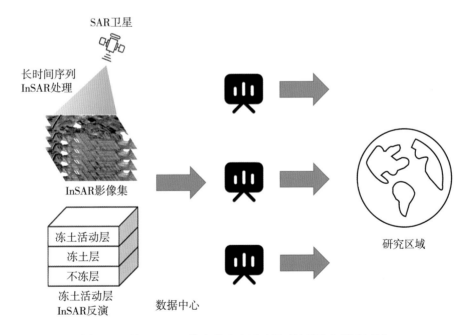

图 6-10　基于 InSAR 技术的冻土活动层反演思路与研究区域

5. 地球系统下的宜居城市地下空间

在地球系统维度上，地下环境和城市地下空间作为人居环境的重要组成部分，与地球系统其他圈层存在重要连接，特别是地上人居环境日渐拥挤的 21 世纪，城市地下空间的研究日益重要。例如，在全球变暖、海平面上升、冻土退化等冰冻圈因子作用下，日益拓展的城市地下空间在规划、勘测、建造、监测和维护过程中该如何应对，是人类必须在地球系统尺度上进行思考的迫切问题。

在城市地下空间从数字化走向智能化的过程中，地下空间的智能化测绘是数字化测绘的必然发展阶段，也是规划、设计、施工、运维智能化地下空间的基础。从地上到地下，在传统地上测绘及卫星遥感技术失效的情况下，地下空间的位置信息获取及导航服务、地下工程(如隧道、硐室等)勘测、地下市政基础设施(如地下管网、人防设施等)的探测与检测、地下交通系统建设和运维等领域更多地依赖各种面向复杂介质的无损探测手段及面向对象的传感器测量与检测，例如引入陀螺经纬仪、射频识别、地质雷达、地下传感器网络测量手段，实现地下空间目标体的精准定位和状态检测。这是研究道路塌陷、城市内涝等城市变化过程的重要数据来源，也是智能化监测地下空间环境变化的重要手段之一。

6.2 智慧地球感知认知决策行动互馈模式

智慧地球互馈环境很宏大。从圈层视角来看，智慧地球是对地球大气圈、生态圈、水圈、岩石圈智能由感知到认知的模型体(图 6-11)。地理信息要素可以分类为自然要素、人文要素和信息要素。

(1)自然要素可从部门自然地理要素、综合自然地理要素、圈层要素维度进行划分，属于自然圈层的要素。

①部门自然地理要素：地质、地貌、气象气候、水文、土壤、生物。

②综合自然地理要素：自然环境、自然资源、自然灾害。

③圈层要素：岩石圈、大气圈、水圈、生物圈、土壤圈、冰雪圈等。

(2)人文要素可从部门自然地理要素、综合自然地理要素，对应智慧圈要素。

①部门人文地理要素：政治、经济、军事、文化、社会、历史、健康、艺术等。

②综合人文地理要素：人文环境、人文资源、人为灾害。

(3)信息要素也可以从部门信息地理要素和综合信息地理要素两个层面划分。

①部门信息地理要素由时间、地点、人物、事物、事件、现象、场景等构成。

②综合信息地理要素则包括信息环境、信息资源以及信息灾难。

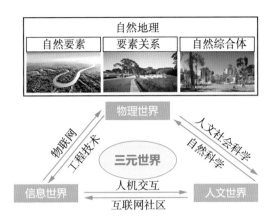

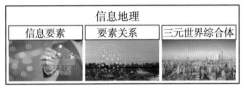

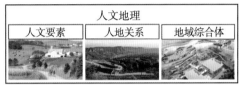

图 6-11　自然地理视角下的感知认知互馈模式

6.2.1　智慧地球空间场

对于地上空间，低空(20km)以下，主要有航空飞机、飞艇、热气球、无人机、炮弹等。在中空、太空范围，有超音速的航天飞机、导弹、空间站等。地下空间的人类活动主要有地质勘探、矿产油气资源等钻探开发、人类地下空间构筑物利用(隧道、地下交通、地下商场)等。水下空间，则是内陆水体、海洋水平面等以下空间范围，主要开展的包括水产养殖、地下勘探、油气资源开采等活动。

6.2.2　智慧地球物质场

万物互联物联网环境，将地球物质环境与人连接在互联互通的环境之中，是智慧地球采集数据的基础感知设施。在这个环境下，装备在地球环境、关键场所节点，或者穿戴在人或装备在物体上的智能监测仪、传感器、记录仪等，自主(甚至是不自知)的状况下，采集并记录着地球上万事万物的状况、轨迹和行为，形成智慧地球大数据。随着位置服务技术(LBS)和天-空-地各种传感器的广泛应用，产生了海量的时空序列数据(图6-12)。为了在智慧地球平台中快速接入、存储、管理这些时空序列数据，维护时空关系，描述和分析时空变化过程，满足对从智能感知、认知到决策的互馈，需要物质流模型来统一整合地理环境中的时空大数据。物质流用以有效组织和管理时态地理数据，以及属性、空间和时间语义更完整的地理数据模型。对于智慧地球物质流，首先对模型中需要设计的要素的概念进行说明。

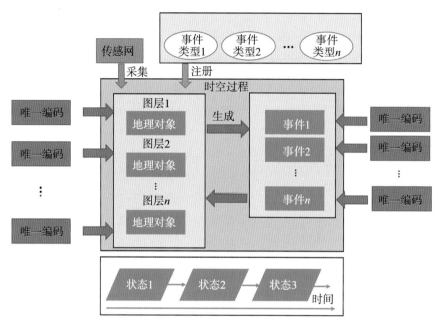

图 6-12　时空大数据概念模型图

6.2.2.1　智慧地球物质流的要素概念

唯一编码：对地理对象的唯一标识符，指向唯一的地理对象，可根据不同行业的需求分类编码，便于后续进行专业分析时对象的调取。

地理对象：现实世界客观存在的物理实体或社会现象的抽象表达，由自然属性、空间属性、时态属性和专业属性共同组成。其中，自然属性是指地理对象不随时空变化而变化的属性；专业属性是指由于不同行业对地理要素管理的视角和粒度不同，而需要的迎合行业应用的不同属性。

时空过程：地理现象沿着时间轴的变化过程，即地理现象所包含的地理对象相互作用所产生的自然属性、空间属性和专业属性一者或多者变化的过程。

事件：地理对象时空显著变化的一次发生过程，它是由地理对象时空变化达到某种程度时生成的，并且可以驱动地理对象产生新的时空变化，它是地理对象变化的结果，同时也可以是地理对象变化的直接原因，是时空过程得以继续下去的动力。

状态：地理对象可变属性在某一时刻所表现出来的形态，可变属性包括空间属性、时态属性和专业属性，通过状态序列中属性的变化，表现地理对象的时空变化。

事件类型：事件类型中包含地理对象生成该类事件的条件，或该类事件驱动地理对象产生变化的条件。

图层：具有共同结构和功能的地理对象集合。

采集：采集传感器的观测属性值，为地理对象提供变化的时空属性。

时空过程是地理现象时空变化的总称，它就像一个大的场景或容器，包含有限多个地理对象和事件。地理对象是时空过程的主要实体部分，地理对象随时间的变化是时空过程的外在表现。在时空过程中，使用不同的图层便于对地理对象进行组织与管理，使用唯一编码便于对地理对象进行检索与控制。事件是时空过程另外一个重要的组成部分，它是地理对象相互作用的表现形式，也是地理对象相互联系的纽带。事件类型注册到地理对象中，指明了地理对象生成该种类型的事件的生成条件，或者是地理对象受到该种类型事件驱动而产生变化时的驱动条件。当地理对象的时空变化满足事件类型所规定的条件时，地理对象就会生成一个该类型的事件，同样，当事件的属性满足事件类型所规定的条件时，地理对象就对事件的驱动作出响应，即事件驱动地理对象产生变化。从而使整个时空过程处于一个动态变化的过程中。为保证模型的实时性，采集通过天-空-地一体化传感网的传感器观测服务，获取传感器观测数据，并将实时数据写入对应的地理对象中。地理对象根据采集到的变化数据，构建相应的对象状态序列。

1. 专业属性应用

在模型中，地理对象包含有自然属性、空间属性、时间属性及专业属性。其中，专业属性与不同部门的具体业务应用联系紧密(图 6-13)。

由于不同部门对地理对象的应用的侧重点不同，因此通过天-空-地一体化传感网采集到的数据需要根据行业特点赋予地理对象不同的专业属性。从而，在实际使用中根据部门的特点(如强、中、弱 GIS 部门)，按实际需求调用专业属性来满足该部门业务应用。

以视频监控为例，地理对象为监控视频，若安检部门需将其用于异常事件的预警，则其专业属性可以由地面监控网监测到的监控视频进行分析后得到，如可疑人员特征的记录、当前异常行为的记录、历史异常事件和行为的记录等。若军方需将其用于人员、车辆的定位，则其专业属性可由监控视频中车辆的信息和实时 GPS 得

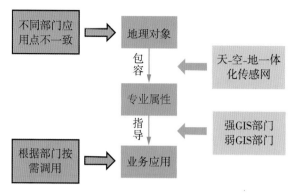

图 6-13　专业属性应用图

到，如车牌号、车速、车向、实时位置等。

2. 事件类型注册

在模型中，事件类型需要注册到地理对象中（图 6-14）。根据用途，注册分为两种：一种用于指明地理对象可以生成哪类事件；另一种用于判断哪类事件可以驱动地理对象发生时空变化。

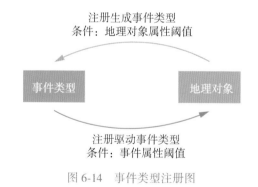

图 6-14　事件类型注册图

事件类型不仅表明了生成或驱动的事件的类型，同时包含生成或驱动的条件。在注册事件类型的时候，要添加相应的条件。"注册生成事件类型"中的条件是地理对象的某些属性的阈值，即属性值大于/大于等于/小于/小于等于/等于阈值的时候，该地理对象可以生成一个该类型的事件。同样地，"注册驱动事件类型"中的条件是事件中包含的某些属性的阈值，即属性值大于/大于等于/小于/小于等于/等于阈值的时候，该类型的事件可以驱动此地理对象产生时空变化。

对于监控视频的例子，事件类型是指各类异常事件的预警及其对应的异常行为的集合，"注册生成事件类型"就可以描述为若视频中出现了能够引起某一异常事件发生的异常行为，则该异常事件的预警便会发生。"注册驱动事件类型"就可以描述为当视频内出现异常行为时，驱动安防部门关注该点监控视频的同时也关注其周边的具有相关性的监控视频。

3. 地理对象的状态

地理对象是现实世界中存在的随时间变化的物理实体或社会现象，地理对象的存在主要表现为其所包含的不变属性和可变属性，其中可变属性记录在状态序列中（图 6-15）。

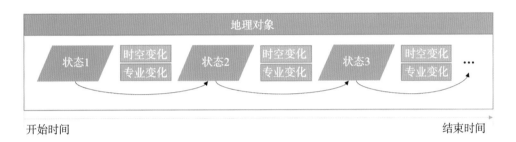

图 6-15　地理对象状态图

地理对象不可变的部分记录在自然属性中，而可变化的部分通过状态序列来表达。每个状态记录该地理对象可变化部分某个时刻的快照。然而地理对象的空间属性、时态属性组成的时空属性和专业属性的变化方式和频率往往是不同的，甚至差异很大，如台风的空间位置和风力级数，空间位置时刻在变，而风力级数的变化频率明显低于空间位置。为了平衡时空数据库的存储和管理的资源开销，在经典的快照模型的基础上作了简单的改进，将时空属性和专业属性分开存储，使得状态数据易于维护的同时，也节省了部分存储资源和计算资源。在表达地理对象某一时刻的整体状态时，可以通过时态属性查询相应的时空状态和专业状态，并将它们合并到一起。

对于监控视频的例子，其专业变化的重要性高于时空变化。比如在起始状态，该段视频无法提供有价值的线索或提示，不需要被重点关注。但随着时空的变化，出现了异常行为（专业变化），则该段视频需要被安防部门重点观察，同时视频的状态也发生了改变。

4. 地理对象与事件的关系

事件类型注册到地理对象当中，地理对象便能够在满足某种条件时生成该类型的事件，而且该类型的事件也能够在满足某种条件时驱动地理对象发生变化（图 6-16）。

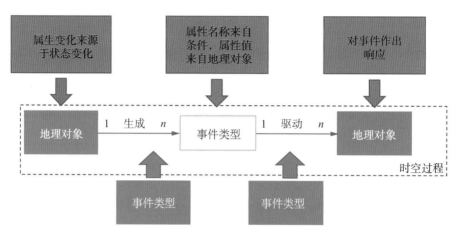

图 6-16　地理对象与事件的关系

当地理对象的某个或某些属性的变化达到已经注册的事件类型所指定的条件时，这个地理对象就生成一系列事件，而地理对象的变化，是由它所包含的状态序列提供。被生成的事件带有生成时地理对象传入的相关属性，这些属性值不是一个阈值范围，而是等于一个确切的属性值。带有此确切属性信息的事件，被地理对象发送给时空过程，再由时空过程发送给已经注册过该驱动事件类型一系列地理对象，获得该事件的地理对象判断事件属性是否满足事件类型中描述的条件：如果满足，地理对象对该事件的驱动作出响应，即该事件驱动地理对象发生时空变化，并产生一个新的状态；若不满足条件，则地理对象不对该事件作出响应。

对于监控视频的例子，若监控视频中出现了异常行为，则根据事件类型中异常行为与异常事件的映射，生成该异常事件的预警以引起相关部门对该监控视频的重视。为了进一步确定异常事件是否会发生，则需要对监控视频进行多点关联分析，即同时关注该监控点周边的发生过相似异常行为或事件的监控点，此时，这些监控视频的状态也会因此发生改变。

6.2.2.2　智慧地球物质流时空数据处理

通过大数据、云计算、分布式计算、人工智能、机器学习等多个学科技术的融合，实现军事智慧地球感知数据的抽取、管理和分析，达到发现新知识和规律的目的（图 6-17）。

　　模型构建通常包括模型建立、模型训练、模型验证和模型预测四个步骤，但根据不同的数据挖掘类型，在应用上会有一些细微的不同。

　　模型的建立是一个反复的过程，需要仔细考察不同的模型以判断哪个模型对问题是最有用的。

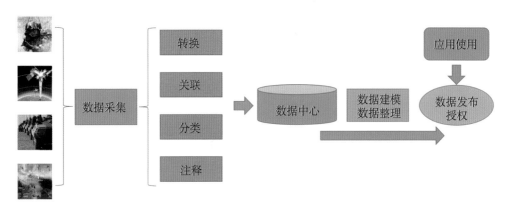

图 6-17　智慧地球信息场景中的物质流动情境

　　1. 数据采集

　　利用多个数据库接收来自空-天-地多传感器等得的结构和非结构数据，并进行查询和处理工作。

　　2. 数据导入与预处理

　　对海量数据进行有效的分析，将这些来自前端的数据导入一个集中的大型分布式数据库，或者分布式存储集，并做一些清洗与预处理。

　　3. 统计与分析

　　利用分布式数据库，或者分布式计算集群来对存储的海量数据进行简单的统计分析和分类汇总等，以满足大多数常用分析方法的需求。

　　4. 数据挖掘与数据建模

　　通过数据挖掘技术进行建模，依据现有的数据基于各种可能的有效算法进行计算，以实现分析预测、分类、聚类、识别、排序等目的。物质流数据梳理步骤如下：

　　(1)数据采集：对机场、港口、医院、电网、铁路、桥梁、隧道、公路、建筑、供水系统、大坝、油气管道等关键时空地理数据通过形成"物联网"。

　　(2)数据清洗融合：将空基-天基-地基感知设备、声光电磁、通信网络采集的数据进行差分，形成比较完善的物质流数据库，进行时空处理；将已经处理完成的政务数据，按照"时间、空间、属性"三个维度进行管理，形成时空关系数据库，并行对数据进行统一编目管理。

（3）数据利用与纠偏：将已经形成好的时空关系数据库为智慧地球应用提供服务，在应用系统使用的过程中，不断对数据进行核准和纠错，保证数据的准确性和及时性。

6.2.3 智慧地球信息流

6.2.3.1 信息流的概念

信息流的广义定义：指人们采用各种方式来实现信息交流，从面对面的直接交谈直到采用各种现代化的传递媒介，包括信息的收集、传递、处理、存储、检索、分析等渠道和过程。信息流的狭义定义从现代信息技术研究、发展、应用的角度看，是指信息处理过程中信息在计算机系统和通信网络中的流动。

信息流可以说是流通体系的神经，它是流通体系存在和运动的内在机制，在商品流通过程中具有十分重要的作用。信息流的功能主要表现在以下几个方面。

1. 连接功能

流通过程是作为一个整体的运动，即体系的运动来实现的。流通体系又是各种要素的集合，不同的要素之所以能形成集合，是靠信息把它们连接在一起的。在流通体系中，不同主体之间的关系，从本质上讲是交换关系。流通信息产生于流通过程，是流通活动的客观反映。每一个主体都依据其接收信息从事活动，它所进行的活动又表现为一定的信息传递出去，被其他主体接收，成为其他主体活动的依据。如此循环往复，形成了流通体系的有机联系和运动。

信息流不仅具有连接流通体系的功能，而且具有沟通流通体系与外部系统和环境的功能。流通体系不是孤立的系统，它处在社会经济的大系统之中，是大系统的组成部分。其他系统构成流通体系的外部系统和外部环境，影响着流通体系的运动。流通体系反过来也影响其他系统的运动。不同系统之间的相互影响和联系，同样是靠信息来连接的。

2. 调控功能

信息流的调控功能产生于连接功能。流通信息是能够被人类理解、接收和利用的信息，是经过一定程度处理的信息。因此，信息在连接要素的时候，所反映的客观内容就是流通当事人行为的状态和结果。这样，在当事人之间就产生了一个过程，每一个当事人都取得其他当事人的信息，这些信息会影响他的行动和后果，而他的信息同时也影响相互联系的其他当事人行为，信息的变化将会使当事人行为发生变化，这就是信息流的调控功能。

3. 决策功能

流通是不断变化的动态过程，流通所赖以存在的运动的环境也是不断变化的动态环境。无论是运动着的流通过程，还是变化着动态环境，都存在大量的不确定因素。信息的重要功能，是使决策当事人了解动态变化的状况，以减少不可避免的不确定性，从而为他的行为作出恰当的选择，并控制行为的后果。信息越完善、充分、及时，不确定性就越少，决策就可以越合理。决策过程实际上就是信息的收集、传递、分析、处理、判断的过程。

（1）信息收集：信息收集是信息流运行的起点，它是分散的信息向收集者集中的过程。信息的收集者成为信息的信宿，他按照自己的目的和需要来集中有关信息。收集信息的质量，即信息的真实性、可靠性、准确性、及时性，决定着能否达到预定的目的和能否满足需要。因此，收集信息必须遵循一定原则：具有明确的目的性；确定深度和精度；选择信息源，建立信息渠道。

（2）信息处理：信息具有不完备、片面、虚假等情况，因此，需要对信息处理，才可以获得有价值的、真实的信息。信息处理主要包括以下内容：

①分类及汇总。对零乱的信息按照一定的标准进行分类整理，重新组合后，才能显示出信息之间的相互联系，为分析、比较、判断创造条件。分类采用统一的国家标准或者系统标准，简便易行，而且使信息容易传递，有较强的通用性。但也不排除为了特殊的目的，建立专门的标准。编码或编目是分类的方法之一，它是存储信息，利用计算机进行处理的重要手段。

②分析、判断、形成结果。大量的信息罗列在一起，有真有假、有主有次、相互孤立、形式各异，既不容易存储和检索，也难以观察到信息所反映的事物本质内容。特别是关系决策和市场营销的信息，如果只是大量的数据，应用起来将非常困难。因此，要对信息进行比较、分析、计算，使之有条理、有规范、有序列，进而作出判断，形成结果，信息才有较高的使用价值。所以可以说，信息处理是对信息进行再创造的过程，是信息流运行非常重要的环节。

③存储和更新。经过处理的信息，有时不是立刻投入使用，有的虽然已经使用过，但仍然有再利用的价值，这就需要进行信息存储。传统的信息存储方式，主要是依靠图书馆、资料室，采用卡片、档案、汇总报表等形式。现代的存储方式，主要是利用电子计算机技术建立数据库进行大量存储。流通信息具有很强的时效性，

过时的信息失去使用价值，需要及时更新，才能保持信息的生命力。当然，一些反映长期动态和趋势的信息，是需要较长时间的保存和积累的。

（3）信息传递：是信息从信息源发出，通过一定的媒介和信息渠道传输给接收者的过程。如果说，信息收集相当于生产所需原材料的供应过程，信息处理相当于生产过程，那么，信息传递就相当于产品的流通过程。与物流当中后勤的观点相同，信息收集也是信息传递的内容。与商品流通不同的是，商品流通主要是正向或单向流动，回流只是退货和返品；而信息传递既有单向传递，也有双向和多向传递。其中，反馈传递是信息传递非常重要的内容和特点。

信息传递有纵向传递和横向传递两种流向。从流通体制来看，纵向传递是同一组织内部上下级之间的传递，横向传递是不同经营组织之间的传递。纵向传递是组织传递，横向传递是市场传递。从流通过程来看，纵向传递是不同环节之间的传递，横向传递是相同环节之间的传递。纵向传递是有序的传递，横向传递是无序的传递。商流过程以横向传递为主，物流过程以纵向传递为主。

信息传递到接收者之后，接收者就成为信息的使用者，对信息加以利用，实现信息的使用价值。信息的使用价值是信息的知识性、效用性对人类特定需要的满足。在商品流通中，信息的应用过程就是经营管理过程。应用信息，经营者/管理者可以作出合理决策，调节流通活动，引导消费，从而为企业和社会带来巨大的经济效益。

6.2.3.2 信息流技术

在信息传输过程中，严格的信息流控制是保证信息流安全的根本途径，而想要实现信息流的精确控制，对信息的传播途径进行跟踪是必不可少的环节。常用的信息流跟踪技术可以基于程序语言、操作系统和体系架构等不同的层次实现。

信息流分析可以有效地保证计算机系统中数据的保密性和完整性。一般来说，信息流分析技术是通过分析程序中数据传播的合法性以保证信息的安全性，防止关键性数据在传播的过程中遭到泄露或者篡改。

信息流跟踪技术（也可以称作污点分析技术）作为信息流分析技术的一种实践方法，通过对程序中的敏感数据进行污点标记，继而跟踪被标记的敏感数据在程序中的传播，通过观察敏感数据传播的实际情况与理想的形态进行比较，以实现检测系统安全问题的目的。

污点分析技术在解决应用程序软件安全漏洞的过程中需要具体问题具体分析，结合能够获得的软件资源使用不同的方法。一般可以将污点分析技术分为两大类：

静态污点分析技术和动态污点分析技术。

静态污点分析技术一般是指可以在不运行程序的前提下，通过分析程序中变量的依赖关系来检测所有可能执行的路径，观察是否出现污点标记数据流向不该出现的输出点或者可观测点处。该技术一般需要有源码或者二进制代码等程序代码作为分析对象。静态污点分析技术优点是可以涉及程序所有可能执行的路径，但是因为程序并没有实时运行，所以也就无法得到运行时产生额外信息，可能导致结果不够精确。

动态污点分析技术一般是指在程序运行时实时观察，通过监控程序运行过程中污点标记数据的实际传播路径，来检测是否存在污点数据通过某些路径流向意料之外的输出点或者可观测点处。动态分析利用不依赖源码，具有语言无关性。对比如静态污点分析技术，动态污点分析技术也有相对应的优缺点。因为需要运行程序，所以它的优点是能够得到运行时的额外有用信息，使检测更能够与实际情况相联系。但是缺点依旧突出，首先要多次长时间运行程序，运行开销非常大，同时即使大量地运行不同的输入，依旧无法考虑所有的路径。

相比如信息流分析在软件安全漏洞方面的大量研究，信息流技术在硬件方面的研究并没有很多，一是绝大部分用户只与操作系统及运行在其上的软件进行交互，相关研究带来的直接效益高；二是硬件安全漏洞利用难度较大，而且相关研究需要的资源多且难获取，进而容易忽视硬件安全漏洞问题。

目前，基于硬件的信息流安全分析方法主要分为两种：静态信息流安全检测和动态信息流监控。基于硬件的静态信息流检测方法与软件的静态信息流方法有很多相似之处，一般是需要有源码或者由源码生成的网表结构等作为分析对象。

而动态信息流监控则是为了弥补静态验证方法存在可能覆盖面不足的缺陷，一般随原系统一起物理实现，在系统运行中动态监测系统中关键信息的流动情况。

静态信息流安全检测方法用于检测和验证系统是否完全符合预定义的信息流安全策略，其中测试和验证过程一般在设计阶段进行。在检测出存在违反预定义的信息流安全策略的情况时，则根据出现的问题对原始设计进行修改，并需要重新进行功能正确性和信息流安全检查，直到设计能够严格符合所有的预定义的信息流安全策略。检测完成后可以将用于检测信息流的附加逻辑电路删除，无须随原电路一起进行物理实现。

静态信息流安全检测方法一般利用逻辑仿真和形式化验证两种主要的检测手段。传统的测试是对源码进行仿真和验证，其中主要关注的是设计功能的正确性。而信息流检测中进行逻辑仿真与形式化验证关注的是设计的安全属性，进行仿真和测试的对象是附加的信息流逻辑单元。

在静态测试与验证模式下，测试者需要为设计输入分配安全属性标签。例如，在完整性分析时，检测人员可以将来自开放性的外界数据标记为不可信，然后通过这些数据标签可以观察到这些数据是否影响系统中的关键区域；而在机密性分析时，可以将一些比较敏感或者机密性较高的数据标记为不可信，然后可以观察这些机密数据是否流向了非保密的输出口。

静态信息流安全检测方法需要在源码或网表基础上添加用于检测的信息流逻辑，这些附加的逻辑电路可以直观地发现信息的流动是否完全符合目标设计的信息流安全策略。

但是这些附加逻辑电路不需要随原始设计一起物理实现，它只存在于芯片的设计阶段，因此芯片不需要额外的面积和功耗等方法的开销。同样在检测过程中，因为该方法需要使用逻辑仿真或者形式化验证，所以通常需要大量的测试与验证来保证设计目标的正确性。

实际应用时，其测试状态空间的规模与设计复杂度成正比。对于大规模设计，测试往往难以对其进行全面的覆盖，而且检测时间很长，导致结果的可信度不高。因此通过一些方法提高测试的覆盖率和效率是非常有必要的，也是进一步研究的重要方向。

动态信息流监控是一种可以在系统运行中动态地监控系统中信息流动的技术。上面提到的静态检测方法中添加的额外信息流逻辑在完成检测之后需要删除，而动态信息流监控需要添加的信息流逻辑随原始设计一起进行物理实现。

动态信息流监控在某种程度上可以弥补静态信息流安全检测方法中因为测试空间庞大而覆盖不全面的问题，因为其监测系统中的实时信息流。这种方法不仅能观察每次输入产生的信息流，而且一旦遇到违反信息流安全策略的情况，系统会进行中断等应急操作处理，保证敏感信息不被泄漏或者系统关键部分不被破坏。

信息流逻辑电路一般比较复杂且需随原始设计一起制成芯片，通常会带来较大的面积和性能开销，所以实际应用中经常只对系统中信息流安全要求较严苛的部分实例化信息流逻辑，例如处理器中的算术逻辑单元（ALU）。

动态信息流监控方法一般主要应用于安全要求极高的系统，而且监控逻辑的设计与优化也是需要非常专业的工作人员来实现，因此在一般的硬件安全漏洞检测研究中，动态信息流监控方法使用较少。

能量，是指能够提供能量的资源。智慧地球能量流中的能量通常指热能、电能、光能、机械能、化学能等可以为人类提供动能、机械能和能量的物质。核能、

化石能量(像石油、煤炭和天然气)和可再生资源,这些也是智慧地球中的典型能量
(图6-18)。

图6-18　智慧地球中能量流的组成

自然界的能量按来源可分为三大类:

(1)来自太阳的能量。包括直接来自太阳的能量(如太阳光热辐射能)和间接来
自太阳的能量(如煤炭、石油、天然气、油页岩等可燃矿物及薪材等生物质能、水
能和风能等)。

(2)来自地球本身的能量。一种是地球内部蕴藏的地热能,如地下热水、地下
蒸汽、干热岩体;另一种是地壳内铀、钍等核燃料所蕴藏的原子核能。

(3)月球和太阳等天体对地球的引力产生的能量,如潮汐能。

太阳能超薄技术组件用来开发能够直接吸收太阳能或者可以通过太阳能充电的
移动设备。实际上,这项技术可以与任何东西结合,甚至是纺织品或者粗糙的表
面,其耐用性允许被合上或者重新打开。战术太阳能系统主要优点是轻便、便于携
带、没有噪声、方便伪装等,广受军方青睐。除此之外,美国有专家设想发射一颗
镶嵌着光电板和数千个纤薄弯曲镜面结构的太阳能发电卫星,把太空中的太阳能电
池板能量发送至地球,再经由地面发电站进行采集转化后,分流到用户。

相比风能与太阳能这些受环境影响较大的不稳定能量,潮汐能的时间可预知、
能量规模庞大且稳定,是不可多得的高质量能量。只需要在海湾或有潮汐的河口建

设一座拦水堤坝，形成水库，并在坝中或坝旁放置水轮发电机组，利用潮汐涨落时海水水位的升降，使海水通过水轮机时推动水轮发电机组发电。从能量转换的角度讲，就是利用海水的势能和动能，通过水轮发电机转化为电能。

目前，潮汐能发电的规模化发展受制于相对较高的成本和较小的潮汐范围，质优的潮汐能多存在于突出的海岬或海峡，这降低了潮汐能总体的利用率。但是，近年来相关应用研究的进步正在为潮汐能的商用化提供新的可能性。

生物能量是由生物质或生物燃料制成的能量。生物质是任何吸收阳光并以化学能形式储存的有机材料，例如木材、能量作物和来自森林、庭院或农场的废物。由于生物质在技术上可以直接用作燃料(例如原木)，因此有些人将生物质和生物燃料这两个术语互换使用。通常情况下，生物质这个词只是表示燃料所用的生物原材料。生物燃料一词通常保留用于运输的液体或气体燃料。生物燃料技术利用生物质制造含碳的生物燃料，可以减少各类武器装备对石油类燃料的依赖，为保障部队作战提供可替代的能量解决方案。

未来，随着生物燃料技术的发展及生产规模的扩大，生物燃料成本已经接近化石燃料，其使用成本也将进一步降低。美国、法国、德国和巴西等国均抢先开展了生物燃料技术研究，并取得了多项突破。

化学能是一种很隐蔽的能量，它不能直接用来做功，只有在发生化学变化的时候才可以释放出来，变成热能或者其他形式的能量。像石油和煤的燃烧、炸药爆炸及人吃的食物在体内发生化学变化时候所放出的能量，都属于化学能。化学能是指储存在物质当中的能量，根据能量守恒定律，这种能量的变化与反应中热能的变化是大小相等、符号相反，参加反应的化合物中各原子重新排列而产生新的化合物时，将导致化学能的变化，产生放热或吸热效应。

地热能是由地壳抽取的天然热能，这种能量来自地球内部的熔岩，并以热力形式存在，是引致火山爆发及地震的能量。地球内部的温度高达7000℃，而在80~100km的深度处，温度会降至650~1200℃。透过地下水的流动和熔岩涌至离地面1~5km的地壳，热力得以被传送至较接近地面的地方。高温的熔岩将附近的地下水加热，这些加热了的水最终会渗出地面。运用地热能最简单和最合乎成本效益的方法，就是直接取用这些热源，并抽取其能量。

地热能是来自地球深处的可再生能量。地球地壳的地热能量起源于地球行星的形成(20%)和矿物质放射性衰变(80%)。地热能储量比目前人们所利用的总量多很多倍，而且因为历史原因多集中分布在构造板块边缘一带、该区域也是火山和地震多发区。如果热量提取的速度不超过补充的速度，那么地热能便是可再生的。地热能在世界很多地区应用相当广泛。据估计，每年从地球内部传到地面的热能相当于100PW·h。地热能的分布相对来说比较分散，开发难度大。

地热能在创造更清洁、可再生的能量方面有着巨大的潜力，比煤和石油等传统的能量更具潜力。然而，与大多数替代能量一样，地热能也有其缺点。比如：①初期投资高，地热发电厂的初始投资相较于风力发电厂的初始投资要高很多；②导致地震活动加剧，地热钻探与地震活动的增加有关，特别是当增强型地热系统（Enhanced Geothermal System，EGS）用于提高能量产量时；③导致空气污染，由于在地热水和蒸汽中经常发现腐蚀性化学物质，如硫化氢，生产地热能的过程会造成空气污染。

6.3　智慧地球感知认知决策行动互馈响应案例

6.3.1　智慧地球虚拟规划利用

20 世纪 70 年代以来，全球气温持续增暖，全球海平面持续上升。尽管联合国政府间气候变化专门委员会（IPCC）报告已经收集整理了来自全球各个研究机构的数据产品，但在全球变化研究中，观测仍存在数据不足的问题，并直接造成了对全球变化关键过程的认识不足，主要涉及一系列重要的关键研究领域，如冰盖冰川融化与全球海平面上升的耦合机制、极地冰盖深部结构变化对海平面的影响、南北极海冰变化与极端气候、冻土退化与地质灾害等科学问题。

6.3.2　智慧地球灾害应急响应

智慧地球的特点：物联化、互联化、智慧化。智慧地球建设具有典型的阶段性。比如，韩国的无所不在城市（Ubiquitous city，U-city）将智慧城市的建设分为互联阶段（Connect）、丰富阶段（Enrich）和智能阶段（Inspire）；与此类似，新加坡政府分布的"iN2025"战略的核心理念也可以概括为以"3C"为代表的三个阶段：连接（Connect）、收集（Collection）和理解（Comprehend）。参照智慧城市阶段划分，数字城市、信息城市、智慧城市是城市信息发展的三个重要阶段。那么，对于智慧地球，也可以认为智慧地球的三个阶段为数字地球、信息地球、智慧地球。数字地球核心技术：空间信息是数字地球的核心技术，是将现实世界的地球物理环境，映射为数字世界数字地球的关键的核心技术(图 6-19)。随着卫星遥感、北斗导航等技术的不断进步，数字地球为人们提供了一个更客观、全面的观察视角。

 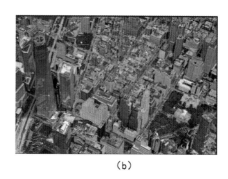

（a）　　　　　　　　　　　　　（b）

图 6-19　数字地球效果图

信息地球，强调在数字地球物理空间基础上，对于地球大气圈、生物圈、水圈、岩石圈等正在经历信息及即将发生事件的全面感知。信息地球在物理空间的基础上、在获取信息的基础上，作出一定的分析以及预警，进而提升人类对于即将发生事件决策的辅助支持(图 6-20)。

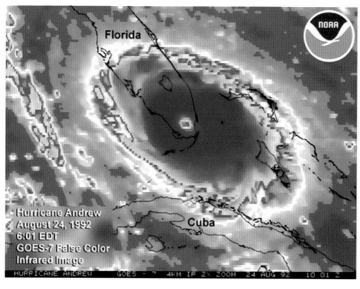

图 6-20　信息地球——感知飓风场景

在数字地球物理空间框架下，建立起信息地球长时间序列信息的模式，能够依据历史的经验信息，为人类活动提供决策参考。以洪涝灾害为例，信息地球存档的地球空间范围内，在历史时间序列中的洪涝灾害信息，是支撑人们开展基于统计分析的洪涝灾害研究的基础。信息地球能够为国家、政府或者社区，采取最为适宜的洪涝灾害减灾避灾等相关措施，提供信息决策支持。

智慧地球则是数字地球、信息地球综合挖掘、知识建立的基础上的最高级阶段。理想状态下，对于智慧的地球来说，地球"大脑"在历史信息挖掘计算的基础上，结合现实世界中采集获取的征兆信息，具有模拟未来变化复杂情况的能力；进而最终通过综合评估对比，具有采取适宜的措施、干预未来可能发生事件的能力。图 6-21 是智慧地震预报预警系统。

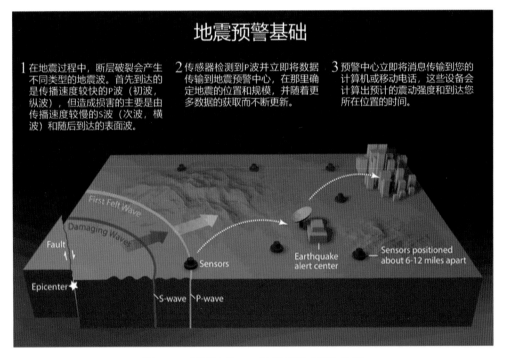

图 6-21 智慧地球——地震感知-预测-决策

6.3.3 智慧地球军事运用互馈

计算能力、人工智能等技术的快速发展，地球万物与人、社会系统的泛在互联，支持人类更快速、精确、敏锐地感知地球物质系统及其承载的人类社会系统当前状态，再自动发现并挖掘认知，并发现地球演化特征与趋势。由计算机、科学计算、机器学习、时空信息、人工智能等技术支撑的"地球大脑"，保障智慧地球泛在感知地球大数据，再到智能认知地球知识、智能支持地球事务决策乃至自主决策，进而真正支撑地球练就"智慧"核心机体。

第 7 章

面向复杂环境信息保障的智慧地球构建案例

智慧地球建设需要建立起对整个地球监测、观测、感知的物联网，是实现地球无机体智能化的终极目标。当前，智慧城市、智慧交通、智慧能源、智慧物流、智慧农业、智慧军事、智慧医疗、智慧工厂、智慧商业等，面向行业的智慧化解决方案、建设案例，已经逐渐出现并在各行各业中深入发展。本书从智慧地球面向军事应用建设案例剖析视角，从智慧运输投送、智慧油料保障介绍与军事领域相关的智慧地球建设案例。

7.1 智慧运输投送业务复杂环境信息保障案例

运输投送是现代物流的重要环节，在民用以及军用场景中，都占有重要的地位。运输投送的核心目标，是完成运输投送任务，即在既定时间和既定区域，完成任务投送的目标。公路交通是运输投送环境的重要方式。构建起智慧交通系统，实现运输物资、运输工具（如汽车、火车、飞机、轮船）、运输线路（如公路、铁路、航线）、运输线路物理环境等要素（地理环境、气象环境等）在虚拟系统中的展示、分析、模拟推演，可以为更科学地执行运输任务规划、执行、决策提供依据，系统提升运输投送的智慧化和现代化水平。

7.1.1 智慧运输投送业务

从运输投送任务阶段性划分的角度来讲，运输投送涉及过程主要包括：①面向多源联合的力量的运输任务规划。当接到特定的运输任务时，根据运输物品的规模和体量，根据对于任务送达时间等基本要求，就可以确定适宜的运输任务分配策略。②基于复杂环境本身的运输任务路线实时规划。对于运输任务来说，细分到具体的运输投送策略后，落实到选择适宜的运输工具、确定适宜的运输路线，执行具体的运输投送任务。③面向运输工具的运输过程精准监管。在明确了具体的运输任务，确定了适宜的运输路线后，安排适宜的运输线路，保障精准完成运输任务。④运输投送任务的效能评价。在运输投送任务执行过程中，客观评估综合运输投递任务的执行效率、单项任务执行情况等，有利于实时把控运输任务的执行情况；在运输任务完成后，客观评估运输效能，有利于提升未来任务预测规划的精准性（图 7-1）。

图 7-1　智慧运输车队任务规划管理效果图

面向运输过程的智慧运输系统，由司机状态检测摄像机、车辆运行监测摄像机、智能车载主机、声光状态提示屏、传统车载监控摄像机及相关传感器和配件等组成。除了提供传统车辆音视频、位置监控功能外，还可以对如下司机行车状态及车辆运行异常状态进行预警：疲劳驾驶、分神驾驶、吸烟、接打电话、脱岗、双手脱离方向盘、打哈欠、司机身份异常、戴红外阻断墨镜、遮挡设备、前向碰撞、车距过近、车道偏离、行人碰撞、不符合道路标志要求等（图 7-2）。这些预警或异常状态信息，可以通过 4G/5G/Wi-Fi 等无线网络，联动视频和图片，生成响应的报表，给运输任务的监管中心提供数据。

图 7-2　运输过程中对于司机行为的异常检测

对于浓雾、暴雨等恶劣天气行驶的运输车辆来说，由于能见度较低，极易出现交通事故。因此，在运输投送任务对应的驾驶过程中，通过摄像头、雷达、激光传感器等对外界环境进行实时监测，可以感知到周静态环境和动态环境的运行情况及其历史记录过程，进一步结合 AI 算法，预测出环境中动态对象人、车、物等移动物体的变化趋势，进而提升智能驾驶的能力，支撑无人驾驶（图 7-3）。

图 7-3　车辆行驶过程中的智能驾驶示意图

7.1.2　智慧运输投送任务智能规划应用

运输投送是从起始地向目的地运输或者投送物资、能源、设备(或装备)等的环节。运输投送既有自运输起始到目的地的"长距离运输",又有最后一公里的"精准投送"。从运输交通工具差异来看,随着水网、路网、航线航道的开通,大部分区域可以通过水路的船运、空路的机运、陆路的汽车运输等多种交通独立或者组合的方式,完成运输投送任务目标。从运输投送任务的完成方式来看,可以是同一组织独立完成,也可以是多种组织协同完成的。可以这样说,运输投送任务规划的科学性,是保障多种运输方式精准链接、精确调控的联合运输链系统运行的关键因素。本节以某应急救援物资运输投送任务为例(金善来等,2019),简要介绍兼顾运输能力、运输效能及运输物资特殊性的智能规划方法。

假设驻地区域划分包括 A_1, A_2, $\cdots$, A_n, 共有 n 个,对应的编制人员为 p_1, p_2, $\cdots$, p_n, 共个 p(表 7-1)。物资共计 q 件、w 种,特种装备 r 台(受装备自身条件限制,必须靠大型运输车运输),所需要送达的目的地共有 O_1, O_2, $\cdots$, O_d, 共 d 个。要求运输队组成 n 个梯队,前 $n-1$ 个梯队负责运输人员与轻型装备,人装合一运输;第 n 个梯队主要是后装梯队,负责特种装备、物资的运输,为安全起见,人与物资分离运输。在进行运输配置方案选择时,综合考虑路径、时间和效费比等因素,可以优选出从出发地到目的地最为符合的配置方案。其中,主要采用运筹学多目标规划理论构建运力分配模型、路径规划模型、时间与效费比计算模型,从而得到符合要求的最佳方案。在进行方案决策时,其主要采用的流程如图 7-4 所示。

表 7-1　梯队/人员/出发地/目的地一览表

梯队序列	单位	人数	出发地	目的地
1	梯队 1	p_1	A_1	O_1
2	梯队 2	p_2	A_2	O_2
⋮	⋮	⋮	⋮	⋮
n	梯队 n	p_n	A_n	O_n

第 n 梯队负责运输的物资,将由 A_s 出发地运往目的地 O_s。其中,s 为 1～n 之间的数值。物资数量与分布地点见表 7-2。

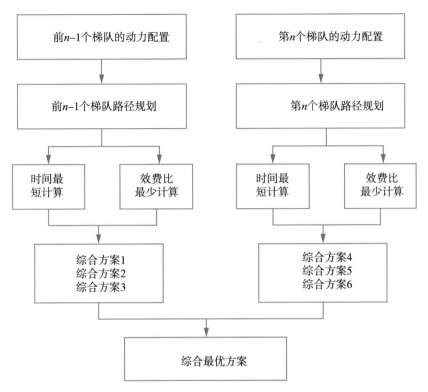

图 7-4　智慧运输投任务规划方案决策流程图

表 7-2　梯队/人员/出发地/目的地一览表

物资品类	药材	食品	……	油料	总量
物资数量(件)	q_1	q_2	……	q_w	q

从运力配置来看，按照动力类型、运输能力及单位效费比进行分类，假设大、中、小型运输车辆分别为 x、y、z 辆，可以调拨的列车 a 节、海运小型及中型滚装船分别为 b、c 艘。具体参数见表 7-3、表 7-4 所示。

表 7-3　各种运力参数表

运力类型	数量	运 输 能 力	单位费用(基数为 1，单位为百公里费用)
小型运输车	x	人装合一 30 位，物资与普通装备 10 件	2
中型运输车	y	人装合一 40 位，物资与普通装备 15 件	3

运力类型	数量	运 输 能 力	单位费用(基数为 1，单位为百公里费用)
大型运输车	z	人装合一 60 位，物资与普通装备 20 件，特种装备 10 件	4
列车	a	人装合一 120 位，大车 10 辆或中车 15 辆或小车 20 辆	5
小型滚装船	b	人装合一 150 位，大车 15 辆或中车 20 辆或小车 30 辆	15
中型滚装船	c	人装合一 200 位，大车 20 辆或中车 30 辆或小车 40 辆	20

表 7-4 各种投送方式速度参数表

投送方式	速 度	备 注
铁路	40km/h	人员运输>100km 物资运输>50km 装备运输>20km
公路	50km/h	每 2h 休息 30min
水路	12 kn(22. km/h)	1kn≈1.85km/h

(1)前 $n-1$ 个梯队运力分配模型。

①全部使用运输车的运输方式：对于第 $n-1$ 梯队来说，若运走第 $n-1$ 梯队物资需要小型车辆 x_{i-1} 辆，中型车辆 y_{i-1} 辆，小型车辆 z_{i-1} 辆，则目标函数为运走物资后剩下车辆 Z 最大：

$$\max(Z) = \left(x - \sum_{i=1}^{n-1} x_{i-1}\right) + \left(y - \sum_{i=1}^{n-1} y_{i-1}\right) + \left(z - \sum_{i=1}^{n-1} z_{i-1}\right) \tag{7-1}$$

对应的约束条件为：

$$\begin{pmatrix} x_1 & y_1 & z_1 \\ x_2 & y_2 & z_2 \\ \vdots & \vdots & \vdots \\ x_{n-1} & y_{n-1} & z_{n-1} \end{pmatrix} \begin{pmatrix} 60 \\ 40 \\ 30 \end{pmatrix} \geq \begin{pmatrix} p_1 \\ p_2 \\ \vdots \\ p_{n-1} \end{pmatrix} \tag{7-2}$$

其中，x_i，y_i，$z_i \geq 0$，且为整数。

②若全部使用列车的运输方式：在这种情况下，所需的运输车的假设条件和约束

条件与全部使用运输车情况相同，即需 a_1 节列车运人，并分别需要 a_2、a_3、a_4 节列车运大、中、小型运输车。由运力参数表可知：$a_2 = \left\lceil \sum\limits_{i=1}^{n-1} x_i/10 \right\rceil$，$a_3 = \left\lceil \sum\limits_{i=1}^{n-1} y_i/15 \right\rceil$，$a_4 = \left\lceil \sum\limits_{i=1}^{n-1} z_i/20 \right\rceil$，其目标函数为使列车节数最少：

$$\min(Z) = a_2 + a_3 + a_4 \tag{7-3}$$

约束条件为：

$$\begin{pmatrix} x_1 & y_1 & z_1 & 0 \\ x_2 & y_2 & z_2 & 0 \\ \vdots & \vdots & \vdots & 0 \\ x_{n-1} & y_{n-1} & z_{n-1} & 0 \\ 0 & 0 & 0 & a_1 \end{pmatrix} \begin{pmatrix} 60 \\ 40 \\ 30 \\ 120 \end{pmatrix} \geqslant \begin{pmatrix} p_1 \\ p_2 \\ \vdots \\ p_{n-1} \\ \sum\limits_{i=1}^{n-1} p_i \end{pmatrix} \tag{7-4}$$

其中，x_i，y_i，z_i，$a_1 \geqslant 0$，且为整数。

③ 若采用运输车与滚动船的混合运输方式：在这种情形下，所需运输车的假设条件和约束条件与全部使用运输车情况相同，设所需 b_1 艘小型滚装船，c_1 艘中型滚装船。由运力参数表可知，单位滚装船中装载的人员数量与车辆数量比例小于单位运输车辆装载的人员数量与车辆数量比例，因此，只需列滚装船只运输人员的约束方程即可，不需列滚装船运输车辆的约束方程，则目标函数为所用的滚装船只数量最小：

$$\min(Z) = b_1 + c_1 \tag{7-5}$$

约束条件为：

$$\begin{pmatrix} x_1 & y_1 & z_1 & 0 & 0 \\ x_2 & y_2 & z_2 & 0 & 0 \\ \vdots & \vdots & \vdots & 0 & 0 \\ x_{n-1} & y_{n-1} & z_{n-1} & 0 & 0 \\ 0 & 0 & 0 & b_1 & c_1 \end{pmatrix} \begin{pmatrix} 60 \\ 40 \\ 30 \\ 150 \\ 200 \end{pmatrix} \geqslant \begin{pmatrix} p_1 \\ p_2 \\ \vdots \\ p_{n-1} \\ \sum\limits_{i=1}^{n-1} p_i \end{pmatrix} \tag{7-6}$$

（2）第 n 个梯队运力分配建模：这部分特殊装备为了安全，采用人物分装方式。主要可以采用全部使用运输车运输、使用运输车与列车混合运输、使用运输车与滚装船混合运输三种方式进行运输。

① 全部使用运输车：在这种情况下，假设运走第 n 个梯队人员需要大型车辆 $\bar{x}_1$ 辆、中型车辆 $\bar{y}_1$ 辆、小型车辆 $\bar{z}_1$ 辆；运走第 n 个梯队的物资需要大型车辆 x_1' 辆，

中型车辆 y_1' 辆，小型车辆 z_1' 辆。运走前 $n-1$ 个梯队后，剩余的运车为大型运输车 $\left(x - \sum_{i=1}^{n-1} x_i - \dfrac{r}{10}\right)$ 辆，中型运输车 $\left(y - \sum_{i=1}^{n-1} y_i\right)$ 辆，小型运输车 $\left(z - \sum_{i=1}^{n-1} z_i\right)$ 辆，则目标函数为运走第 n 个梯队后剩余的运输车辆最多，即：

$$\max(Z) = \left(x - \sum_{i=1}^{n-1} x_i - \left\lceil \frac{r}{10} \right\rceil - \sum_{ri-1} x_i' - \bar{x}_1\right) + \left(y - \sum_{i=1}^{n-1} y_i - \sum_{i-1}^{r} y_i' - \bar{y}_1\right)$$
$$+ \left(z - \sum_{i=1}^{n-1} z_i - \sum_{i-1}^{r} z_i' - \bar{z}_1\right) \tag{7-7}$$

则约束方程为：

$$A \begin{pmatrix} 1 \\ 1 \\ 1 \\ 20 \\ 15 \\ 10 \\ 20 \\ 15 \\ 10 \\ \vdots \\ 20 \\ 15 \\ 10 \end{pmatrix} \geqslant \begin{pmatrix} -\left(x - \sum\limits_{i=1}^{n-1} x_{3i-2} - \left\lceil \dfrac{r}{10} \right\rceil\right) \\ -\left(y - \sum\limits_{i=1}^{n-1} x_{3i-1}\right) \\ -\left(z - \sum\limits_{i=1}^{n-1} x_{3i}\right) \\ p_n \\ q_1 \\ q_2 \\ \vdots \\ q_w \end{pmatrix} \tag{7-8}$$

其中，约束议程中的矩阵 A 记为：

$$A = \begin{pmatrix} -(\bar{x}_1) & 0 & 0 & -\left(\dfrac{x_1'}{20}\right) & 0 & 0 & -\left(\dfrac{x_2'}{20}\right) & 0 & 0 & \cdots & -\left(\dfrac{x_w'}{20}\right) & 0 & 0 \\ 0 & -(\bar{y}_1) & 0 & 0 & -\left(\dfrac{y_1'}{15}\right) & 0 & 0 & -\left(\dfrac{y_2'}{15}\right) & 0 & \cdots & 0 & -\left(\dfrac{y_w'}{15}\right) & 0 \\ 0 & 0 & -(\bar{z}_1) & 0 & 0 & -\left(\dfrac{z_1'}{10}\right) & 0 & 0 & -\left(\dfrac{z_2'}{10}\right) & \cdots & 0 & 0 & -\left(\dfrac{z_w'}{10}\right) \\ 60\bar{x}_1 & 40\bar{y}_1 & 30\bar{z}_1 & 0 & 0 & 0 & 0 & 0 & 0 & \cdots & 0 & 0 & 0 \\ 0 & 0 & 0 & x_1' & y_1' & z_1' & 0 & 0 & 0 & \cdots & 0 & 0 & 0 \\ 0 & 0 & 0 & 0 & 0 & 0 & x_2' & y_2' & z_2' & \cdots & 0 & 0 & 0 \\ 0 & 0 & 0 & 0 & 0 & 0 & 0 & 0 & 0 & \cdots & 0 & 0 & 0 \\ 0 & 0 & 0 & 0 & 0 & 0 & 0 & 0 & 0 & \cdots & x_w' & x_w' & x_w' \end{pmatrix}$$
$$\tag{7-9}$$

其中，x_i，y_i，z_i，x'_i，y'_i，$z'_i \geq 0$ 且为整数。

② 若全部使用列车的运输方式：在这种情况下，所需的运输车的假设条件和约束条件与全部使用运输车情况相同，即需 $\bar{a}_1$ 节列车运人，并分别需要 $\bar{a}_2$、$\bar{a}_3$、$\bar{a}_4$ 节列车运大、中、小型运输车。由运力参数表可知：

$$\bar{a}_2 = \left\lceil \frac{\left\lceil \frac{r}{10} \right\rceil + \bar{x}_1 + \sum_{i=1}^{w} x'_i}{10} \right\rceil$$

$$\bar{a}_3 = \left\lceil \frac{\sum_{i=1}^{w} y'_i + \bar{y}_1}{15} \right\rceil$$

$$\bar{a}_4 = \left\lceil \frac{\sum_{i=1}^{w} z'_i + \bar{z}_1}{20} \right\rceil$$

其目标函数使列车节数最少：

$$\min(Z) = \bar{a}_2 + \bar{a}_3 + \bar{a}_4 \tag{7-10}$$

约束条件为在式（7-8）基础上，增加一个方程：

$$120\,\bar{a}_1 \geq p_n \tag{7-11}$$

其中，x_i，y_i，z_i，x'_i，y'_i，$z'_i \geq 0$，且为整数。

③ 若采用运输车与滚动船的混合运输方式：在这种情形下，所需运输车的假设条件和约束条件与全部使用运输车情况相同，设所需 b_1 艘小型滚装船。c_1 艘中型滚装船。由运力参数表可知，运载车辆比人员的所需的滚装船数量要多，所以，

$$b_1 = \left\lceil \frac{\sum_{i=1}^{n-1} x_i + \left\lceil \frac{r}{10} \right\rceil}{15} \right\rceil + \left\lceil \frac{\sum_{i=1}^{n-1} y_i}{20} \right\rceil + \left\lceil \frac{\sum_{i=1}^{n-1} z_i}{30} \right\rceil$$

$$c_1 = \left\lceil \frac{\sum_{i=1}^{n-1} x_i + \left\lceil \frac{r}{10} \right\rceil}{20} \right\rceil + \left\lceil \frac{\sum_{i=1}^{n-1} y_i}{30} \right\rceil + \left\lceil \frac{\sum_{i=1}^{n-1} z_i}{40} \right\rceil$$

优先使用中型滚装船，再考虑小型滚装船。则目标函数为所用的滚装船只数量最小：

$$\min(Z) = c_1 \tag{7-12}$$

约束条件为在式（7-8）基础上增加一个方程：

$$150\,b_1 + 200\,c_1 \geq p_n \tag{7-13}$$

其中，x_i，y_i，z_i，x'_i，y'_i，z'_i，b_1，$b_2 \geq 0$，且为整数。

7.2 智慧油料供应业务复杂环境信息保障案例

科学配置区域油料保障力量，对油料保障力量实现精确编组和高效配置，对建立完善区域保障体系、确保油料保障的稳定与安全、提高油料保障应变能力和保障能力，具有十分重要的军事意义和现实意义(张志才等，2018)。然而，对于油料保障来说，在数字化战场、信息化作战模式下，作战空间更辽阔，战争节奏加快，保障环境复杂性和异常性特点更突出。建立起智慧油料保障孪生环境、油料保障力量体系是维持部队高效能水平的重要环节。因此，本节将从孪生输油管线和油料保障力量部署方案两个方面，简要介绍智慧油料保障案例。

7.2.1 智慧油料供应业务

管道作为当今世界第五大运输方式，是石油能源输送的主动脉，管道安全生产关系国家能源保障。目前，我国油气管网总长度已超过 17 万千米，规模世界第三，具有点多、线长、分布范围广等特点，且是埋地隐蔽运行，极易受到第三方损伤、地质灾害等高风险威胁。就军事领域来说，如果说油料是战争的"血液"，那么输油管线就是保障"血液"畅通的"大动脉"。

建设智慧输油管线可以为国民经济能源安全及国防军事油料需求的保障提供重要的技术支撑。以数字孪生技术为基础，结合物联网、人工智能的新一代信息化技术，搭建输油管线的数字孪生应用系统，通过对输油管线及周边环境的实景三维建模，能够形成输油保障业务的数字化载体，形成军民融合的油气保障业务数据、物联网感知数据，形成对管线状态、输油任务的精准感知，并支持在孪生世界进行仿真推演，为日常管理和业务决策提供支撑。

国家管网集团公司正在建设的"工业互联网+安全生产"油气管线试点项目以保障国家能源安全为主题，通过构建快速感知、实时监测、超前预警、联动处置和系统评估等五种新型安全能力，实现安全生产全过程、全要素的链接和监管。2020 年10 月 15 日在成都召开的第二届中国智能化油气管道与智慧管网技术交流大会暨山区油气管道安全与智慧运行技术交流会上，睿呈时代展出了数字孪生赋能管道建设运营的数字化移交与管网运营智慧城市智能运行中心(Intelligent Operations Center, IOC)两大管网智慧创新应用。

7.2.2　智慧油料供应优化部署应用

对于作战部队的油料保障来说，其保障主体是作战部队所用的用油装备对象，包括油料的储备、运输、装备等油料保障力量。区域油料保障力量部署是一项系统工程，兼具复杂性和模糊性，油料需求的智能预测是关键，规划油料保障力量部署方案是核心，优选出适宜的部署方案是目的。

1. 油料需求预测

目前，随着军事需求预测理论不断发展，大部分学者通过构建模型来对油料需求进行预测。常见的油料需求预测方法包括时间序列预测法、灰色系统预测法、马尔可夫预测法、趋势预测法以及神经网络预测法等。李忠国等（2018）认为，要对油料保障进行需求预测，只有直接围绕用油装备进行预测，掌握任务部队人员、装备编制和实际情况，掌握作战样式、作战规模和作战强度等信息。其中：

（1）影响地面油料消耗因素主要包括油品种类、装备类型、耗油标准、出动强度、装备数量、战场环境、作战样式、作战强度、道路状况、作战时间等因素，可以表示为：

$$Q_{地} = \sum_{j=1}^{n} \sum_{i=1}^{m} H_i B_{ij} M_i fcsrT \tag{7-14}$$

式中，n 为油品各类；m 为地面用油装备类型；H_i 为 i 型地面装备出动强度；B_{ij} 为 i 型地面装备第 j 种油料消耗标准；M_i 为 i 型地面装备数量；f 为 i 型地面装备战场环境修正系数；c 为 i 型地面装备作战样式修正系数；s 为 i 型地面装备作战强度修正系数；r 为 i 型地面装备道路状况修正系数；T 为作战时间。

（2）影响飞机（直升机）油料消耗的因素包括油品各类、机类型数、耗油标准、出动强度、飞机数量、空中环境、作战环境、作战样式、作战强度、作战时间等。可以表示为：

$$Q_{空} = \sum_{j=1}^{n} \sum_{i=1}^{l} P_i Q_{ij} N_i fcsT \tag{7-15}$$

式中：n 为油品各类；l 为飞机（直升机）类型数；P_i 为 i 型飞机（直升机）出动强度；Q_{ij} 为 i 型飞机（直升机）第 j 种油料消耗标准；N_i 为 i 型飞机（直升机）数量；f 为 i 型飞机（直升机）空中环境修正系数；c 为 i 型飞机（直升机）空中作战样式修正系数；s 为 i 型飞机（直升机）空中作战强度修正系数；T 为作战时间。

参战前，依据此实际数据，可以计算出部队的实际油料需求量。在不考虑装备補充的前提下，油量需求通常需要考慮一個戰損系數 V_t。即，經過 T 小時後，i 型用油地面裝備的數量（M_i）、飛機（直升機）裝備的數量（N_i）降低為：

$$M_{it} = [M_i(1 - v_t)], \quad (M_{it} \in N^+) \tag{7-16}$$

$$N_{it} = [N_i(1 - v_t)], \quad (N_{it} \in N^+) \tag{7-17}$$

式中，M_{it}、N_{it} 分別為作戰 T 小時後地面裝備、飛機（直升機）的數量。

因此，作戰 T 小時後，油料需求量預測公式可以為：

$$Q_{地} = \sum_{j=1}^{n} \sum_{i=1}^{m} H_i B_{ij} M_{it} fcsrT, \quad (i \in N^+, j \in N^+) \tag{7-18}$$

$$Q_{空} = \sum_{j=1}^{n} \sum_{i=1}^{l} P_i Q_{ij} N_{it} fcsT, \quad (i \in N^+, j \in N^+) \tag{7-19}$$

2. 油料保障方案規劃

從物理戰場作戰空間劃分來看，需要規劃陸、海、空物理戰場對應的油料保障力量；從油料保障對應的場景來看，既有後方油料存儲、運輸、中轉的場景，又有為陸、海、空前線戰場的作戰裝備進行加油的場景。

在陸戰場油料保障方案方面，本書簡要分析新型移動野戰加油站建設與應用（樊榮等，2020）的方案。新一代戰備型移動式野戰加油站可為部隊遂行多樣化軍事任務，有效提升部隊戰鬥力奠定堅實的物質基礎。戰備型移動式野戰加油站單元作為機動保障力量配備後勤部隊（如綜合倉庫、後方油庫等）單位，不僅填補了大容量戰儲裝備的空白，也能夠為開展戰備訓練演練、夯實部隊戰場油料保障奠定基礎。在可能實施作戰的熱點方向、戰略縱深地區和一線戰區縱深地區前置一定數量和規模的戰備型移動式野戰加油站，能夠彌補軍隊缺乏大容量野戰加油站設備的空白，有效解決作戰部隊攜帶運行油料數量不足和後方支援保障能力薄弱的問題。這對解決部隊移防、野外駐訓、跨區機動及長期駐守的油料保障難題，有效提升部隊戰鬥力具有重要的現實意義。

在海戰場油料保障力量規劃方面，簡要分析艦艇編隊遠洋作戰油料智能保障力量（魏振堃等，2020）的方案。其中：艦艇編隊油料保障力量採用固定部署和機動部署相結合、岸基部署與海上部署相結合的方式。按照部署地域不同，可以分為後方岸基油料保障力量、前進基地油料保障力量和海上機動油料保障力量三種。

（1）後方岸基油料保障力量主要由三部分組成。一是岸基油料保障機構由岸基油庫、野戰輸油管線隊等構成，是負責戰時油料儲備、輸轉和供應用的保障力量。二是岸基機動保障分隊指為適應艦艇編隊遠洋作戰油料保障需求的變化，實施機動伴隨保障和前出支援保障的力量。三是岸基遠程技術保障分隊主要為遠程油料保障提供技术支援保障。

（2）前进基地油料保障力量通常依托远离后方岸基的岛屿、浮动舰船等进行部署，形成具有储存、运输、加注等综合保障能力的保障机构，是构建远洋作战油料保障体系的支点力量。

（3）海上机动油料保障力量主要由海上机动补给编队和海上机动运输编队组成。其中，海上机动补给编队是依托综合补给舰和快速战斗支援舰等，抽组形成的相关油料保障的直接力量。主要任务是往返于补给海域或前进基地，为战舰等实施海上机动补给。海上机动运输编队是依托油船、快速海运船等，抽组军地双方支援力量形成的为前进基地提供油料保障的机构。海上机动运输编队的主要任务是往返于岸基油料保障机构和前进基地，为前进基地提供油料来源。

在空战场油料保障力量规划方面，简要分析空军航空兵作战油料保障（王灿等，2021）对应的方案。空军航空兵执行联合防空反导作战任务，单装油料消耗大，油料补给需求密集，油料消耗变化频繁。在空军航空兵油料保障中，场站油库担负航空兵任务部队建制油料保障任务；在建制系统无法保障用油需求时，战区空军职能部门将需求信息逐级提报战区联合作战指挥机构，战区联合作战指挥机构审核油料支援需求，结合本战区联勤保障系统保障能力，合理制定航空油料战役支援保障计划，下达航油战役保障任务，由联勤保障系统下属油库组织供应用。如果本战区联勤保障系统的航油储备不能满足场站油库油料补充需要，可由战区联指职能部门向军委联指职能部门提报油料战略支援请求，由军委联指职能部门负责统筹调配战略级油料资源，协调国家有关部门、联勤保障部队为战区联合作战提供战略支持。该航油保障系统运行机制和系统运行边界如图 7-5 所示。

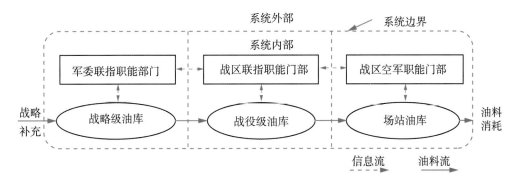

图 7-5　航油供应保障调拨模式

3. 油料保障力量部署方案优选

为保证油料保障能力评估过程的科学性和评估结果的可靠性，龚杰等（2018）在建立油料保障能力评估指标体系的基础，利用层次分析法获取指标权重，构建基于云模型和层次分析法的油料保障能力评估模型，该方法可以有效克服模糊性和随机性对评估的影响，为油料保障能力评估提供了理论参考。也有学者利用直觉模糊集投影法确定各专家在不同指标下的权重，引入直觉模糊集的熵确定指标权重，运用直觉模糊集成算子和加权投影法确定各方案评价值，实现了油料保障力量部署方案的优选（魏振堃等，2019）。大数据技术可以支撑实现油料保障的精细化管理，为探索油料供应保障规律、健全油料供应保障体制提供了新途径（杨晓峰等，2020）。其中，利用大数据可对现有油料供应保障体系进行分析研究，可以将每一个油罐、每一台加油机、运加油车及用油装备等操作使用数据实时向后台进行传输，后台对数据进行分析，可以对出现数据异常的单位实时报警，通知相关单位及时核实并掌握情况，避免出现人工盘点管理的相对滞后局面，优化油料供应保障体系结构，优化油料储备和油料保障力量编成，并可进一步利用模拟演练和组织演习等方式对体系进行验证。

参考文献

曹琼，马爱龙，钟燕飞，等.高光谱-LiDAR多级融合城区地表覆盖分类[J].遥感学报，2019，23（5）：892-903.

昌继青，储海波，王进，等.面向边缘计算系统的隐私编码计算方案[J].计算机工程与设计，2022，43（9）：2408-2414.

陈金良，万路军，徐鑫宇，等.空中无人作战平台空域管控的思考[J].指挥信息系统与技术，2021，12（4）：1-9，56.

陈述彭，鲁学军，周成虎.地理信息系统导论[M].北京：科学出版社，2003.

陈晓庆，蔡景蹴，侯灵，等.风廓线雷达资料在华南前汛期低空急流结构分析与暴雨监测中的应用[Z].［2019-05-16］.广东省气象技术装备中心.

成科扬，王宁，师文喜，等.深度学习可解释性研究进展[J].计算机研究与发展，2020，57（6）：1208-1217.

崔晨，李长荣.从抗击冰雪灾害中透析我军交通运输保障[J].国防，2008（4）：49-51.

崔雍浩，商聪，陈锶奇，等.人工智能综述：AI的发展[J].无线电通信技术，2019，45（3）：225-231.

邓汁青，田红，方茸，等.合肥市城市典型易涝点致灾阈值确定及其风险评估[J].暴雨灾害，2017，36（5）：482-487.

杜敏，罗建伟.基于大数据的医院决策支持系统构建研究[J].中国数字医学，2014，9（12）：73-75.

方芳，李晓文，李硕.美军联合全域指挥控制发展动向及影响分析[J].火力与指挥控制，2022，47（4）：1-4.

付琨，孙显，仇晓兰，等.遥感大数据条件下多星一体化处理与分析[J].遥感学报，2021，25（3）：691-707.

傅中志. 泛函分析若干基本概念的理解[J]. 高等数学研究, 2010, 13（1）: 126-129.

甘仲民. 临近空间平台: 应急通信的有效手段[J]. 数字通信世界, 2008（6）: 45-49.

高永福. 抗日战争时期人民军队创建和开展军事气象工作的回顾与启示[J]. 军事历史, 2019,（4）: 34-38.

龚健雅, 黄文哲, 陈泽强, 等. 全球位置信息叠加协议与位置服务网技术研究进展与展望[J]. 地球信息科学学报, 2022, 24（1）: 2-16.

龚杰, 雍歧东, 于力, 等. 基于云模型和层次分析法的油料保障能力评估[J]. 兵工自动化, 2018, 37（2）: 66-69.

郭仁忠. 空间分析[M]. 2版. 北京: 高等教育出版社, 2004.

胡永利, 孙艳丰, 尹宝才. 物联网信息感知与交互技术[J]. 计算机学报, 2012, 35（6）: 1147-1163.

胡志强, 罗荣. 基于大数据分析的作战智能决策支持系统构建[J]. 指挥信息系统与技术, 2021, 12（1）: 27-33.

黄波, 赵涌泉. 多源卫星遥感影像时空融合研究的现状及展望[J]. 测绘学报, 2017, 46（10）: 1492-1499.

黄梦龙. 基于三维GIS的城市规划辅助决策技术研究[J]. 测绘与空间地理信息, 2015, 38（12）: 165-167.

黄岩. GIS在未来智慧地球中的应用[J]. 造纸装备及材料, 2020, 49（4）: 235-236.

黄梓航, 蒋秉川, 刘靖旭. 战场环境知识图谱智能服务系统设计和关键技术研究[J]. 军事运筹与系统工程, 2021, 35（4）: 73-80.

蒋宗立, 林剑. 新疆冰雪融水型洪水及其衍生灾害监测预报预警系统 V1.0[Z]. [2015-04-01]. 湘潭: 湖南科技大学.

金善来, 韩剑, 李建华, 等. 非战争军事救援行动中运输投送问题研究[J]. 火力与指挥控制, 2019, 44（12）: 88-94.

康子路, 李强, 王萌萌, 等. 城市数据体系研究[J]. 电信网技术, 2017（5）: 40-46.

柯宏发, 祝冀鲁, 张军奇. 四域视角的电子装备作战效能评估指标体系框架[J]. 装备学院学报, 2016, 27（3）: 113-119.

李程, 夏丹, 董世运, 等. 复杂陆战场环境下的智能感知理论现状与发展[J]. 国防科技, 2021, 42（3）: 42-48.

李德仁, 李清泉. 地球空间信息学与数字地球[C]// 第十一届全国遥感技术学术交流会论文集. 1999.

李德仁, 龚健雅, 邵振峰. 从数字地球到智慧地球[J]. 武汉大学学报(信息科学版),

2010, 35（2）：127-132，253-254.

李德仁，邵振峰，杨小敏. 从数字地球到智慧地球的理论与实践[J]. 地理空间信息，2011, 9（6）：1-5.

李德仁，邵振峰. 论新地理信息时代[J]. 中国科学 F 辑（信息科学），2009, 39（6）：579-587.

李德仁，沈欣，李迪龙，等. 论军民融合的卫星通信、遥感、导航一体天基信息实时服务系统[J]. 武汉大学学报（信息科学版），2017, 42（11）：1501-1505.

李德仁，沈欣. 论智能化对地观测系统[J]. 测绘科学，2005, 30（4）：9-11.

李德仁，眭海刚，单杰. 论地理国情监测的技术支撑[J]. 武汉大学学报（信息科学版），2012, 37（5）：505-512，502.

李德仁，姚远，邵振峰. 智慧地球时代地球科学信息学的新使命[J]. 测绘科学，2012, 37（6）：5-8.

李德仁. 论军民深度融合的通导遥一体化空天信息实时智能服务系统[J]. 军民两用技术与产品，2018（15）：14-17.

李德仁. 展望大数据时代的地球空间信息学[J]. 测绘学报，2016, 45（4）：379-384.

李德仁. 智慧地球时代测绘地理信息学的新使命[J]. 中国测绘，2013（1）：32-33.

李德毅. 云计算支撑信息服务社会化、集约化和专业化[J]. 重庆邮电大学学报（自然科学版），2010, 22（6）：698-702.

李璟旭. 可见光与 SAR 图像的特征级融合[J]. 计算机工程与应用，2009, 45（24）：178-179.

李力，林懿伦，曹东璞，等. 平行学习——机器学习的一个新型理论框架[J]. 自动化学报，2017, 43（1）：1-8.

李树涛，李聪妤，康旭东. 多源遥感图像融合发展现状与未来展望[J]. 遥感学报，2021, 25（1）：148-166.

李爽爽. 精细化暴雨监测预报及风险预警系统的开发与应用[J]. 浙江气象，2020, 41（3）：29-35.

李天楚，容斌，伍智鹏，等. 基于边缘计算的风电群非故意发射超高次谐波抑制策略[J]. 中国电力，2023, 56（8）：200-206，215.

李薇，徐海峰，李玉梅. 高精度降雨雷达设备在局地暴雨监测中的应用[J]. 水文，2019, 39（5）：67-70.

李湘，王甫棣，祝婷，等. 军事气象保障服务系统[Z].［2014-06-17］. 北京：国家气象信息中心.

梁金龙，王虓宇，赵俊峰. 智能化变革战场环境保障模式［J］. 军事文摘，2022（1）：17-20.

廖克，秦建新，张青年. 地球信息图谱与数字地球［J］. 地理研究，2001（1）：55-61.

廖章回，朱伟，韦敏杰. 倾斜摄影测量的城市战场环境三维建模及可视化［J］. 火力与指挥控制，2021，46（10）：131-135.

刘超. 量子安全多方计算研究及在军事气象私有信息检索方面的应用［D］. 南京：南京信息工程大学，2014.

刘纪平，王勇，胡燕祝，等. 互联网泛在地理信息感知融合技术综述［J］. 测绘学报，2022，51（7）：1618-1628.

刘健，曹冲. 全球卫星导航系统发展现状与趋势［J］. 导航定位学报，2020，8（1）：1-8.

刘经南，陈冠旭，赵建虎，等. 海洋时空基准网的进展与趋势［J］. 武汉大学学报（信息科学版），2019，44（1）：17-37.

刘利宏，李佳乐. 基于临近空间无人飞行器的自然灾害现场应用研究［C］// 第十七届中国 CAE 工程分析技术年会论文集. 2021：3.

刘异，呙维，江万寿，等. 一种基于云计算模型的遥感处理服务模式研究与实现［J］. 计算机应用研究，2009，26（9）：3428-3431.

刘志雨，夏军. 气候变化对中国洪涝灾害风险的影响［J］. 自然杂志，2016，38（3）：177-181.

柳林，李德仁，李万武，等. 从地球空间信息学的角度对智慧地球的若干思考［J］. 武汉大学学报（信息科学版），2012，37（10）：1248-1251.

吕伟，钟臻怡，张伟. 人工智能技术综述［J］. 上海电气技术，2018，11（1）：62-64.

美国国际商用机器公司（IBM）. 智慧地球赢在中国［EB/OL］.（2009-12-17）［2010-01-15］. http:/hi.baidu.com/%BF%EC%C0%D6%C6%E4%D3%C2/blog/item/a1092083 216d469bf603a6fc.html.

孟祥冰，王蓉，张梅，等. 平行感知：ACP 理论在视觉 SLAM 技术中的应用［J］. 指挥与控制学报，2018，3（4）：350-358.

宁津生，姚宜斌，张小红. 全球导航卫星系统发展综述［J］. 导航定位学报，2013，1（1）：3-8.

潘华峰. 气象条件对直升机飞行的影响分析［J］. 科技创新导报，2017，14（31）：125，127.

潘显斌，孙康，徐震. 基于边缘计算的电机故障智能监测系统［J］. 计算机时代，2022

（10）：69-72，76.

潘新春. 视频大数据助力智慧城市全面升级［J］. 中国公共安全，2015（17）：96-100.

彭波. 物联网背景下应用于光伏发电的边缘计算设备关键技术研究及应用［J］. 智能
　　建筑与智慧城市，2022（9）：9-11.

平轶芳，闫红，卞修武. 人工智能病理在肿瘤精准医疗时代的应用与挑战［J］. 生命
　　科学，2022，34（8）：929-940.

强天林. 全能"利器"，临近空间飞行器究竟有多"神"？［EB/OL］.［2022-7-12］.
　　http：//www.81.cn/jskj/2018-03/30/content_7988425_2.htm.

乔纪纲，刘小平，张亦汉. 基于 LiDAR 高度纹理和神经网络的地物分类［J］. 遥感学
　　报，2011，15（3）：539-553.

全国减灾救灾标准化技术委员会. 自然灾害分类与代码：GB/T 28921—2012［S］. 全
　　国减灾救灾标准化技术委员会，2012.

阮拥军，董立宁，刘栋. 信息化战场环境下装备精确保障探析［J］. 装备环境工程，
　　2012，9（2）：54-56，60.

申家双，周德玖. 海战场环境特征分析及其建设策略［J］. 海洋测绘，2016，36（6）：
　　32-37.

盛骤. 概率论与数理统计［M］. 3 版. 上海：上海交通大学出版社，2011.

舒斯会，易云辉. 应用微积分［M］. 北京：北京理工大学出版社，2016.

宋俊德. 有感于物联网和"智慧地球"［J］. 世界电信，2009，22（11）：15-16.

孙大为，张广艳，郑纬民. 大数据流式计算：关键技术及系统实例［J］. 软件学报，
　　2014，25（4）：839-862.

孙国至，刘尚合，陈京平，等. 战场电磁环境效应对信息化战争的影响［J］. 军事运
　　筹与系统工程，2006（3）：43-47.

孙宇翔，黄孝鹏，周献中，等. 基于知识的海战场态势评估辅助决策系统构建［J］.
　　指挥信息系统与技术，2020，11（4）：15-20.

孙越，黄国满，赵争，等. 不同滤波方法的 SAR 与多光谱图像融合算法［J］. 遥感信
　　息，2019，34（4）：114-120.

谭述森. 北斗系统创新发展与前景预测［J］. 测绘学报，2017，46（10）：1284-1289.

唐华俊，吴文斌，杨鹏，等. 农作物空间格局遥感监测研究进展［J］. 中国农业科学，
　　2010，43（14）：2879-2888.

陶飞，刘蔚然，刘检华，等. 数字孪生及其应用探索［J］. 计算机集成制造系统，
　　2018，24（1）：1-18.

田立征，李成名，刘晓丽，等. 时空大数据分类体系研究[J]. 测绘通报，2021（5）：1-4.

童庆禧，张兵，郑兰芬. 高光谱遥感[M]. 北京：高等教育出版社，2006.

王辰，陈兵，孙榕. 基于SAR的深远海船舶动态感知技术应用展望[J]. 中国海事，2022（1）：29-31.

王闯，贺莹，万胜来. 基于边缘计算环境的分布式机载仿真系统设计[J]. 航空计算技术，2022，52（5）：114-118.

王德孚. 地球物理与地球动力灾害的成因类型及其防御对策[J]. 灾害学，1989（1）：1-4.

王德育，孙建军，闵德华. 一次强对流天气的临近预报技术分析[C]//中国气象学会. 中国气象学会2007年年会天气预报预警和影响评估技术分会场论文集. 2007：7.

王飞跃. 平行系统方法与复杂系统的管理和控制[J]. 控制与决策，2004（5）：485-489，514.

王家耀，武芳，郭建忠，等. 时空大数据面临的挑战与机遇[J]. 测绘科学，2017，42（7）：1-7.

王建宇，王跃明，李春来. 高光谱成像系统的噪声模型和对辐射灵敏度的影响[J]. 遥感学报，2010，14（4）：607-620.

王坤峰，苟超，王飞跃. 平行视觉：基于ACP的智能视觉计算方法[J]. 自动化学报，2016，42（10）：1490-1500.

王英，顾健. 气象因素对舰炮武器作战的影响[J]. 指挥控制与仿真，2015，37（5）：48-51.

魏振塈，孔令兰，郭湛，等. 基于直觉模糊投影的油料保障力量部署方案优选[J]. 信息工程大学学报，2019，20（6）：733-738.

吴福初，徐辉，徐鹏飞. 海战场环境对反舰导弹作战效能的影响评估[J]. 舰船电子工程，2013，33（10）：19-20，41.

吴玲达，姚中华，任智伟. 面向战场环境感知的高光谱图像处理技术综述[J]. 装备学院学报，2017，28（3）：1-7.

武立军. 数学思维在人工智能计算的基础作用[J]. 信息记录材料，2021，22（1）：54-55.

肖慧鑫. 新体制下要地联合防空作战战场环境大数据需求分析[J]. 火力与指挥控制，2019，44（12）：153-157.

肖龙龙，梁晓娟，李信. 卫星移动通信系统发展及应用[J]. 通信技术，2017，50
　　（6）：1093-1100.

邢文革. 联合作战对海战场预警体系和装备发展的新要求[J]. 现代雷达，2018，40
　　（5）：1-4.

熊璋. 智慧城市[M]. 北京：科学出版社，2015.

徐双柱，吴涛，张萍萍，等. 风云静止与极轨卫星产品在湖北暴雨监测和预报方法
　　中的应用研究[J]. 气象，2015，41（9）：1159-1165.

徐维迪，刁晶晶，肖龙，等. 关于构建空地一体战场区域导航系统[J]. 国防科技，
　　2017，38（5）：96-103.

许璟，安裕伦，刘绥华，等. 高原山区星载合成孔径雷达数据与多光谱数据的图像
　　融合探究——以贵州省毕节市为例[J]. 地球与环境，2015，43（4）：457-463.

许晔，孟弘，程家瑜，等. IBM"智慧地球"战略与我国的对策[J]. 中国科技论坛，
　　2010（4）：20-23.

许晔，左晓利. 中国地球空间信息及服务产业技术路线图研究[J]. 中国科技论坛，
　　2016（4）：30-36.

许以超. 线性代数与矩阵论[M]. 2版. 北京：高等教育出版社，2008.

杨光，万华翔. 高超声速飞行器对战场环境的影响[J]. 飞航导弹，2020（3）：28-32.

杨靖，张祖伟，姚道远，等. 新型智慧城市全面感知体系[J]. 物联网学报，2018，2
　　（3）：91-97.

杨林瑶，陈思远，王晓，等. 数字孪生与平行系统：发展现状、对比及展望[J]. 自
　　动化学报，2019，45（11）：2001-2031.

杨晓峰，张克渠，刘海峰. 浅谈大数据在军用油料供应保障中的应用[J]. 中国储运，
　　2020（8）：159-160.

姚为，韩敏. 热红外与多光谱遥感图像的神经网络回归融合方法研究[J]. 中国图象
　　图形学报，2010，15（8）：1278-1284.

叶保璇，吴清炳，王玉中，等. 基于边缘计算的智慧台区一体化运行评估方法[J].
　　机电工程技术，2022，51（9）：147-149，200.

叶奕宏. 完善强对流（大风）监测预警服务体系建设[N]. 中国气象报，2021-07-15
　　（001）.

易克初，李怡，孙晨华，等. 卫星通信的近期发展与前景展望[J]. 通信学报，2015，
　　36（6）：161-176.

易维，曾湧，原征. 基于NSCT变换的高分三号SAR与光学图像融合[J]. 光学学报，

2018，38（11）：76-85.

尹道声. 灾害功率学[J]. 高原地震，1992，（1）：1-14.

游雄. 基于虚拟现实技术的战场环境仿真[J]. 测绘学报，2002(1)：7-11.

于霄. 基于分类算法的智慧医疗服务系统的设计与实现[D]. 成都：电子科技大学，2018.

袁鹏飞，黄荣刚，胡平波，等. 基于多光谱 LiDAR 数据的道路中心线提取[J]. 地球信息科学学报，2018，20（4）：452-461.

袁亚湘，孙文瑜. 最优化理论与方法[M]. 北京：科学出版社，1997.

袁渊，李沁. 智慧地球概念的军事影响[J]. 科技创新与应用，2012(8)：26.

岳高峰，杜俊鹏，朱虹，等. 标准体系表编制原则和要求：GB/T 13016—2018[S]. 北京：中国标准出版社，2018：5.

曾群柱. 气象卫星资料在冰雪监测、融雪径流预报等方面的应用[J]. 遥感信息，1990，（3）：29.

张广泉. 瞄准复合链生灾害风险提升科学综合防治水平——访国家自然灾害防治研究院[J]. 中国应急管理，2021（9）：34-37.

张海林，周林，马骁，等. 临近空间飞行器发展现状及军事应用研究[J]. 飞航导弹，2014（7）：3-7.

张建云，王银堂，贺瑞敏，等. 中国城市洪涝问题及成因分析[J]. 水科学进展，2016，27(4)：485-491.

张靖宇，马毅，张震，等. 基于决策融合的海岛礁浅海水深立体遥感影像反演方法研究[C]// "一带一路" 战略与海洋科技创新——中国海洋学会 2015 年学术论文集. 2015：111-119.

张良培，沈焕锋. 遥感数据融合的进展与前瞻[J]. 遥感学报，2016，20（5）：1050-1061.

张猛，曾永年. 融合高时空分辨率数据估算植被净初级生产力[J]. 遥感学报，2018，22（1）：143-152.

张明杰. 高寒山地战场环境对无人机系统运用的影响及对策[J]. 甘肃科技，2021，37（20）：72-74，170.

张宁康，泉浩芳，曹志成，等. 美军气象海洋战场环境保障标准化现状分析[J]. 航天标准化，2021（4）：32-36.

张强，李建华，沈迪. 基于复杂网络的战场信息共享效能建模与分析[J]. 系统仿真学报，2015，27（4）：875-880.

张先超，任天时，赵耀，等. 移动边缘计算时延与能耗联合优化方法［J］. 电子科技大学学报，2022，51（5）：737-742.

张晓茹，李映春，纪晓玲，等. 基于葵花-8卫星宁夏暴雨监测预警指标研究［J］. 沙漠与绿洲气象，2022，16（1）：41-47.

张焰，李祥，黄钰. 现代通信技术在军事中的应用［J］. 中国新通信，2017，19（6）：100.

张轶铭，李思苇，张越，等. 铁路大风灾害预警系统设计与实现［J］. 铁路计算机应用，2021，30（10）：6-9.

张志才，陈力. 基于AHP-熵权TOPSIS的区域油料保障力量部署方案优化［J］. 火力与指挥控制，2018，43（9）：50-54，60.

张作省，朱瑞飞，钟兴，等. 视频卫星单目标实时跟踪算法［J］. 火力与指挥控制，2019，44（12）：45-50.

章磊，段莉莉，索珈顺. 基于边缘计算设备的手写数字图像识别系统［J］. 湖北理工学院学报，2022，38（5）：20-24.

赵文凯，单雨龙，赵世军. 激光测风雷达监测低空风切变研究进展［J］. 气象水文海洋仪器，2020，37（4）：97-100，104.

郑响萍，蔡海军. 云原生在物联网边缘计算中的应用［J］. 软件工程，2022，25（10）：45-49.

郑鹰，刘小强，张秋义，等. 时空信息基础设施建设与服务标准体系框架构建［J］. 科技管理研究，2019，39（21）：1-6.

中国电子信息产业发展研究院. 中国云计算产业发展及应用实践［M］. 北京：电子工业出版社，2012.

中华人民共和国自然资源部. 自然资源科技创新发展规划纲要［Z］. 中华人民共和国自然资源部，2018.

钟书华. 物联网演义（三）——IBM的"智慧地球"［J］. 物联网技术，2012，2（7）：86-87.

周俊，杨军，张大锋，等. 直升机载火控雷达盲区及复杂战场环境影响分析［J］. 火控雷达技术，2020，49（4）：10-13.

朱雪龙. 应用信息论基础［M］. 北京：清华大学出版社，2001.

朱志凯. 形式逻辑基础［M］. 上海：复旦大学出版社，1983.

祝燕德，肖岩，廖玉芳，等. 气象灾害预警机制与社会应急响应的思考［J］. 自然灾害学报，2010，19（4）：191-194.

左艳，黄钢，聂生东. 深度学习在医学影像智能处理中的应用与挑战［J］. 中国图象
　　图形学报, 2021, 26（2）：305-315.

ALEX BEWLEY, ZONGYUAN GE, LIONEL OTT, et al. Simple online and realtime
　　tracking［C］//2016 IEEE International Conference on Image Processing（ICIP）,
　　2016：3464-3468.

ALPARONE L, BARONTI S, GARZELLI A, et al. Landsat ETM+ and SAR image fusion
　　based on generalized intensity modulation［J］. IEEE Transactions on Geoscience and
　　Remote Sensing, 2004, 42（12）：2832-2839.

ANDRII MAKSAI, PASCAL FUA. Eliminating exposure bias and metric mismatch in
　　multiple object tracking［C］//IEEE Conference on Computer Vision and Pattern
　　Recognition. 2019：4639-4648.

ARNOTT D, PERVAN G. A critical analysis of decision support systems research［M］//
　　Formulating research methods for information systems. Palgrave Macmillan, London,
　　2015：127-168.

BAI J. Launch of Zhuhai-1 Group 03 Satellite［EB/OL］.［2021-01-20］. http:/www.
　　chinanews.comIgn/2019/09-19/8960059.shtml.

BARROS L A. Web Search for a Planet：The Google Cluster Architecture［J］. IEEE Micro,
　　2003, 23（2）：22-28.

BERSON A, SMITH S J. Data warehousing, data mining, and OLAP［M］. McGraw-Hill,
　　Inc., 1997.

BRUNNER D, LEMOINE G, BRUZZONE L. Earthquake damage assessment of buildings
　　using VHR optical and SAR imagery［J］. IEEE Transactions on Geoscience and
　　Remote Sensing, 2010, 48（5）：2403-2420.

BUTLER D. 2020 computing：Everything, everywhere［J］. Nature, 2006, 440（7083）：
　　402-405.

CARION N, MASSA F, SYNNAEVE G, et al. End-to-end object detection with
　　transformers［C］// European conference on computer vision. Springer, Cham, 2020：
　　213-229.

CHANDRAKANTH R, SAIBABA J, VARADAN G, et al. Feasibility of high resolution
　　SAR and multispectral data fusion［C］// IEEE International Geoscience and Remote
　　Sensing Symposium. Vancouver, 2011：356-359.

CHEN B, HUANG B, XU B. Multi-source remotely sensed data fusion for improving land cover classification［J］. ISPRS Journal of Photogrammetry and Remote Sensing, 2017, （124）: 27-39.

CHEN S H, ZHANG R H, SU H B, et al. SAR and multispectral image fusion using generalized IHS transform based on à Trous wavelet and EMD decompositions［J］. IEEE Sensors Journal, 2010, 10 (3): 737-745.

DALAL N, TRIGGS B. Histograms of oriented gradients for human detection［C］// IEEE Computer Society Conference on Computer Vision & Pattern Recognition. 2005, 886-893.

DONG C S J, SRINIVASAN A. Agent-enabled service-oriented decision support systems［J］. Decision Support Systems, 2013, 55 (1): 364-373.

DUMBILL E. A revolution that will transform how we live, work, and think: An interview with the authors of big data［J］. Big Data, 2013, 1 (2): 73-77.

ERB S F, BARTH A, FRANKE U. Moving vehicle detection by optimal segmentation of the Dynamic Stixel World［C］// 2011 IEEE Intelligent Vehicles Symposium (IV), 2011, 951-956.

FENG P M, LIN Y T, GUAN J, et al. Embranchment CNN based local climate zone classification using SAR and multispectral remote sensing data ［C］// IEEE International Geoscience and Remote Sensing Symposium. Yokohama, Japan: IEEE, 2019, 6344-6347.

FRANKE U, RABE C, BADINO H, et al. 6d-vision: Fusion of stereo and motion for robust environment perception ［C］//Joint Pattern Recognition Symposium. 2005: 216-223.

GAO F, HILKER T, ZHU X L, et al. Fusing Landsat and MODIS data for vegetation monitoring［J］. IEEE Geoscience and Remote Sensing Magazine, 2015, 3 (3): 47-60

GE Z, LIU S, WANG F, et al. Yolox: Exceeding yolo series in 2021［C］// Computer Vision and Pattern Recognition, 2021.

GHAHREMANI M, GHASSEMIAN H. A compressed-sensing-based pan-sharpening method for spectral distortion reduction［J］. IEEE Transactions on Geoscience and Remote Sensing, 2016, 54 (4): 2194-2206.

GHASSEMIAN H. A review of remote sensing image fusion methods［J］. Information Fusion, 2016, 32: 75-89.

GIANINETTO M, RUSMINI M, MARCHESI A, et al. Integration of COSMO-SkyMed and

GeoEye-1 data with object-based image analysis[J]. IEEE Journal of Selected Topics in Applied Earth Observations and Remote Sensing, 2015, 8 (5): 2282-2293.

GOODCHILD M F. Citizens as voluntary sensors: spatial data infrastructure in the world of web2.0[J]. Interna-tional Journal of Spatial Data Infrastructures Research, 2007 (2): 24-32.

GOODCHILD M F, HUNTER G J. A simple positional accuracy measure for linear features[J]. International Journal of Geographical Information Science, 1997, 11 (3): 299-306.

GORE A. The Digital Earth: Understanding Our Planet in the 21st Century [EB/OL]. [1998-1-31]. http://portal.opengeospatial.org/files/? artifact_id=6210.

GORRY G A, SCOTT MORTON M S. A framework for management information systems [J]. Sloan Management Review (S0019-848X), 1971, 13 (1): 50-70.

GRUEN A. Reality-based generation of virtual environ-ments for digital earth [J]. International Journal of Digital Earth, 2008, 1 (1): 88-106.

GUPTA V K, NEOG A, KATIYAR S K. Analysis of image fusion techniques over multispectral and microwave SAR images [C]//International Conference on Communication and Signal Processing. 2013, 1037-1042.

HAHN G J, PACKOWSKI J. A perspective on applications of in-memory analytics in supply chain management[J]. Decision Support Systems, 2015, 76: 45-52.

HALDAR D, PATNAIK C. Synergistic use of multi-temporal Radarsat SAR and AWiFS data for Rabi rice identification[J]. Journal of the Indian Society of Remote Sensing, 2010, 38 (1): 153-160.

HE K, ZHANG X, REN S, et al. Deep residual learning for image recognition[C]// IEEE Conference on Computer Vision and Pattern Recognition. 2016: 770-778.

HEILALA J, MONTONEN J, JÄRVINEN P, et al. Developing simulation-based decision support systems for customer-driven manufacturing operation planning[C]// 2010 Winter Simulation Conference IEEE. 2010: 3363-3375.

HUANG C, LU R, CHOO K R. Vehicular fog computing: Architecture, use case, and security and forensic challenges [C]//IEEE Communications Magazine, 2017, 55 (11): 105-111.

HUBER G P. Issues in the design of group decision support systems[J]. MIS quarterly, 1984: 195-204.

ITU. ITU Internet Reports 2005：The Internet of things［R］. Tunis：ITU, 2005：11.

JIANG M, SHEN H, LI J, et al. A differential information residual convolutional neural network for pansharpening［J］. ISPRS Journal of Photogrammetry and Remote Sensing, 2020(163)：257-271.

JIN H S, HAN D. Multisensor fusion of Landsat images for high-resolution thermal infrared images using sparse representations［J］. Mathematical Problems in Engineering, 2017 (1)：1-10.

KRAVCHENKO F V, KRAVCHENKO V O, Lutsenko I V, et al. Usage of global navigation systems for detection of dangerous meteorological phenomena［J］. 测试科学与仪器(英文版) 2015, 6 (1)：68-74.

KULKARNI S C, REGE P P. Pixel level fusion techniques for SAR and optical images：a review［J］. Information Fusion, 2020, 59：13-29.

LE D Y, PHAM V, DANG T. Securing autonomous system in multi-domain tactical environment［C］//Artificial Intelligence and Machine Learning for Multi-Domain Operations Applications Ⅱ, 2020, (11413)：662-670.

LI X, WANG K F, TIAN Y L, et al. The Parallel Eye dataset：a large collection of virtual images for traffic vision research［J］. IEEE Transactions on Intelligent Transportation Systems, 2019, 20 (6)：2072-2084.

LIU C H, QI Y, DING W R. Airborne SAR and optical image fusion based on IHS transform and joint non-negative sparse representation［C］//IEEE International Geoscience and Remote Sensing Symposium. 2016：7196-7199.

LIU P, XIAO L, LI T. A variational pan-sharpening method based on spatial fractional-order geometry and spectral-spatial low-rank priors［J］. IEEE Transactions on Geoscience and Remote Sensing, 2017, 56 (3)：1788-1802.

LIU Y, LIU H, TIAN Y, et al. Reinforcement learning based two-level control framework of UAV swarm for cooperative persistent surveillance in an unknown urban area［J］. Aerospace Science and Technology, 2020(98)：105671.

MA X J, HUANG Z W, QI S Q, et al. Ten-year global particulate mass concentration derived from space borne CALIPSO LiDAR observations［J］. Science of the Total Environment, 2020, 721：137699.

MASI G, COZZOLINO D, VERDOLIVA L, et al. Pansharpening by convolutional neural network［J］. Remote Sensing, 2016, 8 (7)：594.

OSBORNE C, SALIM S, BOQUIEN M, et al. Improved GALEX UV Photometry for 700,000 SDSS Galaxies[J]. Astrophysical Journal Supplement Series, 2023, 268 (1): 26.

PENG J, WANG T, LIN W, et al. TPM: Multiple object tracking with tracklet-plane matching[J]. Pattern Recognition, 2020, 107: 107480.

PENG J, ZHANG X, LEI Z, et al. Comparison of several cloud computing platforms[C]// 2009 Second international symposium on information science and engineering. IEEE, 2009: 23-27.

PHILIPP BERGMANN, TIM MEINHARDT, LAURA LEAL-TAIXE. Tracking without bells and whistles[C]// IEEE/CVF International Conference on Computer Vision, 2019: 941-951.

RASTI B, GHAMISI P, GLOAGUEN R. Hyperspectral and LiDAR fusion using extinction profiles and total variation component analysis[J]. IEEE Transactions on Geoscience and Remote Sensing, 2017, 55 (7): 3997-4007.

REDMON J, FARHADI A. Yolov3: An incremental improvement[C]// Computer Vision and Pattern Recognition, 2018.

ROSS GIRSHICK, JEFF DONAHUE, TREVOR DARRELL, et al. Rich feature hierarchies for accurate object detection and semantic segmentation[C]//IEEE Conference on Computer Vision and Pattern Recognition, 2014, 580-587.

ROSS GIRSHICK. Fast r-cnn[C]// IEEE International Conference on Computer Vision, 2015: 1440-1448.

SEO D K, EO Y D. A learning-based image fusion for high-resolution SAR and panchromatic imagery[J]. Applied Sciences, 2020, 10 (9): 3298.

SEO D K, KIM Y H, EO Y D, et al. Fusion of SAR and multispectral images using random forest regression for change detection [J]. ISPRS International Journal of Geo-Information, 2018, 7 (10): 401.

SHAO Z F, LI D R. Image city sharing platform and its typical applications[J]. Science in China (Series F: Information Sciences), 2011, 54 (8): 1738-1746.

SHAOQING REN, KAIMING HE, ROSS GIRSHICK, et al. Faster r-cnn: Towards real-time object detection with region proposal networks [C]//Advances in Neural Information Processing Systems, 2015: 91-99.

SIMON H A. The new science of management decision[M]. Prentice Hall PTR, 1977.

SIMONYAN K, ZISSERMAN A. Very deep convolutional networks for large-scale image recognition[J]. Computer Science, 2014(6).

SMITH K, GATICA-PEREZ D, ODOBEZ J M. Using particles to track varying numbers of interacting people[C]// 2005 IEEE Computer Society Conference on Computer Vision and Pattern Recognition, 2005, 1: 962-969.

SUGDEN B M. Speed Kills: Analyzing the deployment of conventional ballistic missiles[J]. International Security, 2009, 34 (1): 113-146.

SWANSON E B. Distributed decision support systems: A perspective[C]// Twenty-Third Annual Hawaii International Conference on System Sciences, IEEE. 1990, 3: 129-136.

THOMPSON D R. The potential of SAR interferometry for oceanographic measurements: a review[C]// IEEE International Geoscience and Remote Sensing Symposium. 2001: 573-574.

TIM MEINHARDT, ALEXANDER KIRILLOV, LAURA LEAL-TAIXE, et al. Trackformer: Multi-object tracking with transformers [C]// 2022 IEEE/CVF Conference on Computer Vision and Pattern Recognition (CVPR), 2022.

UUSITALO M A. Global Visions for the Future Wireless World from the WWRF[J]. IEEE Vehicular Technology Magazine, 2006, 1 (2): 4-8.

VAN ZYL T L, SIMONIS I, MCFERREN G. The sensor web: systems of sensor systems[J]. International Journal of Digital Earth, 2009, 2 (1): 16-30.

VERA-BAQUERO A, COLOMO-PALACIOS R, MOLLOY O. Towards a process to guide big data based decision support systems for business processes [J]. Procedia Technology, 2014, 16: 11-21.

VIKTOR M S and KENNETH C. Big Data: A Revolution That Will Transform How We Live, Work and Think[M]. Houghton Mifflin Harcourt, 2013.

WANG J, SHAO Z, HUANG X, et al. A dual-path fusion network for pan-sharpening[J]. IEEE Transactions on Geoscience and Remote Sensing, 2022, 60: 1-14.

WANG J, SHAO Z, HUANG X, et al. Pan-sharpening via deep locally linear embedding residual network[J]. IEEE Transactions on Geoscience and Remote Sensing, 2022, 60: 1-13.

WANG X Z, HE Y L. Learning from uncertainty for Big Data: future analytical challenges and strategies[J]. IEEE Systems, Man, and Cybernetics Magazine, 2016, 2 (2):

26-31.

WANG X, GIRSHICK R, GUPTA A, et al. Non-local neural networks [C]//IEEE Conference on Computer Vision and Pattern Recognition, 2018: 7794-7803.

WASKE B, MENZ G, BENEDIKTSSON J A. Fusion of support vector machines for classifying SAR and multispectral imagery from agricultural areas [C]// IEEE International Geoscience and Remote Sensing Symposium. 2007: 4842-4845.

WRIGGERS P, KULTSOVA M, KAPYSH A, et al. Intelligent decision support system for river floodplain management [C]// Joint Conference on Knowledge-Based Software Engineering. 2014: 195-213.

WU X D, ZHU X Q, WU G Q, et al. Data mining with big data[J]. IEEE Transactions on Knowledge and Data Engineering, 2014, 26 (1): 97-107.

XU S, ZHANG J, ZHAO Z, et al. Deep gradient projection networks for pan-sharpening [C]// IEEE on Computer Vision and Pattern Recognition. 2021: 1366-1375.

YANG J, FU X, HU Y, et al. PanNet: A deep network architecture for pansharpening [C]// IEEE International Conference on Computer Vision. 2017: 5449-5457.

YANG M, LIU Y, WEN L, et al. A probabilistic framework for multitarget tracking with mutual occlusions [C]// IEEE Conference on Computer Vision and Pattern Recognition, 2014: 1298-1305.

YUAN L, ZHU G B, XU C J. Combining synthetic aperture radar and multispectral images for land cover classification: a case study of Beijing, China[J]. Journal of Applied Remote Sensing, 2020, 14 (2): 026510.

ZHAN W F, CHEN Y H, ZHOU J, et al. Sharpening thermal imageries: a generalized theoretical framework from an assimilation perspective [J]. IEEE Transactions on Geoscience and Remote Sensing, 2011, 49 (2): 773-789.

ZHANG H, SHEN H F, ZHANG L P. Fusion of multispectral and SAR images using sparse representation[C]//IEEE International Geoscience and Remote Sensing Symposium. 2016: 7200-7203.

ZHANG Y, LI K, LI K, et al. Image super resolution using very deep residual channel attention networks[C]. European conference on computer vision, 2018, 286-301.

ZHANG Y, SHI Q. An intelligent transaction model for energy block chain based on diversity of subjects[J]. Alexandria Engineering Journal, 2020, 60 (1): 749-756.

ZHONG Y F, CAO Q, ZHAO J, et al. Optimal decision fusion for urban land-use/land-cover classification based on adaptive differential evolution using hyperspectral and LiDAR data[J]. Remote Sensing, 2017, 9 (8): 868.

ZHU X, SU W, LU L, et al. Deformable DETR: Deformable transformers for end-to-end object detection[C]// International Conference on Learning Representa-tions, 2020.

ZHU Y, COMANICIU D, PELLKOFER M, et al. Reliable detection of overtaking vehicles using robust information fusion[C]//IEEE Transactions on Intelligent Transportation Systems, 2006, 7 (4): 401-414.